国家出版基金资助项目
Projects Supported by the National Publishing Fund

“十四五”国家重点出版物出版规划项目

数字钢铁关键技术丛书 | 主编　王国栋

基于工业大数据的数字化炼铁技术

Digital Ironmaking Technology Based on Industrial Big Data

唐　珏　储满生　石　泉　著

(彩图资源)

北　京
冶 金 工 业 出 版 社
2024

内 容 提 要

本书系统介绍了高炉炼铁过程"原燃料-操作-炉况-渣铁"全链条数据治理方法、时滞性与关联规则挖掘方法、数据与机理融合模型构建方法、关键指标状态评价与趋势预测方法以及多目标智能协同优化决策机制等内容。

本书可以作为高等学校冶金类、材料类、计算机等相关专业的教学参考书，也可以作为从事高炉炼铁工艺、数字化与智能化工作的工程技术人员科研人员加深理解高炉炼铁数字化建模及其应用技术的参考用书。

图书在版编目（CIP）数据

基于工业大数据的数字化炼铁技术 / 唐珏，储满生，石泉著. -- 北京：冶金工业出版社，2024. 12.
（数字钢铁关键技术丛书）. -- ISBN 978-7-5240-0014-3

Ⅰ. TF5-39

中国国家版本馆 CIP 数据核字第 202454FH87 号

基于工业大数据的数字化炼铁技术

出版发行 冶金工业出版社　　**电　话** (010)64027926
地　址 北京市东城区嵩祝院北巷 39 号　　**邮　编** 100009
网　址 www.mip1953.com　　**电子信箱** service@mip1953.com

策　划 卢　敏　责任编辑 郭冬艳　李泓璇　卢　敏　美术编辑 吕欣童
版式设计 郑小利　责任校对 郑　娟　责任印制 窦　唯

北京捷迅佳彩印刷有限公司印刷
2024 年 12 月第 1 版，2024 年 12 月第 1 次印刷
787mm×1092mm　1/16；13.25 印张；317 千字；196 页

定价 129.00 元

投稿电话　(010)64027932　投稿信箱　tougao@cnmip.com.cn
营销中心电话　(010)64044283
冶金工业出版社天猫旗舰店　yjgycbs.tmall.com
（本书如有印装质量问题，本社营销中心负责退换）

“数字钢铁关键技术丛书”
编辑委员会

“数字钢铁关键技术丛书”
总　　序

钢铁是支撑国家发展的最重要的基础原材料，对国家建设、国防安全、人民生活等具有重要的战略意义。人类社会进入数字时代，数据成为关键生产要素，数据分析成为解决不确定性问题的最有效新方法。党的十八大以来，以习近平同志为核心的党中央高瞻远瞩，抓住全球数字化发展与数字化转型的重大历史机遇，系统谋划、统筹推进数字中国建设。党的十九大报告明确提出建设“网络强国、数字中国、智慧社会”，数字中国首次写入党和国家纲领性文件，数字经济上升为国家战略，强调利用大数据和数字化技术赋能传统产业转型升级。国家和行业“十四五”规划都将钢铁行业的数字化转型作为工作的重点方向，推进生产数据贯通化、制造柔性化、产品个性化。

钢铁作为大型复杂的现代流程工业，虽然具有先进的数据采集系统、自动化控制系统和研发设施等先天优势，但全流程各工序具有多变量、强耦合、非线性和大滞后等特点，实时信息的极度缺乏、生产单元的孤岛控制、界面精准衔接的管理窠臼等问题交织构成工艺-生产“黑箱”，形成了钢铁生产的“不确定性”。这种“不确定性”严重制约钢铁生产的效率、质量和价值创造，直接影响企业产品竞争力、盈利水平和原材料供应链安全。

钢铁行业置身于这个世界百年未有之大变局之中，也必然经历其有史以来的最广泛、最深刻、最重大的一场变革。通过这场大变革，钢铁行业的管理与控制将由主要解决确定性问题的自动控制系统，转型为解决不确定性问题见长的信息物理系统（CPS）；钢铁行业发展的驱动力，将由工业时代的机理驱动，转型为“抢先利用数据”的数据驱动；钢铁行业解决问题的分析方法，将由机理解析演绎推理，转型为以数据/机器学习为特征的数据分析；钢铁过程主流程的控制建模，将由理论模型或经验模型转型为数字孪生建模；钢铁行业全流程的过程控制，必然由常规的自动化控制系统转型为可以自适应、自学习、自组织、高度自治的信息物理系统。

这一深刻的变革是钢铁行业有史以来最大转型的关键战略，它必将大规模采用最新的数字化技术架构，建设钢铁创新基础设施，充分发挥钢铁行业丰富应用场景优势，最大限度地利用企业丰富的数据、诀窍和先进技术等长期积累的资源，依靠数据分析、数据科学的强大数据处理能力和放大、倍增、叠加作用，加快建设“数字钢铁”，提升企业的核心竞争力，赋能钢铁行业转型升级。

将数字技术/数字经济与实体经济结合，加快材料研究创新，已经成为国际竞争的焦点。美国政府提出“材料基因组计划”，将数据和计算工具提升到与实验工具同等重要的地位，目的就是更加倚重数据科学和新兴计算工具，加快材料发现与创新。近年来，日本 JFE、韩国 POSCO 等国外先进钢铁企业，已相继开展信息物理系统研发工作，融合钢铁生产数据和领域经验知识，优化生产工艺、提升产品质量。

从消化吸收国外先进自动化、信息化技术，到自主研发冶炼、轧制等控制系统，并进一步推动大型主力钢铁生产装备国产化。近年来，我们研发数字化控制技术，有组织承担智能制造国家重大任务，在国际上率先提出了“数字钢铁”的整体架构。

在此过程中，我们组成产学研密切合作的研究队伍“数字钢铁创新团队”，选择典型生产线，开展“选矿-炼铁-炼钢-连铸-热轧-冷轧-热处理”全流程数字化转型关键共性技术研究，提出了具有我国特色的钢铁行业数字化转型的目标、技术路线、系统架构和实施路线，围绕各工序关键共性技术集中攻关。在企业的生产线上，结合我国钢铁工业的实际情况，提出了低成本、高效率、安全稳妥的实现企业数字化转型的实施方案。

通过研究工作，我们研发的钢铁生产过程的数字孪生系统，已经在钢铁企业的重要工序取得突破性进展和国际领先的研究成果，实现了生产过程“黑箱”透明化，其他一些工序也取得重要进展，逐步构建了各层级、各工序与全流程 CPS。这些工作突破了复杂工况条件下关键参数无法检测和有效控制的难题，实现了工序内精准协调、工序间全局协同的动态实时优化，提升了产品质量和产线运行水平，引领了钢铁行业数字化转型，对其他流程工业的数字化转型升级也将起到良好的示范作用。

总结、分析几年来在钢铁行业数字化转型方面的工作和体会，我们深刻认识到，钢铁行业必须与数字经济、数字技术相融合，发挥钢铁行业应用场景和数据资源的优势，以工业互联网为载体、以底层生产线的数据感知和精准执行为基础、以边缘过程设定模型的数字孪生化和边缘-产线的 CPS 化为核心、以数字驱动的云平台为支撑，建设数字驱动的钢铁企业数字化创新基础设施，加速建设数字钢铁。这一成果，已经代表钢铁行业在乌镇召开的"2022 全球工业互联网大会暨工业行业数字化转型年会"等重要会议上交流，引起各方面的广泛重视。

截至目前，系统论述钢铁工业数字化转型的技术丛书尚属空白。钢铁行业同仁对原创技术的期盼，激励我们把数字化创新的成果整理出来、推广出去，让它们成为广大钢铁企业技术人员手中攻坚克难、夺取新胜利的锐利武器。冶金工业出版社的领导和编辑同志特地来到学校，热心指导，提出建议，商量出版等具体事宜。我们相信，通过产学研各方和出版社同志的共同努力，我们会向钢铁界的同仁、正在成长的学生们奉献出一套有里、有表、有分量、有影响的系列丛书。

期望这套丛书的出版，能够完善我国钢铁工业数字化转型理论体系，推广钢铁工业数字化关键共性技术，加速我国钢铁工业与数字技术深度融合，提高我国钢铁行业的国际竞争力，引领国际钢铁工业的数字化转型和高质量发展。

中国工程院院士 王国栋

2023 年 5 月

前　　言

钢铁行业作为国民经济的重要支柱，正面临前所未有的转型升级挑战，而大数据与人工智能的蓬勃发展为钢铁智能化转型带来新的发展机遇。当前，数智技术正被应用于高炉炼铁生产，如何通过数字赋能高效技术将传统钢铁工业从高能耗、高排放模式中解脱出来，形成基于工艺流程及数智技术营造绿色、低碳、智能的低碳炼铁新模式的问题成为冶金行业的热点。高炉炼铁的复杂生产环境以及其高强度连续型的特点，给数据质量、数据对齐、数据分析与挖掘带来重重困难，加之不同高炉自动化程度不一、生产操作方式不同，研究方法不能以偏概全。长期以来，本书作者立足于新发展理念，围绕高炉炼铁工序智能需求，研究如何建立机理和数据双驱动的高炉炼铁新模式。现结合作者多年研究基础和心得，通过精准控制、智能优化、能效提升等多维度创新，并从高炉生产数据全链条治理方案、数据分析挖掘过程、多种经典预测案例模型以及反馈优化机制方面整理成书，供同行参考与讨论，共同推进钢铁智能化转型发展，形成基于智能管控的绿色安全、高质高效、低耗低碳钢铁新格局。

本书共分9章。第1章为概述，主要介绍大数据技术发展态势与钢铁生产数字化转型发展、高炉炼铁工艺及数据特点以及大数据在高炉智能化发展应用及现状。第2章主要介绍高炉生产过程数据治理方法，包括“原燃料–操作–炉况–渣铁”全链条数据梳理、科学治理以及不同维度的高炉数据可视化。第3章在前文数据梳理的基础上对高炉生产过程数据展开挖掘，详细地介绍了离散型数据与时序型数据的高炉参数关联规则挖掘过程与规则库的建立过程。第4~7章以案例的方式对高炉布料仿真模型、高炉渣皮智能评价模型、高炉关键炉况参数预测模型、高炉炉热状态智能预测及优化模型进行介绍，其中覆盖高炉炼铁经典理论，高炉大数据预处理方法，高炉大数据分析挖掘方法，特征工程、机器学习的建议与调优等方面。第8章和第9章为在前期工作基础上的完善内容，第8章在预测的基础上增加了评价与反馈机制，并以高炉炉缸活跃性为案例进行详解，采用深度学习的方式建立能够自更新的高炉炉缸活跃性智能评价-预测-反馈模型；第9章介绍了如何利用机器学习和遗传算法对高炉参数进行多目标优化。

本书第1章、第2章、第8章由储满生、唐珏撰写，第3章由储满生、唐珏、李壮年撰写，第4章、第6章由储满生、李壮年撰写，第5章由储满生、石泉撰写，第7章、第9章由储满生、李壮年、唐珏、石泉撰写。此外，太钢王红斌、东北大学王茗玉、张振、张智峰、李泽政、封世龙、王川强等研究生也参加了本书的数据整理编排以及修改工作。

本书所涉及的研究成果先后得到了国家自然科学基金（52274326）、辽宁省科技计划联合计划（重点研发计划项目）（2023JH2/101800058）、中国宝武低碳冶金技术创新基金（BWLCF202109）的资助。还得到了东北大学钢铁共性技术协同创新中心、低碳钢铁前沿技术教育部工程研究中心、辽宁省低碳钢铁前沿技术工程研究中心，低碳钢铁前沿技术研究院的全力支持，在此一并表示最诚挚的谢意。

由于作者水平有限，书中不妥之处，诚请各位读者批评指正。

作　者

2024年8月

目　录

1 概　述

1.1 大数据技术的发展

1.1.1 数据挖掘的发展

数据挖掘是从大量不完整的、模糊的、含噪的、随机的数据中通过各种算法挖掘、提取和识别有价值的知识、规律和模式，并依此指导决策和科学研究[1-2]。数据挖掘是一门处理大数据的应用科学，是因人们对大数据分析与处理的需求而诞生的新学科。随着数据采集和存储技术的快速发展，大数据时代已经到来。从海量数据中提取有价值的信息或模式，已经成为各行各业求生存、谋发展的重要手段。随着人们不断探索，数据挖掘技术逐渐成熟，成为大数据时代最热门的领域之一[3-4]。

计算机强大的计算能力和丰富的数据挖掘模型可以解决许多传统难题。从信息论的角度来看，计算机可以帮助我们更好地理解数据，在丰富的数据支持下进行高效决策。数据挖掘成为一种自然的需求，数据挖掘的研究和应用已成为必然的发展方向[5]。

数据挖掘是集统计学、机器学习、人工智能、模式识别等众多学科于一体的交叉学科。近二十年，数据挖掘模型层出不穷，其中以 C4.5 决策树、K-means 聚类、支持向量机、Apriori 关联规则挖掘、EM 聚类、Page-Rank 网页排名算法、Ada-Boost 迭代算法、K 最近邻分类、朴素贝叶斯算法和 CART 算法最为经典。这些算法在 2006 年的 ICDM 国际会议上通过公开投票最终被评选为十大经典算法[6]。

数据挖掘的主要任务有以下六类[6]。

(1) 概念类描述：全面、详细地描述目标数据相应的类别和概念，以便更好地浓缩数据，全面掌握目标数据。

(2) 关联规则：数据之间存在着一些潜在有价值的规则，关联规则挖掘则是为了找出数据库中数据之间的隐式关系，挖掘其潜在的规则模式。

(3) 分类和预测：采用各种分类或预测方法，从不同角度对训练数据集进行分析，找出训练数据集中存在的一般规律，形成模式且经过验证后，将其用于对具有相似数据结构的未知数据进行分类或预测。

(4) 聚类分析：主要采用无监督学习算法。聚类分析不考虑数据标签，而且将目标数据划分为类或簇，使得类或簇内部的相似性最大化，而类或簇之间的相似性最小化。

(5) 离群点分析：与数据或模型的一般行为不一致的离群点很容易作为噪声被丢弃，但在一些特殊问题中，如果能及时发现异常情况，离群点分析就显得尤为重要。

(6) 演化分析：用来描述和发现行为随时间变化的对象的演化规律（时间序列规则）

或发展趋势，并对其进行建模。

随着数据科学的飞速发展，越来越多的行业通过数据挖掘技术来提升效率。工业大数据是智能制造的基础，是企业转型升级、夺取未来制高点的关键。随着我国工业 4.0、智能制造 2025 等产业改革的深入推进，发展工业大数据势在必行[6]。

高炉生产过程中检测手段的不断丰富，让我们能够获得大量数据，“数字高炉”是未来的发展方向，但数据不是我们的最终目的，只有将其转化为对行动具有指导意义的信息，才能体现其价值。采用数据挖掘方法可以发现高炉炼铁过程的一些内在规律，建立数据驱动模型，不断优化高炉操作，克服当前仅以炉长经验控制高炉的局限性。在高炉生产数据挖掘领域，新方法或新模型层出不穷，但很多挖掘方法难以理解，且可操作性低，现场操作人员很少能够挖掘出能密切结合实际生产的结果，不能有效掌握和使用它们，导致知识和数据资源的浪费。

1.1.2 人工智能的发展

人工智能[7-9]（Artificial Intelligence，AI）是一种利用数字计算机或数字计算机控制的机器来模拟人的智能、感知环境、获取并使用知识以获得最佳效果的理论、方法、技术和应用系统。这是一门模拟人类的思维来理解和改造客观世界的科学，是计算科学的重要分支，与空间技术和能源技术并列为当今世界的三大尖端技术。

人工智能的发展大致分为三个阶段：（1）20 世纪 50 年代至 80 年代，基于抽象数学推理的可编程数字计算机出现，使得符号主义迅速发展。然而，由于许多事物无法形式化表达，所建立的模型具有一定的局限性。另外，随着计算任务的日益复杂，人工智能发展遇到了瓶颈。（2）20 世纪 80 年代至 90 年代后期，其间专家系统发展迅速，数学模型取得了重大突破，人工智能从理论研究转向实际应用。然而，由于专家系统在知识获取、推理能力和开发成本等方面存在的问题，人工智能的发展再次陷入低谷。（3）21 世纪以来，随着数据的积累、算法的革新，以及计算能力的提高，人工智能在许多领域取得了突破，迎来了又一个繁荣时期。

1997 年，IBM 深蓝（Deep Blue）击败国际象棋世界冠军加里·卡斯帕罗夫，这是一个里程碑式的成功，它代表了基于规则和算法的人工智能的胜利。2006 年，在 Hinton 及其学生的推动下，深度学习开始受到广泛关注，这对人工智能的发展产生了巨大影响。自 2010 年以来，人工智能进入了爆发式发展阶段，其主要驱动力是大数据时代的到来，以及计算机运算能力和机器学习算法的提升。尤其是 2016 年谷歌 Alpha Go 机器人在围棋比赛中击败了世界冠军李世石，人工智能更是引起了广泛关注，让人们认识到它的广阔前景。

人工智能综合了计算机科学、统计学、生理学和哲学等众多学科，在许多领域都引发了颠覆性变革的尖端技术。当今的人工智能技术以机器学习（尤其是深度学习）为核心，在视觉、语音识别、自然语言等领域得到了迅速的发展，已经开始像水电煤一样应用于各行各业。在全球智能化的驱动下，钢铁行业也步入了自动化、信息化、智能化的大数据时代。作为新一轮产业变革的核心驱动力，人工智能不仅孕育了新技术和新产品，而且对传统产业的发展也起到了强大的推动作用，引发了世界经济结构的重大变革。

利用人工智能指导高炉生产具有如下优点：（1）生产现场数据易于获取，智能模型可以在生产过程中直接测试，因而容易实施且见效迅速。（2）主要通过优化工艺参数而不是依赖设备改造来实现优化措施，投资成本低。(3) 随着生产的进行，积累新数据后，可进行新一轮的优化，如此迭代优化从而不断提高生产效果[10]。

在现代高炉炼铁技术发展进程中，采用人工智能技术指导高炉操作已成为重要的发展趋势。通过采集现场生产数据，以工艺参数和高炉工艺模型参数为输入，以生产效果为输出，利用人工智能技术研究输入数据和输出结果之间的关系，以实现工艺参数量化调节和最优化控制，是一个重要的研究课题。

1.1.3 机器学习算法

机器学习（Machine Learning，ML）主要研究计算机如何模拟或实现人类的学习行为，以获取新知识或新技能，并重组现有知识结构以不断提高其性能，涉及计算机科学、统计学、神经网络、系统辨识、脑科学等诸多领域[11]。机器学习主要是利用功能强大的算法从数据中发现规律，并利用学到的模型对未知或无法观测的数据进行预测，以解决类似问题。通俗地讲，机器学习就是让计算机从数据中进行自动学习以获得某种知识或规律。在计算机科学的诸多分支中，无论是多媒体、图形学、数据通信，还是软件工程，乃至体系结构、芯片设计，都能找到机器学习的身影[12]。通过机器学习来获取智能，并应用到生产实践中，大大地促进了人工智能的发展，是人工智能领域中一个非常重要的研究方向。

1.1.3.1 支持向量机

支持向量机（Support Vector Machine，SVM）是在统计学理论的基础上得出的机器学习算法，它在解决小样本、非线性和高维模式识别问题上表现出许多独特的优势。虽然支持向量机最初是为了解决分类问题而提出的，但是通过引入不敏感损失函数，可以将支持向量机推广到函数逼近和函数拟合领域，从而将其扩展为支持向量回归机算法[13-16]。

支持向量机的主要思想为：首先，通过非线性映射函数将实际分类问题的输入空间转化为高维特征空间，从而将原始输入空间的分类数据在对应的高维空间中线性可分；其次，在这个高维空间中，两个样本数据之间距离最大的分类面就是要寻找的最佳分类面。因此，基于分类样本的输入向量，可以得到相对最佳分类面，从而确定其隶属类别。

A 支持向量机主要原理

将数据训练集定义为：$D=\{x_i,\ y_i\}$，$i=1,\ 2,\ \cdots,\ n$，$x_i\in R_p$，$y_i\in R$。样本的输入为 x_i，输入样本的维数为 p，样本的输出为 y_i。x 和 y 之间的函数关系为 f，则可将问题转化为下式关系：

$$R(f)=\int L(y-f(x),\ x)\mathrm{d}Q(x,\ y) \tag{1-1}$$

根据 Vapnik 结构风险最小化原则，函数 f 应满足结构风险函数 R（w）最小，即：

$$R(w)=\|w\|^2+c\sum_{i=1}^{n}L(y-f(x),\ x) \tag{1-2}$$

为了使式（1-2）最小，可引入松弛变量 ξ_i、ξ_i^*，当误差超过 ε 时，则：

$$\min R(w)=\frac{1}{2}\|w\|^2+c\sum_{i=1}^{n}(\xi_i+\xi_i^*) \tag{1-3}$$

$$\text{s.t.}\ \ y_i-f(x)\leqslant\xi_i+\varepsilon \tag{1-4}$$

$$f(x) - y_i \leqslant \xi_i^* + \varepsilon \tag{1-5}$$

$$\xi_i \geqslant 0,\ \xi_i^* \geqslant 0 \tag{1-6}$$

其对偶问题为：

$$\max W(a,\ \bar{a}) = -\frac{1}{2}\sum_{i,\ j=1}^{n}(\alpha_i - \alpha_i^*)(\alpha_j - \alpha_j^*)K(x_i,\ x_j) - \sum_{i=1}^{n}\alpha_i(\varepsilon - y_i) - \sum_{i=1}^{n}\alpha_i^*(\varepsilon + y_i) \tag{1-7}$$

构造核函数 $K(x_i,\ x_j) = \varphi(x_i)(x_j)$，通常取高斯基核函数：

$$K(x_i,\ x_j) = \mathrm{e}^{-\frac{|x_i - x_j|^2}{2\sigma^2}} \tag{1-8}$$

则函数形式为：

$$f(x) = \boldsymbol{\omega}^{\mathrm{T}}x + b = \sum_{i=1}^{n}(\alpha_i - \alpha_i^*)K(x_i,\ x_j) + b \tag{1-9}$$

B 支持向量机的主要优缺点

支持向量机的主要优点是：模型依赖的支持向量较少，占用较少的内存；模型训练完成后，预测速度非常快；模型仅受边界线附近点的影响，这对高维数据很有用（即使是训练比样本维度还高的数据也没有问题，其他算法很难做到这一点）。此外，核函数方法的使用使得该算法极具通用性，可以应用于不同类型的数据。

支持向量机也存在一些缺点：随着样本量 N 的增加，最差的训练复杂度将达到 N^3；即使经过高效处理后，也只能达到 N^2。因此，大量样本数据的训练和学习计算成本很高；训练效果在很大程度取决于边界软化参数 c 的选择是否合理，这就需要通过交叉验证自动搜索；当训练数据量很大时，计算量也很大。

随着支持向量机的不断发展，冶金行业的研究人员把支持向量机应用于各种参数的预测，尤其是在炉热预测方面做了大量研究。王馨采用改进的支持向量机对高炉炉温进行了预测研究[17]。崔桂梅等建立了支持向量机的高炉向量和向热分类预测模型[18]。刘祥官团队建立了基于支持向量机的铁水硅含量预报模型[19]。

1.1.3.2 随机森林算法

随机森林（Random Forest，RF）是一种以决策树为基学习器的集成算法，是在袋装算法（Bagging）的基础上发展而来的[14]。

袋装算法原理：给定包含 m 个样本的数据集，先随机抽取一个样本放入采样集中，然后将该样本放回到原始数据集，下次采样时仍可以选择该样本，如此反复，经过 m 次随机采样操作，获得了包含 m 个样本的采样集。自助抽样法获得 T 个包含 m 个训练样本的采样集，然后基于每个采样集训练基学习器，最后将这些基学习器进行组合。采用袋装算法输出预测值时，对于分类任务通常使用简单投票法，对于回归任务通常使用简单平均值法。

随机森林算法是在袋装算法的基础上，进一步引入随机属性选择技术。假定共有 d 个属性，在选择划分属性时，传统的决策树是在当前结点属性集合中选择一个最优属性；而随机森林算法中，对基决策树的每个结点，先从该结点的属性集合中随机选择一个包含 k 个属性的子集，随后从这个子集中选择一个最佳属性并依此划分参数，k 控制了随机性引入程度。如果 $k=d$，则基决策树的构建与传统决策树相同。如果 $k=1$，则是随机选择一个属性进行划分；通常，推荐的 k 值是：$k=\log_2 d$。

随机森林算法的特点是：通过组合多个过拟合学习器来降低过拟合的程度，在训练过程中，抽取部分样本数据进行训练，提高了训练速度；使用并行学习器对数据进行有放回抽取，因此减少了选取一些低概率样本的可能性，并减少了样本中噪声的影响；每个学习器都对数据过拟合，通常简单求均值就可以获得很好的预测结果；样本和属性都随机选择，使得各个决策树的预测能力形成较大差异；当输入训练样本时，随机森林算法输出的结果由每棵决策树的学习结果进行加权计算，使每棵决策树即使不剪枝也不会过拟合。

随机森林算法的主要优点是：由于决策树的原理很简单，因此其训练和预测速度都很快；由于每棵树都是完全独立的，因此可以直接进行并行多任务计算；多棵决策树可以按概率进行分类；多个评估器之间的多数投票可以估算出概率；无参数模型，在其他评估器都欠拟合的任务中表现较突出。

随机森林算法的主要缺点是：学习结果不太容易解释，如果想要总结训练好的模型中数据之间的关系，随机森林算法可能不是最好的选择。

在冶金行业，随机森林算法主要应用于炉热参数的预测。王文慧等建立了基于随机森林算法的高炉铁水硅质量分数预测模型，该研究结果表明无论是在炉况平稳还是在炉况有较大波动的情形下，随机森林算法都能获得较高的预测精度[20]。

1.1.3.3 梯度提升算法

A GBRT 算法

梯度提升回归树（Gradient Boosting Regression Tree，GBRT）是一种结合了回归树和提升树思想的集成学习算法。GBRT 的提升算法基于集成学习中的 Boosting 思想，即每一次迭代都在减少残差的梯度方向建立一棵新的决策树，然后不断逼近目标值[21-22]。GBRT 算法的流程见表 1-1。

表 1-1 GBRT 算法流程

输入	训练数据集 $D=\{(x_1, y_1), (x_2, y_2), \cdots, (x_N, y_N)\}$，损失函数 $L(y, f(x))$
1	初始化 $f_0(x)=\arg\min_c \sum_{i=1}^{N} L(y_i, c)$
2	$m=1, 2, \cdots, M$
3	对于每一个样本 (x_i, y_i)，计算残差 $r_{m,i}=-\left[\dfrac{\partial L(y_i, f(x_i))}{\partial f(x_i)}\right]_{f(x)=f_{m-1}(x)}$，$i=1, 2, \cdots, N$
4	利用 $\{(x_i, r_{m,i})\}_{i=1, 2, \cdots, N}$ 训练出第 m 棵回归树 T_m，其叶节点划分的区域为 $R_{m,j}$，$j=1, 2, \cdots, J$
5	对于 T_m 的每一个叶节点，输出值 $c_{m,j}=\arg\min_c \sum_{x_i \in R_{m,j}} L(y_i, f_{m-1}(x_i)+c)$，$j=1, 2, \cdots, J$
6	更新 $f_m(x)=f_{m-1}(x)+\sum_{j=1}^{J} c_{m,j} I(x \in R_{m,j})$；其中，$I(x \in R_m)$ 为指示函数，当回归树判定 x 属于 R_m 时，其值为 1，否则为 0
输出	梯度提升树 $\hat{f}(x)=f_M(x)=\sum_{m=1}^{M} \sum_{j=1}^{J} c_{m,j} I(x \in R_{m,j})$

GBRT 算法具有预测能力强、擅长处理混合类型的数据、在输出空间对异常值的鲁棒性强等优点。GBRT 算法的不足之处是由于提升运算的时序性，不能进行并行处理。尽管如此，GBRT 算法因其优异的性能仍然很受欢迎，XGBoost 和 LightGBM 都是在 GBRT 算法的基础上改进的算法。

B　XGBoost 算法

XGBoost 算法[23]是对 GBRT 算法的改进，主要的优点如下：

（1）正则化处理。XGBoost 算法通过在代价函数中添加正则项来控制模型的复杂度，同时正则项使学习模型更加简单并可以防止过拟合。

（2）并行运算。决策树训练中最耗时的步骤是对特征值的排序，在训练之前，XGBoost 算法提前对数据进行排序；随后将其保存为块状结构，使得计算量大为减少，这种块状结构也是并行运算的基础。

（3）XGBoost 算法支持任何二阶可导的目标函数或评估函数，这增加了算法的灵活性。

（4）具有缺失值自动处理功能。

（5）与 GBRT 相比，XGBoost 算法具有剪枝功能，不易陷入局部最优解。

（6）内置交叉验证，可以实现超参自动寻优。

XGBoost 算法的缺点如下：

（1）每轮迭代运算都要多次遍历整个训练数据集，增加了内存负担和时间消耗。

（2）预排序方法需要保存数据的特征值以及特征排序的结果，这需要占用训练数据存储，导致空间消耗大。

（3）在遍历每个分割点时都要计算分裂增益，因此运算消耗和时间开销都很大。

（4）预排序后特征对梯度的访问是随机的，不同特征访问的顺序不一样，而且每一层长树时都要随机访问一个行索引到叶子索引的数组，不同特征访问的顺序也不一样，导致对缓存优化不友好。

C　LightGBM 算法

LightGBM 算法[24]是在 GBRT 的基础上对算法做进一步地优化，大大提高了算法的预测性能。与传统算法相比，该算法具有训练效率高、内存使用率低、准确性高、支持并行学习、可以处理大规模数据、原生支持类别特征、不需要对类别特征再进行 0~1 编码等优点。具体来说，LightGBM 算法引入了两项新技术和一项改进技术：

（1）基于梯度的单边采样（Gradient-Based One-Side Sampling，GOSS）技术以非常小的梯度去除了大部分数据，仅使用剩余的部分来估计信息增益，从而避免了低梯度的长尾效应。由于具有较大梯度的数据在计算信息增益方面更为重要，因此 GOSS 技术仍可以对小得多的数据获得相当准确的估计。

（2）排他性功能捆绑（Exclusive Feature Bundling，EFB）技术是指将相互排斥的特征捆绑在一起，以减少特征数量。EFB 技术可以将很多特征捆绑到一起以形成较少的稠密特征束，从而可以避免对 0 特征值的无用计算。

（3）直方图算法。在传统的 GBRT 算法中，最耗时的步骤是找到最佳分割点。传统方法是预排序法，枚举了排序特征上所有可能的特征点，而 LightGBM 算法则使用直方图算法。直方图算法的基本思想为：首先把连续的浮点特征值离散化为 k 个整数，构造宽度为 k 的直方图。最初，离散后的值用作直方图中累积统计信息的索引；当数据遍历一次后，直方图累积了离散化所需的统计量，之后再进行叶子节点分裂时从这 k 个桶中找最佳分裂点，因此加快了分裂速度；此外，由于直方图算法不需要像预排序算法那样存储预排序结果，而只是保存特征离散值即可，因此使用直方图算法可以减少内存消耗。

与 XGBoost 算法相比，LightGBM 算法更为强大的原因是：

(1) 直方图算法替换了传统的预排序算法。某种意义上说，它是牺牲精度换取计算速度，通过直方图作差构建叶子直方图更具创造力。

(2) 具有深度限制的叶子生长算法代替了传统的决策树生长策略，从而提升了预测精度，同时可以避免过拟合风险。

(3) 直方图算法仅需要将直方图数值保存在内存中，而不是保存之前的所有数据。另外，直方图相对较小时，还可以使用以 uint8 的形式来保存训练数据。

(4) 其他的优化还包括缓存命中率优化、多线程优化。LightGBM 算法能用较小的代价控制分裂树，具有更好的缓存利用率，采用了有深度限制的叶子生长策略，在高效率的同时防止了过拟合。

总体而言，LightGBM 算法具有速度快、代码清晰、内存消耗小等优点。

目前，梯度提升算法已经广泛运用于 Web 搜索、产品推荐和生态学等领域，但在冶金行业的研究和应用较少，需要做进一步的研究和推广。

1.1.3.4 深度学习

深度学习是机器学习中最重要的分支，是一种具有深度结构模型的学习方法，通常是层数超过三层的神经网络，也称为深度神经网络。本质上讲，深度学习给出了一种将特征表示和学习合二为一的方法，其特点是放弃了可解释性，只追求学习的有效性。

为了解决 BP 算法收敛速度慢、易陷入局部极小等缺陷，Hinton 及其学生提出了一种非监督贪心逐层训练算法，解决了与深层结构有关的优化问题，并以此为基础发展为如今脍炙人口的深度学习算法[25]。近年来，深度学习发展得如火如荼，各领域的研究成果都非常丰富。Bengio 教授和他的团队提出了一种基于自编码器的深度神经网络快速学习算法，这种无监督快速学习策略将多层深度网络视为多个两层感知器，串行连接，从根本上克服了 BP 算法的固有缺陷[26]。微软与 Hinton 合作开发了首个基于深度学习的语音识别框架[27]。国内的科大讯飞、百度、阿里巴巴等科技巨头在语言识别方面也快速发展。Geoffery Hinton 的研究团队在 ILSVRC2012 竞赛上将深度卷积神经网络用于图像数据库 Image Net 进行图像场景分类，将 Top5 的错误率大幅降低到 15%。在人工智能提出 60 周年之际，Nature 杂志刊发了 Yarm Le Cun、Yoshua Bengio 和 Geoffrey Hinton 三人合作的综述文章。该文章详细介绍了卷积神经网络、循环神经网络、分布式特征表示等先进算法，并展望了深度学习技术的未来[28]。

高炉是一种逆流、双向多流体复杂反应的高温反应器，炉内存在复杂的物理化学变化和传质传热过程，具有非线性、噪声大、过程参数复杂多变且不易直接获得等特点。深度学习因其强大功能，在高炉生产过程中炉况和炉热的参数预测方面获得了关注[29-30]。

A ANN 神经网络

人工神经网络（Artificial Neural Network，ANN）是一种模拟生物神经网络进行信息处理的数学模型，是基于计算机学、神经学、统计学、哲学等领域研究成果发展起来的新兴交叉学科[31]。神经网络是由大量处理单元互联而成的网络，通过改变网络中各连接权值，实现信息的处理和存储。

Keras 是一种用 Python 编写的高级神经网络 API，可以快速实现各种人工神经网络算法。Keras 在设计之初就强调以人为本，快速建模，它可以将所需模型的结构快速映射到 Keras 代码中，尽可能减少编写代码的工作量，加快开发速度。Keras 简化了搭建各种神经网络模型的步骤，可以轻松地搭建并求解具有数百个输入节点的深层神经网络，而且定制自由度非常大；它还可以实现 GPU 加速，使得处理密集型数据的速度比 CPU 提高数十倍。Keras 是一种易于使用、可以在更高层次上进行抽象、兼具灵活性和兼容性的深度学习框架，其特点是高度模块化，能够组合各种模块来构造所需模型功能。在 Keras 中，任何神经网络模型都可以被描述为一个图模型或序列模型，示意图如图 1-1 所示。

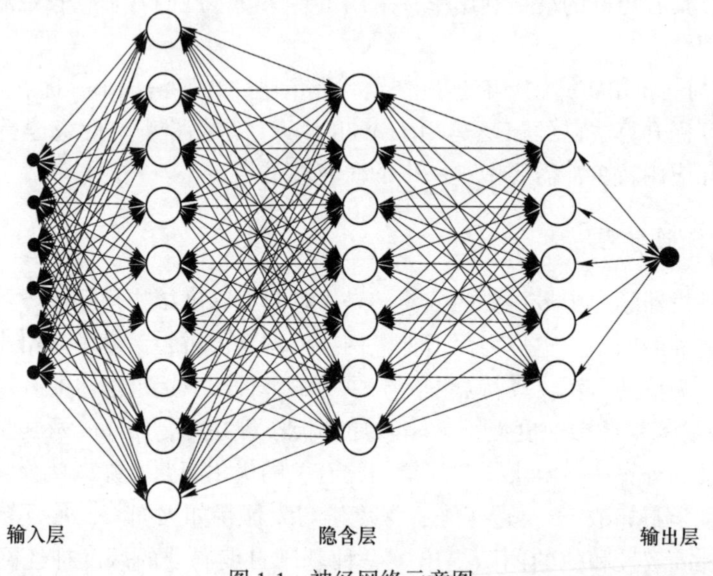

图 1-1 神经网络示意图

神经网络具有以下特点：（1）具有自适应、自学习和自组织的能力。（2）具有联想记忆和推广的能力。（3）具有大规模并行计算能力。（4）分布式信息储存能力。（5）强大的容错性和鲁棒性。上述特点表明，神经网络特别适用于解决需要同时考虑多因素、不确定和复杂因果关系的推理判断、识别、分类和回归问题[32-33]。神经网络只需要依靠足够的数据就能构建模型，但缺点是必须使用大量的样本对其训练才能达到一定的预测精度，并且还存在陷入局部最优解的缺点。

由于人工神经网络强大的并行处理机制、对任意函数逼近的能力、自组织和自适应能力以及学习能力，已被广泛应用于分类、预测、识别、优化决策等方面的工作，并成为人工智能中最活跃的分支。

B　LSTM 神经网络

高炉炼铁是一个动态的时间序列，因此非常适合使用递归神经网络（Recurrent Neural Network，RNN）。高炉反应的过程又是渐变的，即当前炉况与历史炉况相互关联，这就要求递归神经网络能够动态记忆历史信息，并在学习新信息的同时保持历史信息的持久性。因此，将长短期记忆神经网络（Long Short-Term Memory，LSTM）引入炉热预测的研究中是非常必要的[34-38]。

LSTM 神经网络是一种基于 RNN 的新型深层神经网络，它通过构建一个长时间的时滞来维持一个不间断的误差流，从而避免了梯度弥散和梯度爆炸的问题。LSTM 单元可以长时间地储存信息，也称存储单元，它的入口由一些特殊的门控制，这些门具有保存、写入和读取等功能。在传统的 RNN 中，隐含层一般是一个非常简单的节点（如 Relu），而 LSTM 的隐含层节点为存储单元[39]。存储单元的基本结构如图 1-2 所示。

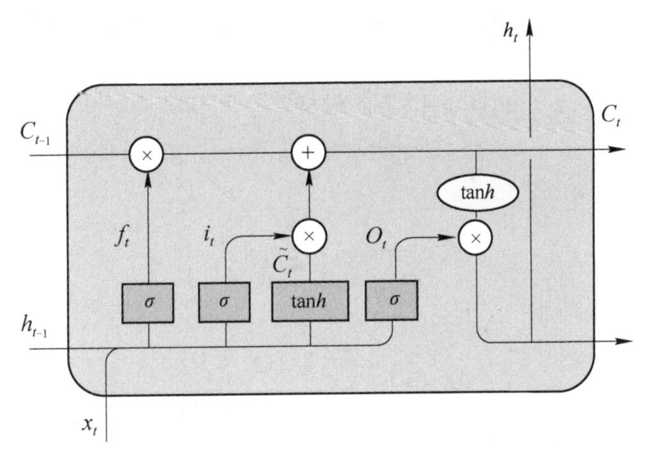

图 1-2　存储单元示意图

存储单元包括：输入门 i、输出门 o、遗忘门 f 和记忆细胞 c。前向传播时，输入门确定什么时候让激活传入存储单元，而输出门确定什么时候让激活传出存储单元；反向传播时，输出门确定什么时候让错误流入存储单元，而输入门确定什么时候让错误流出存储单元。输入门、输出门、遗忘门控制着信息流。存储单元的运作原理可以用式（1-10）~式（1-15）表示[40-42]。

$$f_t = \sigma(W_f[h_{t-1}, x_t] + b_f) \tag{1-10}$$

$$i_t = \sigma(W_i[h_{t-1}, x_t] + b_i) \tag{1-11}$$

$$\tilde{C}_t = \tanh(W_c[h_{t-1}, x_t] + b_c) \tag{1-12}$$

$$C_t = f_t * C_{t-1} + i_t * \tilde{C}_t \tag{1-13}$$

$$o_t = \sigma(W_o[h_{t-1}, x_t] + b_o) \tag{1-14}$$

$$h_t = o_t * \tanh(C_t) \tag{1-15}$$

式中，C_t 表示 t 时刻记忆细胞的计算方法；h_t 为 t 时间点 LSTM 单元的所有输出；W，b 分别是系数组成的矩阵和偏置的向量；σ 是激活函数 sigmoid；i_t，f_t，o_t 分别是 t 时间点输入门、遗忘门和输出门的计算方法。

由图 1-2 可以看出输入门、遗忘门和输出门 3 个控制门的输出各自连接到一个乘法元件上，从而分别控制信息流的输入、输出以及细胞单元的状态。

机器学习的不断发展演化出了众多性能强大的算法。尽管一般而言这些算法是成功的，但没有哪一个算法总是最准确的。如何将这些算法和生产实践有机地结合起来，充分发挥这些算法的强大功效，是一项重要的研究课题。

1.1.3.5　集成学习

集成学习（Ensemble Learning）是指通过构建和组合多个学习器来完成学习任务。集成学习的一般结构是先产生一组“个体学习器”，随后将它们用某种策略结合起来。个体学习器通常由现有的学习算法在训练后产生。如果集成学习中仅包含同类型的个体学习器则集成是“同质”的，这种集成学习称为基学习器；如果包含不同类型的个体学习器则集成是“异质”的，此时集成学习称为组件学习器。

通过组合多个学习器，通常可以获得比单一学习器更显著的泛化性能，这是有数学理论支持的，下面对它进行分析。

考虑二分类问题：$y \in \{-1, +1\}$。假设样本空间到类别空间的真实映射为f，得到的M个弱分类器模型G_1，…，G_M所对应的映射为g_1，…，g_M，那么简单组合下的最终模型对应的映射即为：

$$g(x) = \operatorname{sign}\left[\sum_{j=1}^{M} g_j(x)\right] \tag{1-16}$$

这里的 sign 是符号函数，满足：

$$\operatorname{sign}(x) = \begin{cases} -1 & (x < 0) \\ +1 & (x > 0) \end{cases} \tag{1-17}$$

假设每个弱分类器的错误率为ε：

$$p(g_i(x) \neq f(x)) = \varepsilon \tag{1-18}$$

假设弱分类器的错误率之间相互独立，由霍夫丁不等式（Hoeffding's Inequality）可以得知：

$$p(G(x) \neq f(x)) = \sum_{j=0}^{\frac{M}{2}} \binom{M}{j} (1-\varepsilon)^j \varepsilon^{M-j} \leqslant \exp\left[-\frac{1}{2}M(1-2\varepsilon)^2\right] \tag{1-19}$$

也就是说，最终模型的错误率将随弱分类器个数M的增加呈指数级下降并最终变为0。然而，需要指出的是，以上理论做了一个非常强的关键假设：假设弱分类器的错误率彼此独立。可以说，这是不可能的，因为这些弱分类器希望解决相同的问题，并且使用的训练集也都来自同一份数据集。但是通过以上分析，我们可以得出这样一个重要信息：弱分类器之间的差异应该尽可能地大。

相对于个体学习器，集成学习的优势在于[43]：

（1）提高了预测结果的准确性。学者 Freund 通过构造性的方法证明了“弱学习算法可以等价于强学习算法”，即可以将构造难度很大的单一学习器的任务转化为构造精确度略高于随机猜想的分类器，来构造高精度的学习系统[44]。

（2）提高了预测结果的稳定性。由“没有免费的午餐”理论可知，没有一个模型适用于所有情况。学习器的预测效果是随着数据集的不同而变化的，一个预测模型可能在某些测试集上表现良好，但是在另一些测试集上表现不佳。集成学习可以提高学习系统的泛化性能，并增强学习系统的稳定性。

（3）避免过拟合。如果学习器在训练集上表现得很出色，但是当把这个学习器应用在预测集上时，效果很糟糕，这种现象就是通常所说的过拟合。研究表明，通过集成多样性的学习器能够有效避免过拟合。

1.1.3.6 聚类算法

聚类算法是一种无监督学习技术，不需要先验知识，而是根据“物以类聚”的原则对样本进行分类的机器学习算法，通常将其视为“让数据自己介绍自己”的过程。聚类的目的是将数据划分到不同的类或簇中，基本原则是尽可能将相似的数据归为一类或簇，而不同类或簇之间的数据则要尽可能有较大的差别[45]。聚类是数据挖掘领域中重要的分支，主要用于挖掘和发现潜在的、有价值的数据分布或模式以及其他潜在信息。与“分类”的区别是，聚类不需要考虑已知数据的标签。

K-means 是一种基于质心划分数据的聚类算法。给定一个数据集 D，以及要划分的簇数 k，就能通过该算法将数据集划分为 k 个簇，算法的流程如下：

（1）假设数据集是在一个 m 维的欧式空间中，初始时随机选取 k 个数据项作为这 k 个簇的质心 C_i，$i \in \{1, 2, \cdots, k\}$，每个簇心代表一个簇。

（2）计算所有的数据项（n 个）与 C_i 之间的距离。例如，对于数据项 D_j，$j \in \{1, \cdots, n\}$，它与其中的一个簇心 C_i 最近，则将 D_j 归类为簇 C_i。

（3）重新计算这 k 个簇的质心，即计算各个簇中所有数据项的每个维度的均值，从而更新质心。

以上述算法得到的质心为基础，重复步骤（1）~（3），进行迭代运算，直到每个类的质心变化满足阈值为止。

K-means 算法是一种可以学习数据自身特性的无监督学习方法，它是最简单、最常用的聚类算法，而且还具有较好的可解释性，是数据挖掘、机器学习、商业分析和工业生产等领域的研究热点[45]。

1.2 钢铁生产数字化转型

作为技术复杂度较高、信息化基础较好的钢铁行业，无论是本领域的内部需求还是政策上的外部引导，钢铁生产数字化智能转型受到高度关注，钢铁行业对数字技术需求迫切[46-49]。钢铁工业是大型复杂流程工业，全流程各工序内部均为“黑箱”，并且钢铁生产过程极其复杂，具有多变量、强耦合、非线性和大滞后等特点。不仅如此，钢铁生产各单元为孤岛式控制，尚未做到单元间界面无缝、精准衔接，这些严重的不确定性是钢铁生产过程面临的重大挑战。面对“黑箱”等不确定性问题，钢铁行业的数字化和智能化转型势在必行[50-51]。

数字化、智能化技术在钢铁行业大有可为，钢铁行业是具有丰富资源的数字技术应用场景。钢铁生产的高炉冶炼、转炉冶炼、电弧炉冶炼、连铸、轧制等过程均为“黑箱”过程，均是数字化、智能化信息通信技术应用的最佳场景。借助大数据技术，可以快速解决流程工业普遍存在的“黑箱”难题，达到放大、倍增、叠加的效果，并且钢铁行业还具有丰富的数据资源。钢铁工业复杂的数据感知系统、自动化控制系统和研发设施，能够实现全面的数据采集和丰富的数据积累。这些海量数据中蕴含企业生产过程的重要规律，是最宝贵的资源，不仅如此，钢铁行业还具有直接反馈赋能物料的优势。如果通过实时大数据分析把钢铁生产的物料——铁水、钢水、钢坯、轧件内部的规律摸清，做出决策，并进行反馈控制，直接作用到物料上，形成闭环反馈赋能，可以及时纠正各种扰动带来的问题。

国内外钢铁企业已在积极推动智能化技术实施，构建了基础性数据平台和智能化系统架构，探索了大数据和信息物理系统在钢铁领域的应用。欧盟发布了钢铁技术平台计划ESTEP（European Steel Technology Platform），并成立了钢铁一体化智能制造工作组，优先发展大数据、智能建模、多工序集成与自组织生产等技术领域，将每个工序视为一个信息物理系统，重视全生产链和上下游的信息流，使钢铁生产和运行质量进一步提升[52]。欧洲钢铁行业的“数字化转型”和“低碳冶金技术革命”两个主旋律相交织，在零排放领域，数字技术也将发挥重要作用。韩国浦项制铁[53-55]开发了“POSFrame”智能工厂平台，将积累的钢铁制造技术与大数据、人工智能高效联结，开发了钢铁冶炼智能化系统。2018年底浦项2号智能高炉投入运行，取得了高炉智能化突破，被2019年达沃斯会议命名为“灯塔工厂”。日本JFE钢铁[56]2017年成立了数据科学项目部，2019年4月成立了信息物理系统研究开发部，进行JFE钢铁高炉系统的智能化改造。至2020年3月，JFE完成了在日本本土8座高炉的智能化改造，并建成JFE数字转换中心，通过整合使用数据来提高生产率并降低成本，推进信息物理系统的共享和标准化。

基于我国钢铁产业现状，相较于发达国家人工智能在工业领域的应用仍有较大差距，尤其是炼铁工序基础自动化薄弱、数据采集与管理难度大、冶炼过程是典型的“黑箱”问题，炼铁系统数字孪生和信息物理系统的深度应用还有较大提升空间。智能化是钢铁行业发展的重要战略方向，国家已出台多项决策部署，指导加快钢铁全流程智能制造相关产业发展与技术研究，推动钢铁行业在新时代高质量智能转型与升级，赋能绿色制造。“十三五”期间，我国钢铁行业以“智能化”和“绿色化”为主题，初步形成了智能制造的基础架构。《中国制造2025》提出构建数字化智慧钢厂，钢铁业面临数字化转型升级的迫切需求。将工艺知识、机理模型与人工智能结合，在部分工序突破了大数据平台建设、设备智能诊断、质量自动分析、产线高级排程等关键技术，宝钢、首钢、武钢、韶钢、攀钢等钢铁企业均制定了智能制造规划，建设工业数据中心与智能化技术研发平台，非企业完全自投的智能工厂示范诞生了诸多“特色项目、单项冠军”，包括生产、设备、安全、能源、质量等[57]。通过大数据智能化实现数字化是钢铁产业提升能效、降低碳排放和转型升级的重要保证，发展数字经济是实现炼铁“双碳”目标的重大需求，总体预期可实现CO_2减排6%~10%。

1.3 高炉生产工艺及数据特点

1.3.1 高炉生产工艺

高炉是钢铁冶金生产过程中最关键的设备，是典型的竖炉逆流式反应器。在高炉生产过程中，固体炉料焦炭和矿石分批从炉顶装入后由上往下运动；热风、富氧以及煤粉从高炉风口鼓入，这些物质与焦炭在高温条件下发生燃烧反应，产生还原性气体由下往上运动，与炉料反应后生成的高炉煤气最终从炉顶排出；含铁炉料在炉内经过预热、还原、软化、熔融、滴落等复杂的物理化学变化后，最终形成液态渣铁由铁口排出，再经撇渣器分离后得到铁水和炉渣。

根据高炉内部主要反应过程和炉料状态，可以将高炉内部分为五个区域：块状带、软熔带、滴落带、风口回旋区、炉缸区。炉料经布料器从炉顶装入高炉，上部主要为铁矿石的预热、间接还原，为块状带。随着炉料下降，温度不断升高，矿石不断软化熔融形成软熔带，焦炭与矿石仍为层状分布，煤气主要由焦窗透气。经过激烈的物理化学反应，形成高温渣铁并滴落，即滴落带，此区域焦炭作为料柱骨架仍保持固体状态。风口前端鼓入的空气和氧气，与焦炭和煤粉燃烧生成高温气体，形成近似梨状的风口回旋区。高炉底部为炉缸区，该区域主要是死焦堆和高温渣铁并存。

与中、小型高炉相比，大型高炉的特点如下：

(1) 在高炉设计之初就选用先进的装备，自动化水平高，检测手段多，高炉参数的数据丰富、数据质量好。

(2) 由于大型高炉对钢铁企业的生产组织、物料平衡影响大，并且产量高，对企业的经济效益影响大，因此对高炉的生产技术指标要求高。

(3) 炉容扩大后，高炉冶炼周期延长，时滞性更长，炉热控制难度大。

(4) 炉喉直径增大，所形成的料面形状受原燃料自然堆角、粒级、炉料滚动性等影响大，对布料参数的精准控制要求高。

(5) 高炉圆周截面积变大后，中心气流和边缘气流不易平衡，气流控制难度大，而且易出现炉缸不活跃的情况。

(6) 原燃料质量波动对高炉运行状况影响更明显，因此对原燃料的质量要求高，尤其是炉身高度增加后，对焦炭的料柱骨架作用要求更高。

现代化高炉的工艺流程如图 1-3 所示。

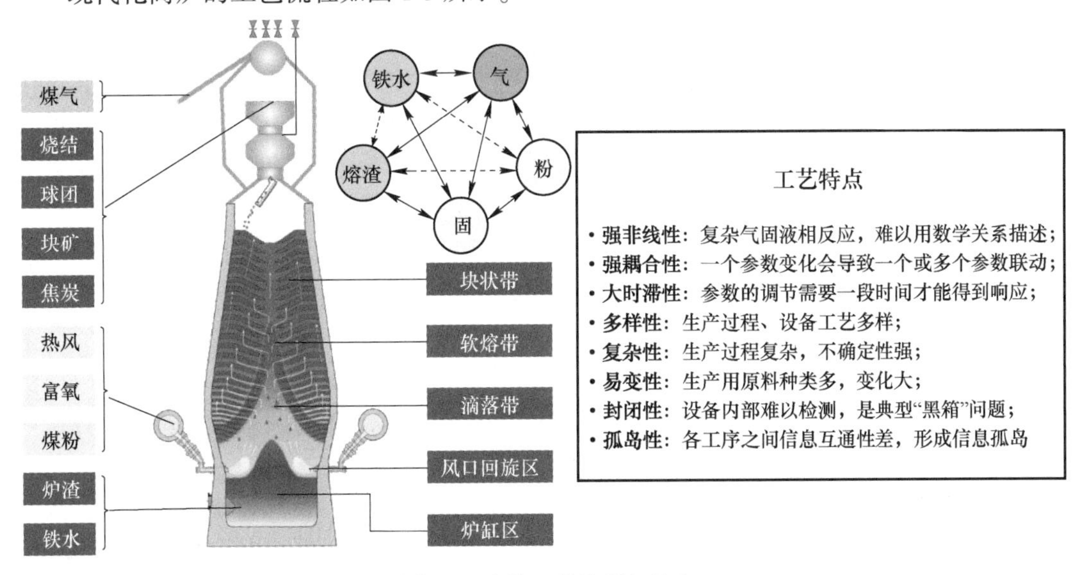

图 1-3 高炉工艺流程与特点

1.3.2 高炉数据特点

高炉数据主要包括高炉本体数据和高炉附属系统数据。高炉本体数据是指在高炉运行过程中高炉内部各类传感器所收集的数据和操作数据，如炉顶温度、炉身静压力、透气性等。高炉附属系统数据主要指的是原燃料系统、送风系统、喷煤系统等数据。高炉生产中涉及的参数众多，日常操作中需要高炉操作者关注的参数将近2000个；在高炉数据库中，每年生成的小时平均值和日平均值的数据就达1800万个[58]。

高炉传感器采集的时序数据具有设备多、测点多、频率高、吞吐量大、连续不间断的特点，并且炼铁工艺由不同的系统构成，数据来源广且不同系统的数据采集频率并不相同[59-60]。由于高炉数据的来源广且不同数据源之间往往彼此独立，因此形成一座座"数据孤岛"使得数据具有隔离性。高炉数据结构复杂，除生产中所采集的温度、压力、流量等时序数据之外，还包括检测火焰温度等红外热成像视频数据，因此数据具有多模态特点[61-62]。由于高炉内部具有复杂的气相、固相和液相反应，一个参数变化会导致一个或多个参数的联动变化，参数间所包含的信息存在重叠，因此高炉参数之间存在信息冗余的情况。高炉内部是高温高压的环境，电子传感器的工作环境恶劣，经常性的损坏导致数据中出现噪声、异常和缺失等情况[63-64]。由于没有实现高炉数据的全自动化，仍有部分数据需要人工填写上传至数据库中，因此数据会出现不规范和不正确等情况。

1.4 智能化高炉技术发展现状

1.4.1 高炉数据预处理

高炉炼铁系统数据存在来源多、范围广、数量大、维度高、频次多、噪声多等特点，完成高炉复杂数据的清洗与整合，提高高炉数据质量，是实现高炉炼铁系统智能化的基础。其中，数据缺失、数据异常是高炉数据中最常见且重要的问题。

（1）高炉数据缺失问题主要是高炉生产过程中由于传感器失灵、人为操作失误、数据库存储故障等因素造成的部分数据丢失。高炉缺失数据的处理方法主要有两种：一是直接删除缺失数据，二是对缺失数据进行填补。当高炉数据少量缺失或大量缺失时，直接删除法是一种直接、高效的处理手段。如数据缺失比例低于5%时，删除缺失数据不会影响数据的有效性；数据的缺失率超过60%时，数据信息缺失严重，失去了研究价值[63,65]。当高炉数据出现间断性短时缺失的情况时，可以使用插值法对缺失数据进行补充[66]。例如，高炉压力、温度等高频次时间序列数据，在正常炉况下，短时间内高炉炉况是稳定的、规律的、可预估的，不会出现异常波动。但是，当高炉数据出现连续长时缺失的情况时，由于数据缺失时间长，在此期间内高炉炉况是否发生异常波动无法被估计。此时，可以分析缺失数据变量与其他完整变量的关联性，采用机器学习建立二者的关系模型对缺失数据进行填补。

（2）高炉异常数据主要分为人工录入错误造成的数据异常、传感设备损坏造成的数据异常、炉况异常时部分指标超出上下限造成的数据异常。高炉异常数据识别方法可以分为统计学法（如3σ法、箱形图法等）和机器学习法（如聚类法、孤立森林法等）[67-70]。利用 3σ 法和箱形图法剔除异常值效率高，但 3σ 准则要求数据近似正态分布，箱形图上下四分位差的系数需要人为设定。利用机器学习进行异常值识别的识别率高，但需要消耗的时间也较多。然而，大多数研究者忽略了与高炉生产工艺的有效结合。例如，高炉操作方针中参数的合理范围是基于具体的高炉生产工艺总结和计算得到的，不仅能够快速对原始数据进行初步筛选，还能够对异常数据识别结果进行验证。另外，在识别出离群值后还需要观察同时刻高炉其他参数的数据是否也存在异常，以甄别产生异常数据的原因是高炉炉况异常，还是数据本身异常。高炉炉况异常时造成的离群数据严格上讲并不属于真正意义上的异常值，因此在进行异常数据检测时需要根据炉况状态是否异常而有所区别。

1.4.2 高炉参数时滞性和关联性分析

（1）高炉参数时滞性分析。在高炉冶炼过程中，当炉长采取某项控制措施时，决策变量需要一段时间后才能起到控制作用，这种现象称为滞后。现有方法大多是根据相关性系数或者人工经验的方法，得到最大相关性的某一确定的滞后时间。例如，高翠玲[71]依据自相关系数法计算得到了风量、富氧量、透气性指数和喷煤的滞后作用时间。安剑奇等[72]采用灰色相对关联度分析方法分析了高炉操作与煤气利用率、铁水硅含量、高炉状态参数的时滞关系。李壮年等[73]通过人工经验分别对当日、1 天后、2 天后的控制参数赋予权重，对数据进行时效处理。但是在实际生产过程中，不同阶段或者不同炉况下，参数的滞后时间具有不确定性，在一定范围内变化，且参数在这个范围内会有不同程度的波动。因此，此类方法可能会造成滞后时间不准确以及波动信息缺失，从而导致与实际炉况不符的现象。另外，经过时滞性分析后会发现部分参数在不同滞后时间下的相关性并没有明显的变化，这种情况下再取相关性最高的时间节点定义为滞后时间的意义并不大。

（2）高炉参数关联性分析。关联性分析又称关联规则挖掘，可以从数据集中发现项与项之间的关系，找出存在于项目集合之间的关联模式。例如，Apriori 算法[74-75]和 FP-Growth[76-77]算法，其中 FP-Growth 算法可以根据预先设定的最小支持度和最小置信度来控制规则的数目和质量，并且易于挖掘出高质量规则。高炉生产数据具有噪声大、易抖动的特点，而 FP-Growth 算法对数据要求低，适合处理此类数据。例如，李壮年[58]采用 FP-Growth 算法对烧结矿质量与焦比、K 值、热流强度的关系进行了关联规则挖掘，得到了大量关联规则，但仅重点量化了烧结矿质量参数的合理控制范围。明菲[78]构造了一种体现数据时间价值的加权时态关联规则，以使规则的发现体现一种时间趋势。

1.4.3 高炉炉况关键指标分析与预测

高炉关键指标的好坏是高炉操作者评价高炉炉况是否稳定顺行的重要依据，如炉热（铁水硅含量和铁水温度）、焦比、煤气利用率、透气性等。提前掌握高炉关键指标变化对操作者科学判断、准确调控高炉运行状态至关重要，通过大数据技术实现高炉关键指标的精准预测是高炉操作者科学判断高炉炉况动态变化的有效手段。

1.4.3.1 输入特征的确定

高炉冶炼过程复杂，高炉系统数据来源多、范围广，高炉数据属于高维度数据。然而，在这些众多的参数中，与具体某个高炉关键指标存在明显关系的协变量是有限的；相反，如果选取了无关因素或弱相关因素，不仅会造成模型预测精度下降，还会增加学习器的训练速度。因此，需要对高炉数据进行精准降维。在处理高炉数据方面常用的方法主要有特征提取和特征选择。

（1）特征提取一般通过数学方法（如投影），将数据从高维特征空间映射到低维特征空间，如文献［79］-［83］采用主成分分析、核主成分分析、独立主成分分析实现对高炉参数的降维处理。但是，主成分分析只考虑输入变量之间的相关性，不考虑输入变量和输出变量之间的相关性，且经过特征提取构建的新特征物理意义与原始特征相差甚远，提取到的特征可解释性弱，这对指导高炉操作和异常炉况的原因分析等问题是非常不利的。

（2）高炉特征选择包括特征排序和特征组合，如图 1-4（a）和（b）所示。特征排序法采用具体的评价准则给每个特征打分，根据得分对特征降序排序，选择前 K 个特征作为预测模型的输入特征，如文献［84］-［87］依据 Pearson、Spearman 和最大信息系数筛选出与高炉关键指标具有强相关性的特征。这种特征选择方法虽然效率高，但是忽略了高炉参数之间的耦合关系。特征组合根据搜索方式可分为全局搜索、序列搜索和随机搜索。全局搜索虽然可以找到最优特征组合，但计算成本太高。例如，100 维的高炉参数，就有 2^{100} 种特征组合。序列搜索可分为前向搜索、后向搜索和双向搜索。序列搜索的时间复杂度低，但特征子集是局部最优[88-89]。随机搜索优于序列搜索，有一定概率跳出局部最优，找到近似最优解。常用的随机搜索方法有粒子群优化算法、遗传算法[90-92]。特征组合将模型预测精度或误差作为度量标准衡量特征子集的整体性能，要优于特征排序估计单个特征得分的方式。在实际应用中，可以将多种特征选择方法综合使用，以提高模型的效率和性能，如图 1-4（c）所示。例如，先通过特征排序法去除无关特征，然后再通过特征组合法选择最优特征子集。

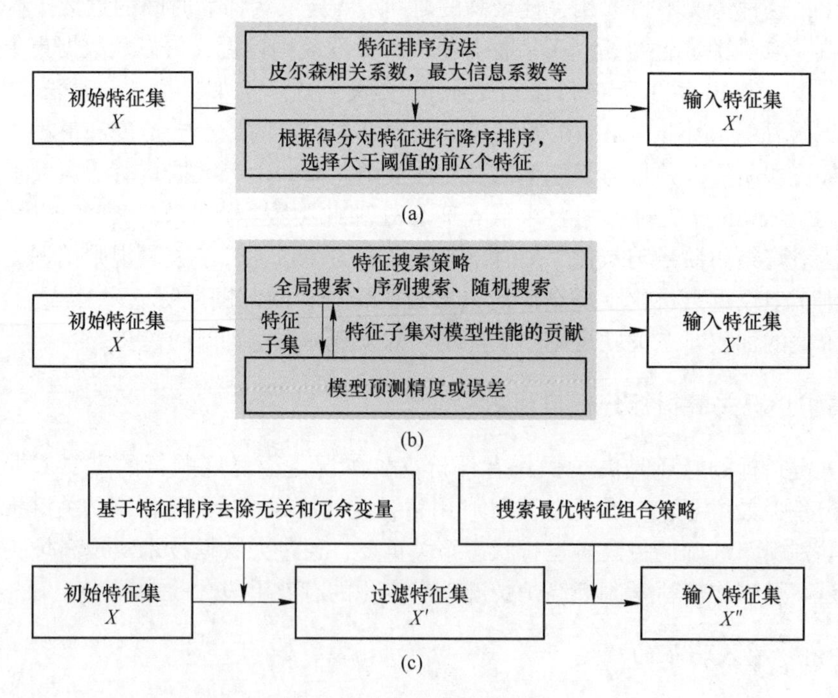

图 1-4 高炉特征选择方法

（a）基于特征排序的特征选择；（b）基于特征组合的特征选择；（c）特征排序与特征组合结合的特征选择

在高炉特征选择过程中，一定要注意区分事前变量和事后变量，如果特征子集中存在事后变量，模型将失去意义。另外，应该与冶金工艺结合，过度依赖算法有时也会造成重要特征被剔除，应先从高炉冶炼机理角度对高炉特征进行筛选，然后采用特征选择技术对剩余特征进行筛选。

1.4.3.2　预测模型的选择

随着大数据技术的不断发展，诸多机器学习算法已经在高炉关键参数预测的应用中取得了不错的效果，例如，支持向量机、梯度提升、神经网络和集成学习等。

(1) 支持向量机是在统计学理论的基础上得出的机器学习算法，它在解决小样本、非线性和高维模式识别问题上表现出许多独特的优势，因此支持向量机算法在高炉关键指标预测中取得了诸多应用[93-96]。例如，王振阳等[84]基于支持向量回归与极限学习机两种算法对铁水温度构建预测模型，基于支持向量回归算法构建的预测模型较优，比极限学习机预测模型高了5.5%。崔桂梅等[97]通过支持向量机和K-means聚类进行结合，建立类别函数确定预测数据的类别，利用支持向量机对聚类后的每一类数据进行预测，该方法预测的铁水温度精度较普通支持向量机有所提高。Li等[98]提出了一种基于模糊 c 均值（FCM）聚类和网格搜索优化支持向量回归（SVR）的高炉焦比预测模型，实验结果表明，该模型能够在高炉炉况顺行和波动的情况下预测各批次铁水的焦比，具有较高的精度和稳定性。

(2) 梯度提升算法是一种常用于回归和分类问题的集成学习算法和机器学习技术，以弱预测模型集合的形式产生预测模型。梯度提升算法因其强大的学习能力，尤其是在表格数据中的表现，在高炉参数预测领域同样备受关注[99-101]。赵军等[102]选用XGBoost模型对高炉透气性进行预测，结果表明，XGboost相较于随机森林算法和线性回归模型具有较大优势。程泽凯等[103]提出一种基于梯度提升决策树算法的焦炭预测模型，结果表明，基于梯度提升决策树的焦炭质量预测模型相较于线性回归模型、随机森林模型、决策树模型误差小、准确率高。Liu等[104]基于梯度提升决策树算法建立了烧结终点预测模型，采用网格搜索和交叉验证的方法对模型参数进行了优化，取得了良好的性能。刘小杰等[105]通过构建AdaBoost模型、决策树模型和随机森林模型对2 h后铁水的硅含量进行预测，发现AdaBoost模型的预测结果相比决策树模型和随机森林模型准确度更高。

(3) 神经网络算法强大的非线性建模能力和自适应能力使其在钢铁领域有着广泛的应用[106-109]。高炉炼铁是一个动态的时间序列，高炉反应的过程又是渐变的，即当前炉况与历史炉况相互关联，这就要求神经网络能够动态记忆历史信息，并在学习新信息的同时保持历史信息的持久性。因此，时序神经网络在高炉参数预测的研究中取得了显著成效。例如，崔泽乾等[110]引入神经网络时间序列模型实现了高炉铁水硅含量智能预报，并取得了较满意的效果。包向军等[111]对比了正常工况下长短记忆模型（LSTM）和季节性差分自回归模型（SARIMA）不同预测步数的高炉煤气发生量预测效果，结果表明，LSTM模型的预测精度普遍高于SARIMA模型。Jiang等[112]对比了多层感知器算法和极限学习机算法在高炉煤气利用的预测性能，分别预测了1 h、2 h和3 h后的煤气利用率，结果表明，多层感知器算法模型的预测精度要优于极限学习机模型。

(4) 集成学习通过构建和组合多个学习器来完成学习任务，集成学习可以获得比单一学习器更显著的泛化性能并增强学习系统的稳定性，在高炉关键指标预测中的应用广泛[113-117]。例如，石琳等[118]为提高煤气利用率的预测精度，提出一种基于 CEEMDAN-SVM-LSTM 的组合模型对其进行预测，用长短时间记忆人工神经网络（LSTM）和支持向量机（SVM）分别对分解的高频模态和低频模态进行预测，最后将模型组合建立了煤气利用率的组合预测模型；结果表明，该组合模型与单一的 SVM 模型和 LSTM 预测模型对比，组合模型的精度更高。李壮年等[73]采用支持向量机、随机森林、梯度提升树等 6 种机器学习算法，并采用特征工程和超参数调优对机器学习预测进行了优化，最后采用集成学习方法对高炉焦比和透气性进行了预测，预测结果不仅精准度高而且具有很好的鲁棒性。

研究者们已经建立了许多关于高炉关键参数的预测模型，这些模型的研究为大数据技术能够在高炉实际生产中成功应用奠定了基础。大致可以将高炉参数预测模型总结为两类，一类是回归分析预测，另一类是时间序列预测。对于高炉操作者而言，能够提前掌握下一时刻炉况指标的变化趋势进而指导高炉生产更有价值。值得注意的是，时间序列预测不能像回归分析预测一样随机划分训练集和测试集，而是按照数据的时间先后顺序进行划分。因为随机划分的训练集和测试集的数据分布近似，会造成预测模型的精度虚高，这是目前研究中最容易出现的问题之一。此外，一些研究中的预测模型虽然取得了较高的准确率，但是事后变量被作为模型的输入变量，这也是一个致命的问题。例如，在预测焦比的模型中将焦炭消耗量与铁水产量作为输入特征。因此在建模的过程中一定要了解高炉冶炼过程，避免这种问题的发生。

1.4.3.3 炉况关键指标的分析与预测

高炉冶炼是一个非常复杂的非线性系统，涉及参数众多，提前掌握高炉炉况的发展对操作人员科学判断、准确调节高炉运行状态至关重要。近年来，随着大数据技术在钢铁领域的应用，建立高效、准确的高炉炉况参数预测模型已经成为了冶金领域专家学者们的研究重点。

炉热预测作为智能化高炉炼铁技术的重要组成部分，一些针对炉热指标的数据驱动建模方法被提出。例如，Zhou 等[119]基于递归子空间辨识建立了铁水温度和铁水［Si］含量预测模型。该模型利用最新的高炉工艺数据自适应地更新预测器的参数，从而更准确地预测炉热指标。Li 等[120]利用遗传算法框架结合炼铁领域知识构造可解释特征的方法，在铁水硅含量预测任务中取得了较高的预测精度。虽然并不是所有构造特征都是有意义的，但它有助于建立一个高精度的模型。Jiang 等[121]基于深度注意力迁移网络（Attention-wise deep transfer network）对铁水［Si］含量进行预测，与传统网络相比，描述了输入和输出之间的动态关系，提高了预测结果的可理解性和透明度。Li 等[122-124]基于 T-S 模糊模型（Takagi-Sugeno fuzzy model）、随机矢量函数链接网络（random vector functional-link networks）研究了系列高炉铁水指标预测模型，该系列模型的优点在于考虑了铁水输出指标之间的相关性，有效提高了模型精度。虽然很多学者在炉温指标预测方面做了大量的研究工作，但仍有一些地方可以改进。例如，建模数据样本的维度和数量考虑得并不全面，时滞性分析和建模方法与高炉工艺结合不足，并缺乏真实的应用场景进行验证等。在对高炉炉热进行预测和优化时，不仅要遵循物料平衡、热平衡等工艺原理，还要考虑实际冶炼条件、反应进程等复杂的随机波动，建立工艺与算法相结合的模型，并在生产实践中不断验证、优化，方能取得良好的应用效果。

高炉炉缸活跃性是评价高炉工作状态的重要指标之一，对高炉生产实现“高效、优质、低耗、长寿”的目标起着非常重要的作用。近年来，随着高炉冶炼的不断强化，炉缸活跃性问题日益引起高炉操作者的重视，但是对如何定量评价炉缸活跃性的相关研究较少。传统的炉缸活跃性评价模型以机理研究为主，例如，Ye 等[125]、徐万仁等[126]、代兵等[127-128]根据死料柱透液性和渣铁流动阻力评价炉缸活跃性。这类方法涉及参数在实际生产过程中不易测量，并且模型中的经验系数是固定的，导致工业应用效果不佳。张贺顺等[129]、Deng 等[130]通过炉底中心温度和炉缸侧壁温度的比值定义炉缸活跃性，这种评价方式的优点是现场可以实时在线获取热电偶温度数据。尽管大数据技术在钢铁领域拥有许多成功应用案例[131-134]，然而，大数据技术在高炉炉缸活跃性方面的应用尚少。Deng 等[130]基于数据挖掘选择温度比作为炉缸活性的表征参数，建立了炉缸活跃性定量模型。Zhou 等[135]通过图像处理分析回旋区火焰温度，提出圆周方向和局部区域的均匀性指数和活性指数来评价炉缸状态。虽然研究者们在炉缸活跃性评价方面做了不少研究和探索，但在冶金机理与大数据技术结合方面还存在很大的不足。

高炉长寿技术是高炉炼铁技术进步的主要内容[136-141]。影响现代高炉一代炉役寿命的薄弱环节主要集中在两个区域：一是炉腹、炉腰至炉身中下部；二是炉缸区域[142-145]（铁口、渣口又是炉缸的薄弱之处）。目前，铜冷却壁广泛应用于炉腹、炉腰和炉体下部。然而，自 2010 年以来，国内多次出现铜冷却壁漏水和大面积损毁现象，给高炉生产带来了严重影响[146-148]。Cheng 等[149-151]研究了没有渣层的情况下，边缘煤气流温度、冷却水流速等因素对铜冷却壁温度场、应力场和位移的影响。但在高炉冶炼中后期，炉渣层逐渐代替了炉壁热表面的耐火材料，保护了炉壁，减少了热损失。因此，研究铜冷却壁在不同炉况条件下挂渣行为的影响因素以及凝结渣皮的能力是炼铁工艺的一个重要研究方向。钱亮和吴桐等[152-156]通过先假设渣皮厚度后求解冷却壁温度场的方式，分析了各种炉况条件对冷却壁工作状态的影响，并结合传热“反问题”数学模型开发铜冷却壁渣皮厚度在线监测模型，结果表明渣皮对铜冷却壁有良好的保护作用。但是，由于铜冷却壁自身结构为铜制筋肋和镶砖材料（生产后期将会被炉渣替代）间隔排布，且炉渣导热系数要远低于铜质材料，因此这两处渣皮厚度应有所差异，这种差异会对壁体温度场造成很大的影响。Choi 等[157]提出采用超声波测厚法在线监测铜冷却壁渣皮厚度的方法并应用于工业生产。Ganguly 等[158]和 Yeh 等[159]提出采用在铜冷却壁热面布置大量热电偶等元件的方法来监测铜冷却壁热面工作状况。但是，上述模型及方法只能监测当前工作环境下铜冷却壁表面挂渣情况，并不能预测铜冷却壁在煤气温度、冷却制度、炉渣性质等发生变化时铜冷却壁挂渣能力的改变。Li 等[160]采用循环迭代的分析方法，模拟炉况条件变化对渣皮厚度的影响，但是其忽略了燕尾槽内部材料也会随着煤气温度的升高而逐渐熔化，渣皮分布的差异会对铜冷却壁温度场造成较大的影响。因此，通过建立铜冷却壁传热模型研究各因素对铜冷却壁热面渣皮分布的影响规律，分析铜冷却壁在不同炉况条件下的挂渣能力，进而明确提出当前冶炼条件下铜冷却壁合理的应用制度，是目前铜冷却壁应用研究中急需解决的问题。

1.4.4 高炉参数优化

高炉关键参数预测和高炉炉况评价不是最终目标，保证高炉稳定顺行才是。提高经济效益、降低冶炼成本以及实现低碳化生产都需要建立在高炉稳定顺行的基础上。当炉况发生波动或即将发生波动时，及时为高炉操作者提供优化建议，预防异常炉况的发生或以最小的代价及时恢复炉况才是保证高炉稳定顺行的关键。由于高炉冶炼过程的复杂性和自动化水平的限制，现阶段高炉稳定生产主要依靠技术人员操作，还无法实现真正意义上的闭环控制，更有效的方式是通过高炉优化模型为高炉操作者推送优化建议，辅助操作者指导高炉稳定生产。

目前实际生产中，在高炉炉况优化方面还是以冶金理论或专家经验为主[161-163]，可解释性强、风险低，但是效率低。随着越来越多的研究者投入这方面研究中，大数据技术在处理高炉参数优化方面取得了初步效果，主要分为单个高炉指标优化和多个高炉指标优化两大类，见表 1-2。

表 1-2　高炉参数优化分类

分　类	优　势	不　足
单目标优化	求解过程比较容易，有唯一解，优化策略能够对目标指标起到良好的优化效果	不能满足现代高炉“优质、低耗、高产、顺行”的综合要求
多目标优化	能够对多个目标进行协调和折中处理，使各个子目标都尽可能地达到最优化	随着优化目标数量的增加，优化模型复杂度越高，求解越困难。Pareto 最优解无法直接应用，最终解选择难
多目标转换为单目标	将多个目标转换为一个综合指标，优化求解难度大大降低	高炉各指标加权值的分配带有较大的主观性，当各目标相互制约时，目标函数就会变得十分复杂

高炉单指标优化往往是以局部为出发点，虽然求解出的优化策略能够对目标指标起到良好的优化效果，但是也会对高炉其他指标造成不确定的影响，不能满足现代高炉“优质、低耗、高产、顺行”的综合要求，在实际应用中难以达到预期效果。例如，田毅等[164]建立高炉参数优化调控模型对燃料比进行优化，虽然对燃料比的优化效果进行了预测，却忽略了在实施调整方案时对炉况的影响，如果炉况不顺，最终的优化效果则会大打折扣。在高炉多指标优化问题中，各个指标之间存在强耦合性，一个指标的性能改善可能会引起另外一个或多个指标的性能降低，很难实现高炉所有指标均达到最优值，最好的方法是在各个指标之间折中和协调处理，常用的多目标优化方法有线性规划法、遗传算法、粒子群算法等。例如，张宗旺等[165]采用线性规划方法，建立了以能耗和成本为目标函数的高炉炼铁优化数学模型，根据目标函数和高炉过程特性确定优化变量和约束条件，通过单目标优化求得多目标优化结果。李壮年等[73]采用遗传算法对焦比和透气性两个目标进行优化，计算出的 Pareto 最优解能够将焦比和透气性控制在更理想的范围内，但是，在对诸多 Pareto 最优解如何选择方面并没有进行深入研究。董安[166]以高炉入炉焦比和高炉铁水产量作为目标函数，以高炉铁水温度约束、决策变量上下限约束为约束条件，采用粒子群算法对高炉生产多目标进行综合优化。然而，随着优化目标数量的增加，优化模型复杂度越高，求解越困难。为此，部分研究者通过权重法将高炉多指标优化问题转换为单指标问题进行求解。例如，张琦等[167]采用加权法将高炉炼铁成本、能耗和二氧化碳排放转换为一个综合指标，求解多目标优化问题。但高炉各指标加权值的分配带有较大的主观性，

当各目标相互制约时，目标函数就会变得十分复杂。

在高炉参数优化研究中，尤其是多指标优化问题，Pareto 最优解不唯一、数量多、差异大，从模型结果上看，这些最优解均能够达到近似的优化效果；但由于高炉冶炼过程的复杂性，实际应用结果可能会千差万别。如何从众多 Pareto 最优解中选取最适合当前炉况的优化策略，是衡量高炉参数优化模型应用性的强有力标准。如果只关注优化效果而忽略高炉生产条件的约束，则会导致优化策略的应用性变差。对于高炉现场生产而言，保证高炉的稳定顺行才是首要的，高炉操作者最期望的是通过调控数量最少、风险最低、成本最低的操作以达到稳定炉况的目的。因此在反馈优化策略时不仅要关注优化效果，还应综合考虑现场操作的可行度和操作成本。以低风险、低成本、高回报作为优化准则，才能推动大数据技术在高炉优化控制应用方面取得更好的成果。

1.4.5 国内外钢铁企业智能化高炉技术应用现状

1.4.5.1 国外钢铁企业智能化高炉技术应用现状

2019 年 7 月，世界经济论坛将浦项钢铁公司评为首批入选全球“灯塔工厂”的企业之一。浦项钢铁通过自主创建智能工厂平台“PosFrame”，逐步构建起智能化钢铁厂，实现了工厂数据的采集、识别和控制[168-170]，特别是在钢铁工艺中充分发挥人工智能的技术优势，构建了以智能化高炉为首的绿色、低成本、高效率生产体系。在智能化高炉研究方面，浦项钢铁不仅对有关炉况的数万种非结构化数据进行数字化处理，还利用人工智能对炉况进行预测，逐步实现自动控制的智能化，如图 1-5 所示。通过对决定炉况的透气性、附着物、燃烧性、铁水温度和铁水产量五大变量进行预测，并以变量数据为基础进行深度学习。根据实时积累的数据学习大量的案例，自主检查原燃料的成分和高炉的状态，对操作结果进行预测，并对操作条件进行预先自动化控制，最终生产出质量偏差最小的铁水。此外，浦项钢铁将智能高炉技术推广应用于烧结工序，开发了烧结机自动控制系统。借助物联网传感器和人工智能的技术手段，以大数据和深度学习实现自动化控制，从而提升了烧结矿的质量和生产效率。

日本 JFE 钢铁公司很早就开始着眼于钢铁领域的数据科学应用，开发出业内首个使用数据科学技术（Data Science，DS）检测钢厂设备异常迹象的 J-dscom 系统[171]。通过在高炉中部署大量传感器，采集内部超过 10000 个点数据（如温度、压力、流量等），使用人工智能技术分析并根据数据进行操作，从而了解无法看到的设备内部状态及对未来状态的预测。

JFE 钢铁于 2019 年成立信息物理系统（Cyber Physics System，CPS）研发部，采用数据科学技术将千叶、京滨、仓敷、福山地区钢厂的 8 个高炉转化为基于人工智能技术的 CPS 系统。使用人工智能分析由高炉冶炼物理过程收集到的传感器数据，随后使用数字孪生技术在数据空间中建立相应的虚拟过程，将这两个过程实时连接在一起，如图 1-6 所示。虚拟过程可以实现高炉内部状态的可视化，并对未来的炉况进行预测，通过闭环控制帮助高炉稳定高效生产。到目前为止，JFE 钢铁已经在全部高炉数据共享、信息物理系统共享以及应用 DS 等方面进行了多种改进，实现了四个地区的高炉作业标准化，并进一步与日本东北大学合作，深化冶金技术创新，融合生产数据和专家经验知识解决产线实际问题。

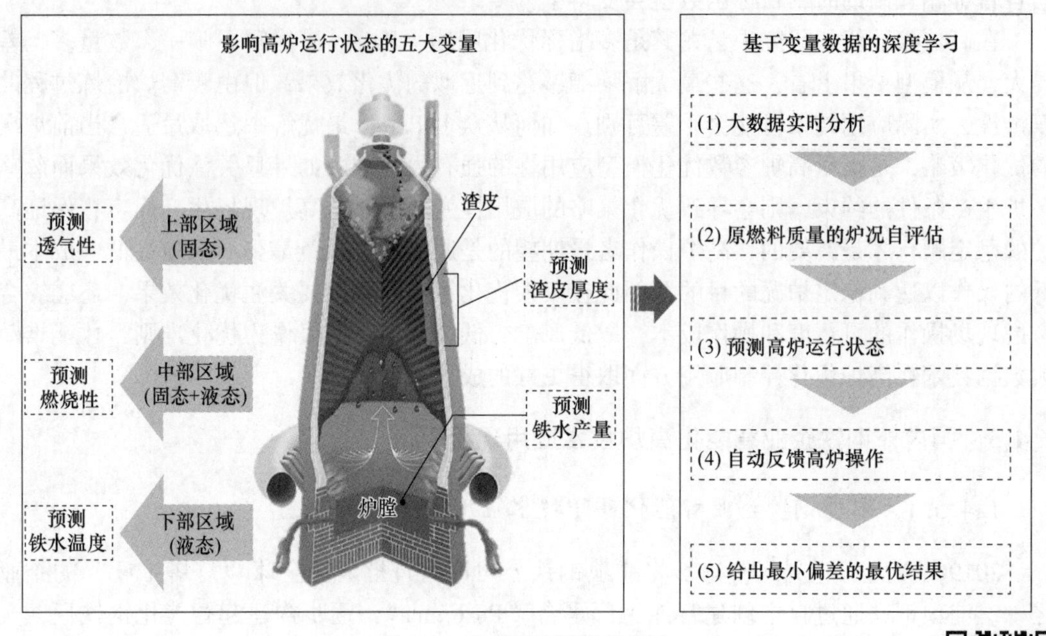

图 1-5　浦项制铁智能化高炉

彩图资源

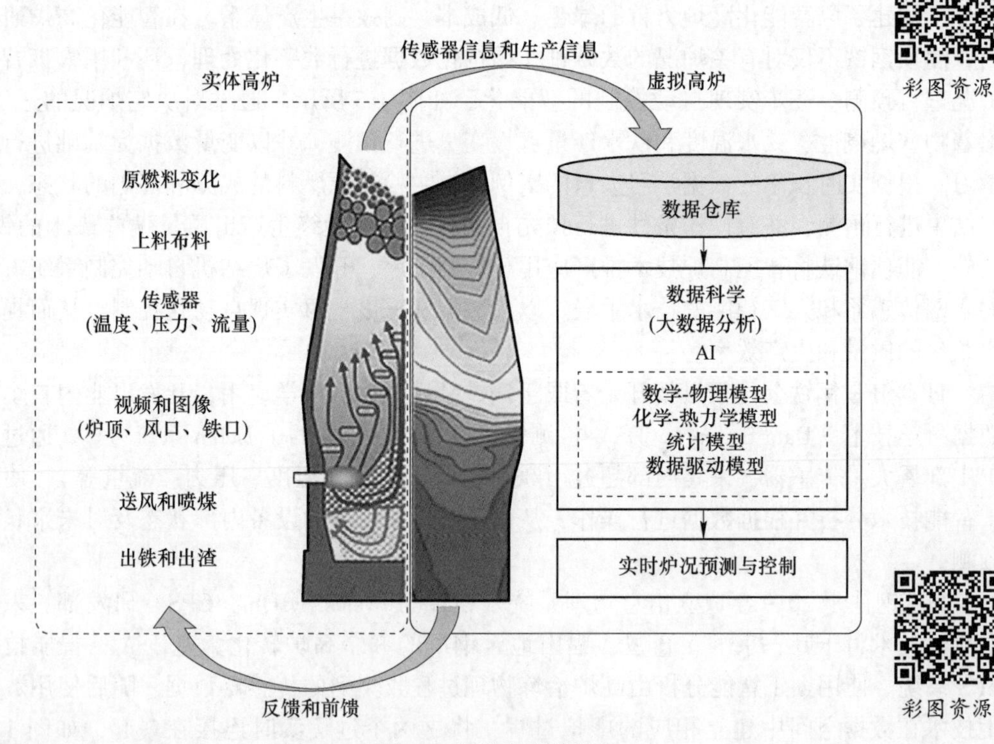

彩图资源

图 1-6　日本 JFE 智能化高炉设计

1.4.5.2　国内钢铁企业智能化高炉技术应用现状

全球首套智慧高炉运行平台在宝钢股份宝山基地炼铁控制中心顺利投运[172]。智慧高炉运行平台采集四大基地14座高炉的产量、经济技术指标、质量、实时运行等数据，开发了实时监控、炉况诊断、闭环控制、综合对标等模块系统，既能实现对宝山基地4座4000 m^3 级大高炉的集中化操作控制和生产管理，又可对青山、东山、梅山基地10座高炉进行实时远程管控与技术支撑，并具备移动终端显示功能。其中，高炉闭环控制功能的成功研发实现了“高炉智能操炉”，可实时跟踪高炉运行状态数据，自动调整高炉部分重要运行参数，实行智能闭环控制，为高炉生产运营提供智能决策，是高炉操作在跨人机界面智慧制造1.0版方面的创造性实践。高炉综合对标是“高炉评价标杆”，模块包含综合竞争力评价和经济技术指标、成本、工序能耗对标等，可在同一标准下对各级别的高炉全面评判，形成综合竞争力评价指数，为各基地高炉跨空间开展全面对标找差距提供决策参考依据。数字化高炉和长寿管理模块，采用结构化建模、图像学以及可视化技术，运用有限元原理，实时计算炉内状态，跨人机界面模拟高炉三维生产过程和炉缸寿命智能监控，构建世界首套数字化高炉系统。

攀钢集团西昌钢钒以大数据技术为基础，以智能监控、智能分析、智能决策为抓手，以西昌钢钒宝贵生产经验为纽带，让智慧炼铁的设计思路始终贯穿原料、烧结、焦化、高炉四个生产单元，保障高炉长期稳定顺行这一核心目标。智能监控通过监控高炉生产相关信息，实现高炉生产从上料到出铁管理的可视化、数字化，助力生产管理的标准化。例如，布料计算及优化、炉内可视化、渣皮计算、操作炉型、风口回旋区、炉缸侵蚀、出铁管理、气流分布表征和软熔带监测等。基于智能监控，由海量数据支撑对高炉生产过程进行数据化分析，同时还为高炉操作者提供辅助分析工具。例如，日常炉况实时诊断、高炉生产状态评估、参数合理性匹配、多维对标分析、炉热分析等。基于大数据分析，对高炉生产过程进行诊断和预测，并为高炉操作者稳定炉况提供辅助决策支持。例如，物料信息预警、关键参数可视化报警、煤量建议反馈、高炉配料反馈、生产绩效管控等。攀钢智慧炼铁技术正在稳步推进，将为企业带来更高的竞争力和更优的发展前景。

沙钢钢铁研究院于2014年开始布局大数据开发和应用，推进高炉智能诊断系统的开发，历时5年完成高炉智能诊断系统开发，成功应用于国内最大的5800 m^3 高炉，辅助其日常操作、炉况恢复和生产管理。该系统自上线以来，在降本增效，提高生产效率，改善产品质量方面起到了重要作用[173]。该系统覆盖原辅料、焦化、烧结、高炉整个炼铁生产流程，使用多源数据融合技术将铁前系统数万个数据点整合在高性能服务器上，并进行了数据清洗、数据提炼和数学建模，建成了5800 m^3 高炉生产大数据平台。在炉况分析和诊断上，该系统将原料质量预警系统、高炉渣皮在线监控系统、炉缸温度场在线智能检测系统、高炉布料仿真模型、高炉热量平衡系统、高炉大数据分析系统、高炉炉温预测模型等集中整合，完成对高炉生产的全面监控与预警，提供诊断分析结果，并结合炉况治理案例库，为操作者提供调整方向建议。应用结果表明，高炉智能诊断系统能够对高炉的日常操作和管理提供实时建议和有效的指导，为高炉操作和管理人员提供科学的决策依据。

2021年1月12日，建龙集团抚顺新钢铁智造中心正式投运，应用系统建设方面开发了冶金全流程生产大数据系统，涵盖了生产、高炉、烧结、竖炉、炼钢、轧钢、质量、设备、能源、安环、供应、销售、财务及对标等14个领域。抚顺新钢铁与东北大学合作，围绕炼铁碳中和目标，聚焦基于5G的炼铁智能化平台、炼铁智能感知与实时监测、智能配矿、智能化高炉炼铁等方面，共同研发与应用机理和数据融合驱动的低碳智能化炼铁关键技术，全面提升企业生产智能化水平。在智能化高炉炼铁方面，具体包括：智能磨煤与高炉智能喷吹、高炉煤气利用率高效智能分析、高炉关键参数智能预测与反馈、高炉运行状态全工况智能评价、高炉操作多目标智能优化决策、基于高炉生产操作的班组实时绩效评定等。在未进行设备改造、原燃料质量未明显改善的前提下，通过数字化、智能化技术赋能炼铁生产，实现了高炉产量的稳步提升，铁水固定费用成本的降低。

参考文献

[1] 杨天钧，徐金梧．高炉冶炼过程控制模型［M］. 北京：科学出版社，1995：47-191.

[2] 刘同明．数据挖掘技术及其应用［M］. 北京：国防工业出版社，2001：3-29.

[3] Wu X，Kumar V. The top ten algorithms in data mining［M］. London：Chapman & Hall/CRC Press，2009：1-9.

[4] 洪松林，庄映辉，李堃．数据挖掘技术与工程实践［M］. 北京：机械工业出版社，2014，9：6-7.

[5] 李祥龙．基于数据驱动和机理分析的高炉布料决策系统研究与应用［D］. 秦皇岛：燕山大学，2017.

[6] 牛海宾，孙茂锋，杨进．大数据在高炉炼铁生产中的应用与愿景［J］. 河北冶金，2018，265（1）：51-59.

[7] 人工智能标准化白皮书（2018 年）. 中国电子技术标准化研究院，2018：1-10.

[8] 人工智能发展白皮书（2018 年）. 中国信息通信研究院和中国人工智能产业发展联盟，2018：1-3.

[9] 戴汝为．人工智能［M］. 北京：化学工业出版社，2002：3-25.

[10] 刘洪霖，包宏．化工冶金过程人工智能优化［M］. 北京：冶金工业出版社，1999：5-30.

[11] Tom Mitchell. Machine learning［M］. 1st ed. New York：McGraw-Hill Education，1997：1-8.

[12] 周志华．机器学习［M］. 北京：清华大学出版社，2016：97-224.

[13] Peter H. Machine learning in action［M］. United States of America：Manning Publications，2012：18-36.

[14] Vapnik V N. The nature of statistical learning theory［M］. Berlin：Springer-Verlag，1995：1-50.

[15] Vapnik V N，Lerner A. Pattern recognition using generalized portrait method［J］. Automation and Remote Control，1963，24（6）：774-780.

[16] 张学工．关于统计学习理论与支持向量机［J］. 自动化学报，2000，26（1）：32-37.

[17] 王馨．基于炉热指数和改进支持向量机的高炉炉温预测研究［D］. 衡阳：南华大学，2011.

[18] 崔桂梅，鄢常亮，关英辉．基于支持向量机的高炉向凉、向热炉况预测研究［J］. 钢铁研究学报，2011，23（7）：19-22.

[19] 刘祥官，刘芳．高炉炼铁过程优化与智能控制系统［M］. 北京：冶金工业出版社，2003：1-90.

[20] 王文慧，刘祥官，刘学艺．基于随机森林算法的高炉铁水硅质量分数预测模型［J］. 冶金自动化，2014，38（5）：33-38.

[21] Jake V P. Python data science handbook［M］. United States of America：O'Reilly Media，2016：421-432.

[22] Friedman J，Hastie T，Tibshirani R. Additive logistic regression：A statistical view of boosting［J］. Annals of Statistics，2000，28（2）：337-374.

[23] Chen T，Guestrin C. XGBoost：A scalable tree boosting system［C］. Proceedings of the 22nd ACM SIGKDD International Conference on Knowledge Discovery and Data Mining. Washington，D. C，2016：785-794.

[24] Ke G L，Meng Q，Thomas F，et al. LightGBM：A highly efficient gradient boosting decision tree［C］. Advances in Neural Information Processing Systems 30（NIPS 2017）. Long Beach，CA，USA，2017：3149-3157.

[25] Hinton G，Salakhutdinov R. Reducing the dimensionality of data with neural networks［J］. Science，2006，

313 (5786): 504-507.

[26] Yoshua B, Pascal L, Dan P, et al. Greedy layer-wise training of deep networks [J]. Advances in Neural Information Processing Systems, 2007: 153-160.

[27] Dahl G E, Yu D, Deng L, et al. Context-dependent pre-trained deep neural networks for large-vocabulary speech recognition [J]. IEEE Transactions on Audio Speech & Language Processing, 2012, 20 (1): 30-42.

[28] Le C Y, Bengio Y, Hinton G. Deep learning [J], Nature, 2015, 521 (5): 436-444.

[29] Saxen H, Karilainen L. Model for short term prediction of silicon content in the furnace process [C]. Ironmaking Conference Proceedings, 1992: 185-191.

[30] Zuo G Q, Ma J T, Bjorkman B. A neural network model for predicting the silicon content of the hot metal at No. 2 blast furnace of SSAB LULEA [C]. 55th Ironmaking Conference Proceedings, Pittsburgh, 1996: 211-221.

[31] 谢梁, 鲁颖, 劳虹岚. Keras快速上手: 基于Python的深度学习实战 [M]. 北京: 电子工业出版社, 2017: 175-185.

[32] 党建武. 神经网络技术及其应用 [M]. 北京: 中国铁道出版社, 2000: 1-8.

[33] 何玉彬, 李新忠. 神经网络控制技术及其应用 [M]. 北京: 科学出版社, 2000.

[34] 李泽龙, 杨春节, 刘文辉, 等. 基于LSTM-RNN模型的铁水硅含量预测 [J]. 化工学报, 2018, 69 (3): 992-997.

[35] Senior A. Context dependent phone models for LSTM RNN acoustic modeling [C]. IEEE International Conference on Acoustics, Speech Signal Process, 2015: 4585-4589.

[36] Liu C J, Wang Y Q, Kshitiz K, et al. Investigations on speaker adaptation of LSTM-RNN models for speech recognition [C]. IEEE International Conference on ICASSP, 2016: 5020-5024.

[37] Graves A, Jaitly N, Mohamed A. Hybrid speech recognition with deep bi-directional LSTM [C]. Proceedings of the IEEE Workshop on Automatic Speech Recognition and Understanding, 2013: 273-278.

[38] Sak H, Senior A, Beaufays F. Long short-term memory recurrent neural network architectures for large scale acoustic modeling [C]. Annual Conference of the International Speech Communication Association (Interspeech), 2014: 338-342.

[39] Hochreiter S, Schmidhuber J. Long short-term memory [J]. Neural Computation, 1997, 9 (8): 1735-1780.

[40] Bengio Y, Simard P, Frasconi P. Learning long-term dependencies with gradient descent is difficult [J]. IEEE Transactions on Neural Networks, 1994, 5 (2): 157-166.

[41] Greff K, Srivastava R K, Koutník J, et al. LSTM: A search space odyssey [J]. IEEE Transactions on Neural Networks & Learning Systems, 2015, 28 (10): 2222-2232.

[42] Gers F A, Schraudolph N N, Schmidhuber J. Learning precise timing with LSTM recurrent networks [J]. Journal of Machine Learning Research, 2003, 3 (1): 115-143.

[43] 朱俊. 选择性集成学习及其应用研究 [D]. 南昌: 华东交通大学, 2016.

[44] Schapire R E. The strength of weak learnability [C]. Machine Learning, 1990: 28-33.

[45] 张良均, 王路, 谭立云, 等. Python数据分析与挖掘实战 [M]. 北京: 机械工业出版社, 2015: 22-141.

[46] 李杰, Jaskaran S, Moslem A, 等. 工业人工智能——工业应用中的人工智能系统框架 (英文) [J]. 中国机械工程, 2020, 31 (1): 37-48.

[47] 周济. 智能制造——"中国制造2025"的主攻方向 [J]. 中国机械工程, 2015, 26 (17): 2273.

[48] Frank A G, Dalenogare L S, Ayala N F. Industry 4.0 technologies: Implementation patterns in

manufacturing companies [J]. International Journal of Production Economics, 2019, 210: 15-26.

[49] Tao F, Qi Q, Liu A, et al. Data-driven smart manufacturing [J]. Journal of Manufacturing Systems, 2018, 48: 157-169.

[50] 王国栋. 创建钢铁企业数字化创新基础设施加速钢铁行业数字化转型 [J]. 轧钢, 2022, 39 (6): 2-11.

[51] 王国栋, 张殿华, 孙杰. 建设数据驱动的钢铁材料创新基础设施加速钢铁行业的数字化转型 [J]. 冶金自动化, 2023, 47 (1): 2-9.

[52] Boom R. Research fund for coal and steel RFCS: A European success story [J]. Ironmaking & Steelmaking, 2014, 41 (9): 647-652.

[53] Wu S, Yang J, Zhang R, et al. Prediction of endpoint sulfur content in KR desulfurization based on the hybrid algorithm combining artificial neural network with SAPSO [J]. IEEE Access, 2020, 8: 33778-33791.

[54] Shin K Y, Park H C. Smart manufacturing systems engineering for designing smart product-quality monitoring system in the industry 4.0 [C]. 19th International Conference on Control, Automation and Systems (ICCAS). IEEE, 2019: 1693-1698.

[55] 罗晔. POSCO智能工厂建设进展 [J]. 冶金管理, 2021, 12: 51-55.

[56] 王国栋, 刘振宇, 张殿华, 等. 材料科学技术转型发展与钢铁创新基础设施的建设 [J]. 钢铁研究学报, 2021, 33 (10): 1003-1017.

[57] 肖畅, 吕立华. 全栈式机器学习在钢铁流程智能制造中的应用 [J]. 宝钢技术, 2021, 2: 24-31.

[58] 李壮年. 基于大数据挖掘的大型高炉关键工艺参数预测和优化 [D]. 沈阳: 东北大学, 2020.

[59] 严伟利. 工业大数据在炼铁生产过程中的应用 [J]. 建筑工程技术与设计, 2020, 15 (6): 471.

[60] 石泉, 唐珏, 储满生. 基于工业大数据的智能化高炉炼铁技术研究进展 [J]. 钢铁研究学报, 2022, 34 (12): 1314-1324.

[61] 张胜男. 基于专家知识与数据相结合的高炉炉况综合评价 [D]. 包头: 内蒙古科技大学, 2020.

[62] 唐晓宇, 王鑫, 杨春节, 等. 基于多模态融合的高炉状态监测方法及装置, CN202210006087.8 [P]. 2022-05-24.

[63] 陈少飞, 刘小杰, 李宏扬, 等. 高炉炼铁数据缺失处理研究初探 [J]. 中国冶金, 2021, 31 (2): 17-23.

[64] Zhao J, Chen S, Liu X, et al. Outlier screening for ironmaking data on blast furnaces [J]. International Journal of Minerals, Metallurgy and Materials, 2021, 28 (6): 1001-1010.

[65] Barzi F, Woodward M. Imputations of missing values in practice: Results from imputations of serum cholesterol in 28 cohort studies [J]. American Journal of Epidemiology, 2004, 160 (1): 34-45.

[66] 郑智泉. 不同缺失机制下数据填补算法的比较研究 [D]. 贵阳: 贵州民族大学, 2022.

[67] 齐月松, 储满生, 唐珏, 等. 基于大数据技术的高炉数据治理研究进展 [J]. 冶金自动化, 2023, 47 (1): 43-52.

[68] 刘馨, 张卫军, 石泉, 等. 基于数据挖掘与清洗的高炉操作参数优化 [J]. 东北大学学报 (自然科学版), 2020, 41 (8): 1153.

[69] 邓春宇, 吴克河, 谈元鹏, 等. 基于多元时间序列分割聚类的异常值检测方法 [J]. 计算机工程与设计, 2020, 41 (11): 6.

[70] 赵臣啸, 薛惠锋, 王磊, 等. 基于孤立森林算法的取用水量异常数据检测方法 [J]. 中国水利水电科学研究院学报, 2020, 18 (1): 9.

[71] 高翠玲. 基于数据驱动的高炉冶炼过程喷煤优化 [D]. 包头: 内蒙古科技大学, 2015.

[72] 安剑奇, 陈易斐, 吴敏. 基于改进支持向量机的高炉一氧化碳利用率预测方法 [J]. 化工学报,

2015, 66 (1): 206-214.

[73] 李壮年, 储满生, 柳政根, 等. 基于机器学习和遗传算法的高炉参数预测与优化 [J]. 东北大学学报 (自然科学版), 2020, 41 (9): 1262-1267.

[74] 吴春旭, 贾银山, 于红绯. 一种 Apriori 算法的高效实现方法及其应用 [J]. 辽宁石油化工大学学报, 2023, 43 (2): 78-85.

[75] Castro E P S, Maia T D, Pereira M R, et al. Review and comparison of Apriori algorithm implementations on Hadoop-MapReduce and Spark [J]. The Knowledge Engineering Review, 2018, 33: 1-25.

[76] 陆可, 桂伟, 江雨燕, 等. 基于 Spark 的并行 FP-Growth 算法优化与实现 [J]. 计算机应用与软件, 2017, 34 (9): 273-278.

[77] Zeng Y, Yin S, Liu J, et al. Research of improved FP-growth algorithm in association rules mining [J]. Scientific Programming, 2015 (2015): 1-6.

[78] 明非. 关联规则挖掘在高炉炉况预测中的应用研究 [D]. 重庆: 重庆大学, 2009.

[79] 黄陈林, 汤亚玲, 张学锋, 等. PCA 和 PSO-ELM 在高炉铁水硅含量中的预测仿真 [J]. 计算机仿真, 2020, 37 (2): 398-402.

[80] 刘代飞, 张吉, 付强. 基于温度场主元分析的高炉炉况深度学习预测建模 [J]. 冶金自动化, 2021, 45 (3): 42-50.

[81] 孟程程, 曾九孙, 李文军. 核主成分分析的高炉故障检测研究 [J]. 中国计量学院学报, 2012, 23 (4): 332-337.

[82] Yuan M, Zhou P, Li M, et al. Intelligent multivariable modeling of blast furnace molten iron quality based on dynamic AGA-ANN and PCA [J]. Journal of Iron and Steel Research International, 2015, 22 (6): 487-495.

[83] Zhou P, Yuan M, Wang H, et al. Multivariable dynamic modeling for molten iron quality using online sequential random vector functional-link networks with self-feedback connections [J]. Information Sciences, 2015, 325: 237-255.

[84] 王振阳, 江德文, 王新东, 等. 基于支持向量回归与极限学习机的高炉铁水温度预测 [J]. 工程科学学报, 2021, 43 (4): 569.

[85] Jiang D, Wang Z, Zhang J, et al. Machine learning modeling of gas utilization rate in blast furnace [J]. JOM, 2022, 74 (4): 1633-1640.

[86] Li J, Hua C, Guan X. Inputs screening of hot metal silicon content model on blast furnace [C] //2017 Chinese Automation Congress (CAC). IEEE, 2017: 3747-3752.

[87] Deng Y, Lyu Q. Establishment of evaluation and prediction system of comprehensive state based on big data technology in a commercial blast furnace [J]. ISIJ International, 2020, 60 (5): 898-904.

[88] 施启军, 潘峰, 龙福海, 等. 特征选择方法研究综述 [J]. 微电子学与计算机, 2022, 39 (3): 1-8.

[89] 李郅琴, 杜建强, 聂斌, 等. 特征选择方法综述 [J]. 计算机工程与应用, 2019, 55 (24): 10-19.

[90] 张翠军, 陈贝贝, 周冲, 等. 基于多目标骨架粒子群优化的特征选择算法 [J]. 计算机应用, 2018, 38 (11): 3156-3160.

[91] Wutzl B, Leibnitz K, Rattay F, et al. Genetic algorithms for feature selection when classifying severe chronic disorders of consciousness [J]. PloS One, 2019, 14 (7): e0219683.

[92] 王家天. 基于随机搜索策略的特征选择算法研究 [D]. 大连: 大连理工大学, 2017.

[93] 徐化岩, 马家琳. 基于数据驱动的高炉煤气复合预测模型 [J]. 中国冶金, 2019, 29 (7): 56-60.

[94] 张代林, 王帅, 张小勇. LIBSVM 回归算法在焦炭强度预测中的应用 [J]. 钢铁, 2018, 53 (11): 14-21.

[95] 刘仕鑫, 尹怡欣, 张森. 高炉透气性指数的核超限学习机预测模型 [J]. 控制理论与应用, 2023, 40

(1): 65-73.

[96] Luo Y, Zhang X, Kano M, et al. Data-driven soft sensors in blast furnace ironmaking: A survey [J]. Frontiers of Information Technology & Electronic Engineering, 2023, 24 (3): 327-354.

[97] 崔桂梅, 孙彤, 张勇. 支持向量机在高炉铁水温度预测中的应用 [J]. 控制工程, 2013, 20 (50): 809.

[98] Li S, Chang J, Chu M, et al. A blast furnace coke ratio prediction model based on fuzzy cluster and grid search optimized support vector regression [J]. Applied Intelligence, 2022, 52 (12): 13533-13542.

[99] 王丽敬, 胡支滨, 韩阳, 等. 高炉利用系数提升的鼓风制度自适应调控模型研究 [J]. 冶金自动化, 2023, 47 (2): 57-65, 88.

[100] 张壹. LightGBM 在高炉数据驱动建模中的应用 [D]. 杭州: 浙江大学, 2019.

[101] 王坤, 刘小杰, 刘二浩, 等. 基于 AdaBoost 算法的炉芯温度预测模型 [J]. 钢铁研究学报, 2020, 32 (5): 363-369.

[102] 赵军, 李红玮, 刘小杰, 等. 基于 XGBoost 的高炉透气性指数预测模型 [J]. 中国冶金, 2021, 31 (3): 22.

[103] 程泽凯, 闫小利, 程旺生, 等. 基于梯度提升决策树的焦炭质量预测模型研究 [J]. 重庆工商大学学报 (自然科学版), 2021, 38 (5): 55.

[104] Liu S, Lyu Q, Liu X, et al. A prediction system of burn through point based on gradient boosting decision tree and decision rules [J]. ISIJ International, 2019, 59 (12): 2156-2164.

[105] 刘小杰, 邓勇, 李欣, 等. 基于大数据技术的高炉铁水硅含量预测 [J]. 中国冶金, 2021, 31 (2): 10-16.

[106] Zhang H, Wang Z, Liu D. A comprehensive review of stability analysis of continuous-time recurrent neural networks [J]. IEEE Transactions on Neural Networks and Learning Systems, 2014, 25 (7): 1229-1262.

[107] Dong S, Wang P, Abbas K. A survey on deep learning and its applications [J]. Computer Science Review, 2021, 40: 100379.

[108] Schmidhuber J. Deep learning in neural networks: An overview [J]. Neural networks, 2015, 61: 85-117.

[109] 李江昀, 杨志方, 郑俊锋, 等. 深度学习技术在钢铁工业中的应用 [J]. 钢铁, 2021, 56 (9): 43-49.

[110] 崔泽乾, 韩阳, 杨爱民, 等. 基于神经网络时间序列模型的高炉铁水硅含量智能预报 [J]. 冶金自动化, 2021, 45 (3): 51-57.

[111] 包向军, 翁思浩, 陈光, 等. 基于时序模型的高炉煤气发生量多步预测对比 [J]. 钢铁, 2022, 57 (9): 166-172.

[112] Jiang D, Wang Z, Zhang J, et al. Machine learning modeling of gas utilization rate in blast furnace [J]. JOM, 2022, 74 (4): 1633-1640.

[113] 朱俊. 选择性集成学习及其应用研究 [D]. 南昌: 华东交通大学, 2016.

[114] 刘颂, 赵亚迪, 张振, 等. 基于集成学习的高炉压差预报模型研究 [J]. 电子测量技术, 2022, 45 (2): 31-38.

[115] 刘进进, 周平, 温亮. 高炉铁水质量均方根误差概率加权集成学习建模 [J]. 控制理论与应用, 2020, 37 (5): 987-998.

[116] Dong X, Yu Z, Cao W, et al. A survey on ensemble learning [J]. Frontiers of Computer Science, 2020, 14: 241-258.

[117] Ren Y, Zhang L, Suganthan P N. Ensemble classification and regression-recent developments, applications and future directions [J]. IEEE Computational Intelligence Magazine, 2016, 11 (1): 41-53.

[118] 石琳, 刘文慧, 曹富军, 等. 基于 CEEMDAN-SVM-LSTM 的高炉煤气利用率组合预测 [J]. 中国测

试, 2023, 49 (1): 86-91.

[119] Zhou P, Dai P, Song H, et al. Data-driven recursive subspace identification based online modelling for prediction and control of molten iron quality in blast furnace ironmaking [J]. IET Control Theory & Applications, 2017, 11 (14): 2343-2351.

[120] Li Y, Yang C. Domain knowledge based explainable feature construction method and its application in ironmaking process [J]. Engineering Applications of Artificial Intelligence, 2021, 100: 104-197.

[121] Jiang K, Jiang Z, Xie Y, et al. Prediction of multiple molten iron quality indices in the blast furnace ironmaking process based on attention-wise deep transfer network [J]. IEEE Transactions on Instrumentation and Measurement, 2022, 71: 1-14.

[122] Li J, Hua C, Yang Y, et al. A novel MIMO T-S fuzzy modeling for prediction of blast furnace molten iron quality with missing outputs [J]. IEEE Transactions on Fuzzy Systems, 2020, 29 (6): 1654-1666.

[123] Li J, Hua C, Yang Y. A novel multiple-input-multiple-output random vector functional-link networks for predicting molten iron quality indexes in blast furnace [J]. IEEE Transactions on Industrial Electronics, 2020, 68 (11): 11309-11317.

[124] Li J, Hua C, Qian J, et al. Low-rank based multi-input multi-output takagi-sugeno fuzzy modeling for prediction of molten iron quality in blast furnace [J]. Fuzzy Sets and Systems, 2021, 421: 178-192.

[125] Ye L, Jiao K, Zhang J, et al. Model and application of hearth activity in a commercial blast furnace [J]. Ironmaking & Steelmaking, 2021, 48 (6): 742-748.

[126] 徐万仁, 张永忠, 吴铿. 高炉炉缸活性状态的表征及改善途径 [J]. 炼铁, 2010, 29 (3): 23-26.

[127] Dai B, Long H, Ji Y, et al. Theoretical and practical research on relationship between blast air condition and hearth activity in large blast furnace [J]. Metallurgical Research & Technology, 2020, 117 (1): 113-118.

[128] 代兵, 梁科, 王学军, 等. 高炉炉缸活性量化计算模型的开发与实践 [J]. 中国冶金, 2015, 25 (12): 45-49.

[129] 张贺顺, 马洪斌. 首钢2号高炉炉缸工作状态探析 [J]. 炼铁, 2009, 28 (4): 11.

[130] Deng Y, Liu R, Li T, et al. The quantitative model of hearth activity based on data mining and characteristics of deadman [J]. Metallurgical Research & Technology, 2023, 120 (1): 110.

[131] Zhang L, Jiao K, Zhang L, et al. Prediction of blast furnace fuel ratio based on back-propagation neural network and k-nearest neighbor algorithm [J]. Steel Research International, 2022, 93 (10): 2200215.

[132] Jiang Z H, Zhu J C, Pan D, et al. A novel prediction method for blast furnace gas utilization rate based on dynamic weighted stacked output-relevant autoencoder [J]. Steel Research International, 2023, 94 (5): 2200680.

[133] Jiang K, Jiang Z, Xie Y, et al. Prediction of multiple molten iron quality indices in the blast furnace ironmaking process based on attention-wise deep transfer network [J]. IEEE Transactions on Instrumentation and Measurement, 2022, 71: 1-14.

[134] Shi Q, Tang J, Chu M. Key issues and progress of intelligent blast furnace ironmaking technology based on industrial big data [J]. International Journal of Minerals, Metallurgy and Materials, 2023, 30 (9): 1651-1666.

[135] Zhou D, Cheng S, Zhang R, et al. Uniformity and activity of blast furnace hearth by monitoring flame temperature of raceway zone [J]. ISIJ International, 2017, 57 (9): 1509-1516.

[136] Soni M, Verma S. Thermal analysis of blast furnace cooling stave using CFD [J]. International Journal of Inventive Engineering and Sciences (IJIES) ISSN, 2014: 10-16.

[137] Kurunov I F, Loginov V N, Tikhonov D N. Methods of extending a blast-furnace campaign [J].

Metallurgist, 2006, 50 (11): 605-613.

[138] Zhang S. Practice for extending blast furnace campaign life at Wuhan Iron and Steel Corporation [J]. Journal of Iron and Steel Research, International, 2006, 13 (6): 1-7.

[139] Li Y, Cheng S, Chen C. Critical heat flux of blast furnace hearth in China [J]. Journal of Iron and Steel Research International, 2015, 22 (5): 382-390.

[140] Wu J L, Xu X, Zhou W G, et al. Heat transfer analysis of blast furnace stave [J]. International Journal of Heat and Mass Transfer, 2008, 51 (11/12): 2824-2833.

[141] Kumar A, Bansal S N, Chandraker R. Computational modeling of blast furnace cooling stave based on heat transfer analysis [J]. Materials Physics and Mechanics, 2012, 15 (1): 46-65.

[142] Hathaway W R, Nanavati K S, Wakelin D H, et al. Copper stave installation in H-4 blast furnace stack-first results [C]. 58th Ironmaking Conference, 1999: 35-45.

[143] Jiao K, Zhang J, Liu Z, et al. Cooling phenomena in blast furnace hearth [J]. Journal of Iron and Steel Research International, 2018, 25: 1010-1016.

[144] Zhang F. Design and operation control for long campaign life of blast furnaces [J]. Journal of Iron and Steel Research, International, 2013, 20 (9): 53-60.

[145] Heinrich P, Buchwalder J. Lightweight, long life copper staves-further design improvements and test results in a 9.75 m blast furnace [C]. ISS TECH International Technology Conference Proceedings, 2003.

[146] 李峰光, 张建良, 魏丽, 等. 铜冷却壁使用现状及破损原因浅析 [C]. 2012年全国高炉长寿与高风温技术研讨会论文集. 北京, 2012: 63-71.

[147] 郁宜伟, 雷丽萍, 方刚, 等. 高炉铜冷却壁热力耦合的有限元分析 [J]. 冶金设备, 2009, 3: 45-49.

[148] Cegna G, Lingiardi O, Musante R. Copper staves wear-ternium siderar BF2 experience [C]. AISTech Conference, 2014.

[149] Xie N, Cheng S. Analysis of effect of gas temperature on cooling stave of blast furnace [J]. Journal of Iron and Steel Research, International, 2010, 17 (1): 1-6.

[150] Liu Q, Cheng S. Heat transfer and thermal deformation analyses of a copper stave used in the belly and lower shaft area of a blast furnace [J]. International Journal of Thermal Sciences, 2016, 100: 202-212.

[151] Liu Q, Zhang P, Cheng S, et al. Heat transfer and thermo-elastic analysis of copper steel composite stave [J]. International Journal of Heat and Mass Transfer, 2016, 103: 341-348.

[152] Qian L, Cheng S. Realizing the self-protect ability of a blast furnace cooling system with copper stave [J]. Journal of University of Science and Technology Beijing, 2006, 28 (11): 1052-1057.

[153] Su-sen C, Liang Q, Hong-bo Z. Monitoring method for blast furnace wall with copper staves [J]. Journal of Iron and Steel Research, International, 2007, 14 (4): 1-5.

[154] 吴桐, 程树森. 高炉铜冷却壁合理操作建议 [J]. 钢铁, 2011, 46 (10): 11-15, 20.

[155] 吴桐, 程素森. 高炉铜冷却壁炉衬侵蚀挂渣模型及工业实现 [J]. 炼铁, 2011, 30 (5): 26-30.

[156] Tong W U, Cheng S. Model of forming-accretion on blast furnace copper stave and industrial application [J]. Journal of Iron and Steel Research, International, 2012, 19 (7): 1-5.

[157] Choi S W, Kim D. On-line ultrasonic system for measuring thickness of the copper stave in the blast furnace [C]. AIP Conference Proceedings. American Institute of Physics, 2012, 1430 (1): 1715-1721.

[158] Ganguly A, Reddy A S, Kumar A. Process visualization and diagnostic models using real time data of blast furnaces at tata steel [J]. ISIJ International, 2010, 50 (7): 1010-1015.

[159] Yeh C P, Ho C K, Yang R J. Conjugate heat transfer analysis of copper staves and sensor bars in a blast furnace for various refractory lining thickness [J]. International Communications in Heat and Mass

Transfer, 2012, 39 (1): 58-65.
[160] Li F G, Zhang J. Calculation model of the adherent dross capability of copper staves based on ANSYS birth-death element technology [J]. Chinese Journal of Engineering, 2016, 38 (4): 546-554.
[161] 王波, 陈永明, 宋文刚. 宝钢1号高炉稳定炉况生产实践 [J]. 炼铁, 2020, 39 (2): 6-10.
[162] 郑玉平. 京唐1号高炉炉况频繁波动的治理措施 [J]. 炼铁, 2019, 38 (6): 36-39.
[163] 程勇, 王周勇, 周国民. 湘钢新3号高炉炉况波动的原因及对策 [J]. 炼铁, 2020, 39 (1): 38-40.
[164] 田毅, 王刚, 苏家庆, 等. 基于大数据挖掘的高炉参数优化调控模型研究 [J]. 冶金自动化, 2022, 46 (5): 65-75.
[165] 张宗旺, 车晓锐, 张宏博, 等. 高炉多目标优化模型的建立及验证 [J]. 过程工程学报, 2017, 17 (1): 178.
[166] 董安. 高炉炼铁参数预测及优化控制模型研究 [D]. 天津: 天津理工大学, 2017.
[167] 张琦, 姚彤辉, 蔡九菊. 高炉炼铁过程多目标优化模型的研究及应用 [J]. 东北大学学报, 2011, 32 (2): 270-273.
[168] 浦项加快智能工厂建设 [J]. 轧钢, 2018, 35 (5): 11.
[169] 浦项加快智能化工厂建设 [J]. 烧结球团, 2018, 43 (4): 63.
[170] 翩跹. 浦项加快智能工厂建设 [N]. 世界金属导报, 2018-07-17 (A02).
[171] 赵国磊, 孙刘恒, 高成云. 面向信息物理系统架构的高炉炼铁系统智能化设计 [J]. 冶金自动化, 2021, 45 (3): 11-18.
[172] 骆德欢. 智慧制造在宝钢股份宝山基地的实践 [J]. 冶金自动化, 2019, 43 (1): 31-36, 72.
[173] 谭天雷. 江苏沙钢集团有限公司炼铁管控中心的实践应用 [J]. 冶金自动化, 2022, 46 (S1): 10-14.

2 高炉生产过程数据治理

2.1 高炉数据资源梳理

本节研究数据来源于国内某座在役高炉近两年的历史生产数据，按照整个高炉冶炼工序将所收集数据进行梳理，数据涵盖高炉仪表监控类参数、原燃料参数、布料参数、送风参数、喷煤参数、渣铁参数等共 171 个变量。按不同的参数类型将已收集的高炉数据分为以下四类：原燃料类数据、工艺操作类数据、冶炼状态类数据和渣铁类数据，其中原燃料类参数 35 个、工艺操作类参数 27 个、冶炼状态类参数 93 个、渣铁类参数 16 个。

2.1.1 原燃料类参数

原燃料类参数是指高炉原料、燃料和熔剂的化学成分、物理指标（粒级分布、强度）、冶金性能等参数。原料方面，烧结矿与球团矿均为自产，炉料结构基本稳定，为 70%的烧结矿+30%的球团矿，偏差不超过 1%。燃料方面，主要有焦炭、焦丁和煤粉，由于燃料为外购，因此种类繁多。烧结矿、球团矿和焦炭部分已经通过精准入炉，实现了根据炉料批次自动获取对应烧结矿、球团矿、焦炭的物理指标和化学成分等数据。烧结矿数据主要包括：烧结 TFe 含量、烧结 FeO 含量、烧结 CaO 含量、烧结 MgO 含量、烧结 MnO 含量、烧结 P 含量、烧结 S 含量、烧结 R、烧结转鼓、筛分指数、抗磨指数等。球团矿数据主要包括：球团 TFe 含量、球团 FeO 含量、球团 CaO 含量、球团 MgO 含量、球团 MnO 含量、转鼓强度、筛分指数、抗压强度等。焦炭和煤粉数据为不同种类的焦炭或煤粉按配比混合后的加权平均值。焦炭数据主要包括：焦炭 FCd、焦炭 Mt、焦炭 Mad、焦炭 Ad、焦炭 Vdaf、焦炭 CRI、焦炭 CSR、焦炭 M_{10}、焦炭 M_{40}、焦炭平均粒度等。煤粉数据主要包括：煤粉 Mt、煤粉 Mad、煤粉 Ad、煤粉 Vdaf、煤粉 FCd、煤粉 Var、煤粉热值等。

2.1.2 工艺操作类参数

工艺操作类参数以可调剂参数为主，本节将装料制度参数、送风制度参数、喷煤制度参数和冷却水制度参数统一归纳为高炉工艺操作类参数。装料制度参数分为料批参数和布料参数。料批参数主要包括矿批重、焦批重、焦炭负荷、球比、批铁量、理论焦比等。布料参数主要包括矿批和焦批的布料角度、布料圈数，以及料线高度、下料批数、焦炭料流阀开度、矿料流阀开度等。送风制度参数主要包括冷风流量、热风温度、鼓风速度、热风压力、富氧流量、富氧率、鼓风湿度、风口面积、鼓风动能、理论燃烧温度、炉腹煤气量等。喷煤制度参数主要包括煤粉喷吹量、理论煤比。冷却水制度参数主要包括冷却水进水温度、冷却水流量、冷却水压力等。

2.1.3 冶炼状态类参数

高炉冶炼状态类参数包含仪表监测类参数和重点炉况类参数。仪表监测类参数主要包括高炉设备、仪表的温度、压力等监控数据。温度参数有：炉顶上升管温度，炉喉十字测温，炉底、炉缸、炉身热电偶温度等。压力参数有：炉顶上升管压力、炉身静压等。热电偶温度数据有：各段冷却壁温度、各层炉缸和炉底的热电偶温度等；煤气成分有：CO、CO_2、N_2、H_2 的体积分数。重点炉况参数是描述高炉主要运行状况的参数，主要包括上部压差、下部压差、全压差、透气指数、煤气利用率、各区域水温差和热流强度，以及崩料、悬料、管道等异常炉况次数。

2.1.4 渣铁类参数

渣铁类参数是指与渣铁相关的参数，包括每次出铁的铁水、炉渣的质检数据和出铁、出渣的操作数据。铁水、炉渣质检数据主要有：铁水温度、铁水［Si］含量、铁水［S］含量、铁水［P］含量、铁水［Mn］含量，炉渣 TFe 含量、炉渣 CaO 含量、炉渣 S 含量、炉渣 MgO 含量、炉渣碱度等。出铁、出渣操作数据主要有：出铁量、出渣量、出铁时间、铁口深度、打泥量等。

2.2 高炉数据科学治理

数据科学治理是确保数据质量的重要手段[1]。高炉数据库中存储了大量历史操作和运行数据，但是由于人为记录、测量误差或生产故障等原因，会导致数据库中存在一些不完整、不一致、不准确或冗余的数据。本节将高炉数据中存在的问题归纳为五大类：数据缺失问题、数据异常问题、数据频次不统一问题、数据高维度问题和时滞性问题，并针对不同的高炉数据问题提出了相应的解决方法。

2.2.1 高炉缺失数据处理

高炉数据缺失问题主要是高炉生产过程中由于传感器失灵、人为操作失误、数据库存储故障等因素造成[2]。本书针对所收集高炉数据将缺失情况分为少量数据缺失、大量数据缺失、间断性短时缺失和连续性长时缺失 4 种类型，见表 2-1。

表 2-1 高炉缺失数据处理方法

类　型	方法	说　明
少量缺失（<5%），或大量缺失（>30%）	直接删除法	不会影响数据的有效性，且处理效率高效
间断性短时缺失	插值法	时序性数据在短时间内的波动可预估
连续性长时缺失	机器学习法	数据缺失变量与其他完整变量存在相关关系

（1）数据少量缺失或大量缺失。当数据项中缺失值的比例较低时，删除缺失数据不会影响数据的有效性。因此，本节对于数据缺失比例低于 5%的参数列，保留该数据项，只删除其缺失记录。当数据项中缺失值的比例很高时，数据信息缺失严重，那么该组数据可

能对模型不会太有用。因此，本节对于数据缺失比例高于30%的参数列，直接删除该数据项。例如，原燃料部分检化验指标受生产关注度下降或检测成本的限制不再进行检测。又如，部分点位的热电偶长时间损坏，造成该点位数据大比例缺失。

(2) 数据间断性短时缺失。高炉炼铁工序已经逐步实现了无纸化办公，但是部分数据仍然需要通过人工录入的方式上传至数据平台。在此过程中，由于人为因素有时会出现错过录入时间节点的情况，故造成数据丢失。由于高炉冶炼是连续不间断的过程，其生产数据符合时序性数据在短时间内波动可预估的规律。因此，本节对于数据间断性短时缺失的情况，采用近期均值或插值法[3]对缺失数据进行填补，以确保此部分信息的完整性。

(3) 数据连续性长时缺失。服务器升级或维护造成部分参数在某段时间内的数据丢失；传感器失灵或损坏，在损坏、维修或更换期间造成的数据丢失；这些情况都属于数据连续性长时缺失。由于数据缺失时间长且连续，插值法并不适用。对于此类数据缺失问题，本节采用机器学习法[4]对数据进行填补。但并不是所有的高炉参数都适用，当数据缺失变量与其他完整变量存在显著相关性，或能够被其他变量组预测时才有意义。例如，2022年3月6日至15日透气性指数数据丢失，通过风压、风量等参数建立回归模型对透气性指数缺失数据进行填补；否则，当缺失数据无法被估计时，对此部分丢失记录进行删除。

2.2.2 高炉异常数据识别与处理

本节采用高炉操作方针与箱形图法相结合的方式对高炉异常数据进行识别，并根据收集高炉数据情况，将异常数据分为人工录入错误造成的数据异常、传感设备或数据采集过程造成的数据异常、异常炉况造成的数据异常，见表2-2。

表2-2 高炉异常数据处理方法

异常数据类型	异常数据识别方法	异常数据处理方法
人工录入错误	高炉操作方针箱形图	校正异常值
传感设备失灵或损坏		删除或按照缺失值处理
炉况波动或异常		能够反映高炉的真实情况，选择保留或单独分析

(1) 高炉数据异常值识别。高炉操作方针中的参数区间代表当前生产阶段高炉稳定顺行所需的基本控制区间，因此不能直接用作高炉数据异常值的判断。本节结合专家经验对此进行了调整，对于包含在高炉操作方针中的参数，将其规定范围的上下限$\pm\sigma$（σ为对应参数历史数据的标准差）设置为对应参数异常值识别的上下限，某阶段高炉操作方针参数阈值见表2-3。高炉操作方针并不是一成不变的，而是随着生产计划变动的，因此，此类参数的异常值阈值也是动态变化的。对于高炉操作方针以外的参数，本节选取箱形图法对异常数据进行识别，其中四分位距的系数ϕ取2，部分结果如图2-1所示。

表2-3 高炉操作方针参数阈值

序号	参数名称	操作方针范围
1	冷风流量/$m^3\cdot min^{-1}$	2080~2150
2	冷风压力/kPa	310~340

续表 2-3

序号	参数名称	操作方针范围
3	热风温度/℃	1100~1200
4	炉顶压力/kPa	170~180
5	全压差/kPa	130~160
6	透气性指数	85~95
7	富氧流量/$m^3 \cdot h^{-1}$	6000~8000
8	热风压力/kPa	305~325
9	炉顶温度/℃	80~260
10	煤粉喷吹量/$t \cdot h^{-1}$	17~20
11	球比/%	25~35
12	矿批重/t	28~31.5
13	烧结品位/%	54~55
14	球团品位/%	63~64
15	批铁量/t·批$^{-1}$	17~19
16	煤比/$kg \cdot t^{-1}$	140~160
17	铁水［Si］含量/%	0.3~0.6
18	料速/批·h^{-1}	5~7
19	风速/$m \cdot s^{-1}$	200~250
20	理论燃烧温度/℃	2350~2450
21	铁水温度/℃	1470~1500
22	燃料比/$kg \cdot t^{-1}$	530~550

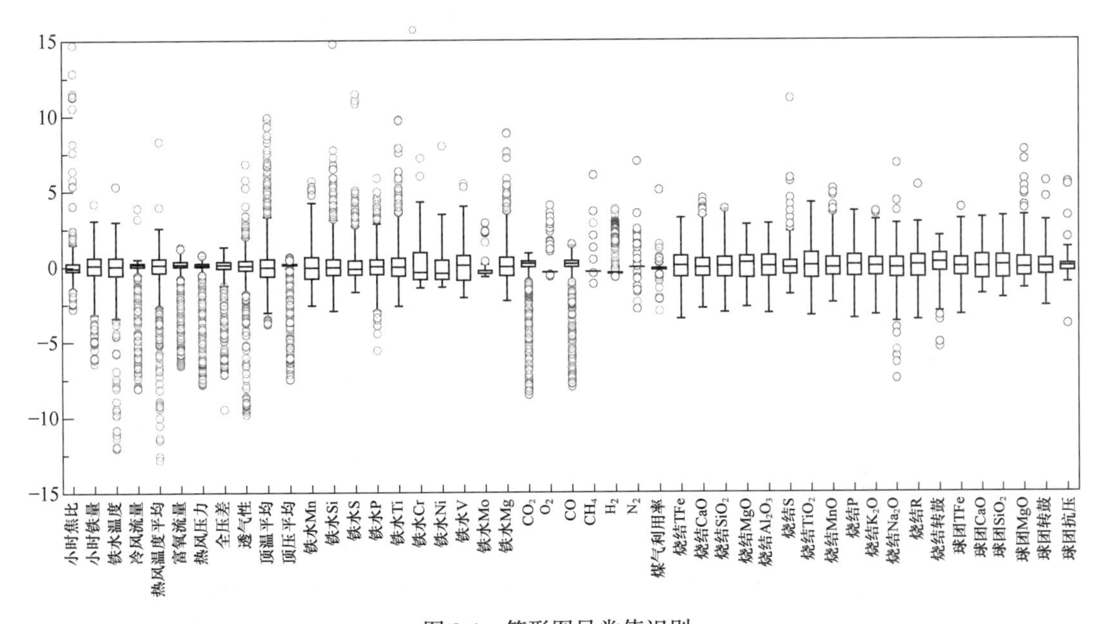

图 2-1 箱形图异常值识别

（2）高炉数据异常值处理。人工录入错误造成的数据异常多表现为数据格式或数量级录入错误，例如，烧结矿 TFe 含量被录入为 54.48%、铁水温度被录入为 14.98 ℃等。对于有据可循的异常值情况，本节选择异常值校正的方式进行处理。

传感设备故障是造成数据异常的一个重要原因，且异常数据具有连续性。此外，数据采集过程中也会出现数据异常，多表现为无规律的间断性异常。例如，2022-06-14 23：00：00 和 2022-06-17 23：00：00 煤粉喷吹量数据记录为 0。对于传感设备或数据采集过程造成的数据异常，本节将其替换为空值，然后按照缺失值进行处理。

高炉炉况波动或出现异常炉况时，虽然部分高炉参数会出现较大幅度偏离正常水平的情况，但是能够反映真实的高炉生产情况，并且对识别炉况和评价高炉生产状态具有重要意义，严格意义上讲此类数据不属于异常值。因此，本节对于炉况波动或异常引起的异常数据选择保留并进行单独分析。此外，高炉计划休风或定期检修期间的数据同样会大幅度偏离正常水平，这种情况属于非正常生产，本节选择直接删除。

2.2.3 高炉不同频次数据整合

高炉数据频次不统一也是高炉生产数据一个非常重要的特点。例如，原燃料检化验频次为 2~6 h 不等，其中烧结矿检化验频次为 2 h，球团矿检化验频次为 4 h，焦炭和煤粉检化验频次为 6 h；渣铁数据频次与出铁次数相同，正常炉况下一天出铁次数为 18 次，每次出铁时间约为 80 min；而温度、压力、流量等仪表监测数据频次为分钟级甚至秒级。

数据频次不统一导致不同环节的数据无法匹配对齐，不利于高炉关联性分析和预测模型的建立。为此，本节将高炉不同频次数据统一转换为小时频次后，使用相同频率的数据进行分析和建模，见表 2-4。原燃料检测频次受人力成本和检测成本的制约，现场检测频次无法再提高，本节通过将低频数据映射到高频时间索引上，缺失值利用插值法补全，将原燃料数据频次提高为小时频次。铁水数据频次比较特殊，由于出铁开始时间和结束时间并不固定，与其他高炉参数不同，没有严格的检测周期。本节以每次出铁结束时间为准，选择其临近的时间整点为节点，将铁水数据映射到小时频次。对于高频次数据，根据低频数据的周期对高频数据做平均或累加，将高频次数据转换为小时频次数据。例如，温度、压力、流量等数据取小时内平均值，原燃料下料量取小时内累加值，在一定程度上可以提高高炉关联性分析和预测模型的准确性。

表 2-4 高炉不同频次数据处理方法

类　型	处 理 方 法
高频次数据转换为低频	根据低频数据的周期对高频数据做平均或累加
低频次数据转换为高频	将低频数据映射到高频时间索引上，缺失值利用插值法补全

2.2.4 高炉高维属性约简

高炉系统数据属于高维度数据，为了提升高炉参数预测模型的精度，通常会尽可能多地利用生产过程中采集的数据。然而，由于高炉参数之间的复杂关系，数据库中存在许多冗余变量。冗余变量可以分为对被解释变量无关紧要的弱相关变量，或者是能够被其他变量替代的变量。冗余变量的存在对提高预测模型的精度并没有帮助，不仅如此，变量过多会增加模型的复杂度。本节通过同类性质参数合并、弱相关变量剔除、共线性变量处理对高炉数据进行降维处理，达到对高炉参数初步过滤的目的。

（1）同类性质参数合并。高炉参数中包含了大量的温度参数和压力参数，庞大的参数维度不利于模型的建立。本节对于同类性质的参数进行合并处理。例如，对同一高度圆周方向的热电偶检测温度计算均值、极差、标准差替代原测点温度参数。其中，取均值能够反映不同高度圆周方向炉体温度的平均水平；极差能够反映圆周方向炉体温度出现局部异常的情况；标准差能够反映数据的离散程度，即圆周方向炉体温度分布的均匀性。通过同类性质参数合并能够在保留数据信息的同时合理降低高炉参数维度。

（2）弱相关变量剔除。最大信息系数（Maximal Information Coefficient，MIC）[5-6]可以用于衡量两个变量 X 和 Y 之间的关联程度，线性或非线性的强度。MIC 相较于其他相关性计算方法在适用范围和鲁棒性等方面均具有不错的优势，见表 2-5。值得注意的是，MIC 虽然具有较强的分析能力，但是其结果受样本量影响较大，MIC 的计算过程需要较大的样本量，否则可能导致估计不准确。本节将所有数据转换为小时频次后拥有 17000 余组数据，因此可以采用最大信息系数法剔除与高炉炉况指标（焦比、透气性、热流强度、煤气利用率、铁水产量、炉热、炉缸活跃性）无关或弱相关的变量。

表 2-5 常用相关性系数对比

相关性方法	适用范围	是否标准化	计算复杂度	鲁棒性
皮尔逊系数	线性数据	是	低	低
斯皮尔曼系数	线性数据、简单单调非线性数据	是	低	中等
K 近邻	线性数据、非线性数据	否	高	高
MIC	线性数据、非线性数据	是	低	高

（3）共线性变量处理。在高炉操作中，可能存在多个参数对高炉冶炼过程产生相似影响的情况，造成高炉部分参数之间存在共线性。共线性是指两个或多个变量之间存在高度线性相关性，共线性变量会减少模型的解释性，使得回归系数不明确，难以解释预测变量对因变量的影响[7]。本节使用相关系数 r 来识别和删除共线特征，如果参数之间的相关系数大于 0.8，将删除一对特征中的一个。r 的计算方法见式（2-1）：

$$r = \frac{\sum_{i=1}^{n}(x_i - \bar{x})(y_i - \bar{y})}{\sqrt{\sum_{i=1}^{n}(x_i - \bar{x})^2 \times \sum_{i=1}^{n}(y_i - \bar{y})^2}} \tag{2-1}$$

式中，r 为相关系数，取值在 $-1 \sim 1$ 之间。

r 的绝对值越大，两属性之间的相关性越强；反之，相关性越弱。通常，$|r| \leq 0.3$ 为不存在线性相关，$0.3 < |r| \leq 0.5$ 为低度线性相关，$0.5 < |r| \leq 0.8$ 为显著线性相关，$|r| > 0.8$ 为高度线性相关。部分高炉参数共线性分析热图如图 2-2 所示。

2.2.5 高炉参数时滞性分析

高炉生产过程中时间滞后可以分为两种情况。一种是作用滞后，如在高炉冶炼过程中，当炉长采取某项操作措施时，该措施可能滞后一段时间才能发挥作用；并且同一操作

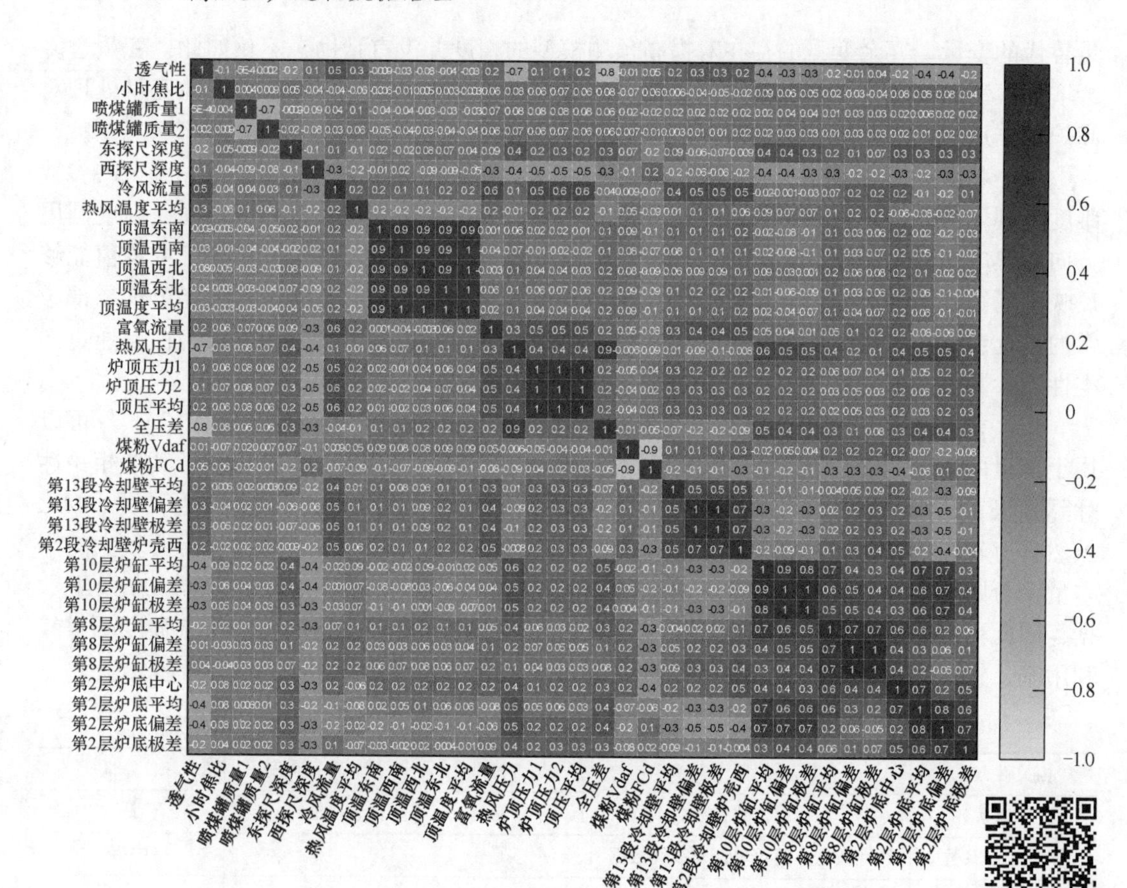

图 2-2 高炉参数共线性分析热图

变量对不同炉况指标的滞后时间是不同的，不同操作变量对同一炉况指标的滞后时间也是不同的。不仅如此，在高炉不同生产阶段和不同炉况下相关变量对炉况指标的滞后时间和影响程度并不是固定不变的，而是在一定范围内变化的。另一种是结果滞后，如烧结矿从取样送检到化验室上传分析结果大约需要 2 h，即意味着烧结矿检化验结果比生产时间滞后约 2 h。结果滞后问题对开发在线分析和预测模型影响较大，因为在线模型需要实时获取最新时间节点对应的相关参数数据，为此本节结合专家经验选择前 3 批已知烧结矿检化验数据的平均值作为最新一批已生产但还未上传检测结果的烧结矿数据。

为了确定相关变量对炉况指标的作用滞后时间，本节基于最大互信息系数建立了高炉参数时滞性感知方法，如图 2-3 所示。

第一步，确定滞后时间的上下限。基于研究高炉的冶炼周期，本节选择 0~6 h 作为滞后时间的上下限。

第二步，计算相关变量在不同时间段内的滞后时间。对预处理后的高炉时间序列数据进行分段处理，求每个阶段各参数在不同滞后时间下与炉况指标的最大信息系数，选取最大信息系数大于 0.3 对应的时间作为当前阶段的滞后时间。鉴于高炉生产中按月度分析的经验，将数据按月进行拆分，对每月的数据分别进行时滞性分析。

第三步，计算各参数滞后时间范围。统计每个参数在所有时间阶段内的滞后时间，将

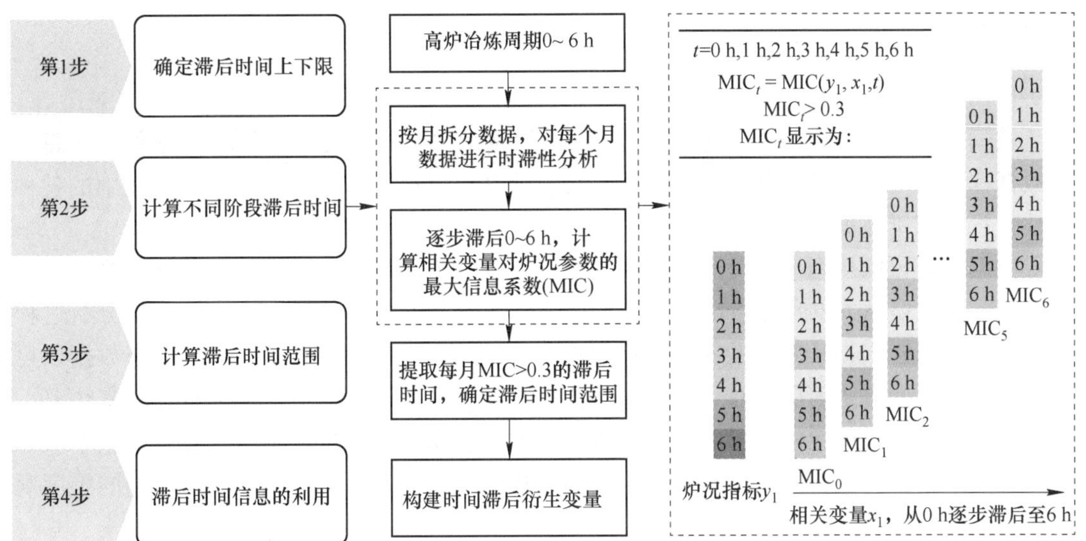

图 2-3　高炉参数时滞性分析方法

彩图资源

最大滞后时间和最小滞后时间作为该参数的时间滞后范围。

第四步，滞后时间信息的利用。高炉是连续作业的过程，炉况指标的变化是相关变量在一段时间内综合作用的结果。因此，依据滞后时间范围生成新的变量作为高炉炉况指标预测模型的输入变量。

例如，x^{-1}表示变量 x 滞后 1 h，即该变量的前一时刻数据。部分时滞性分析结果如图 2-4 所示，可以看出，每个时期煤粉喷吹量对炉热指标的作用均呈现先升高后降低的规律，说明存在滞后性；并且滞后时间为 1 h 和 2 h 时，煤粉喷吹量对铁水温度的作用明显高于其他时刻；滞后时间为 1 h、2 h 和 3 h 时，煤粉喷吹量对铁水［Si］含量的作用更明显。因此将煤粉喷吹量对铁水温度滞后时间范围设置为 1~2 h，对铁水［Si］含量的滞后时间范围设置为 1~3 h。高炉参数与炉况指标间时滞信息的利用将在第 6 章、第 7 章中进行详细介绍。

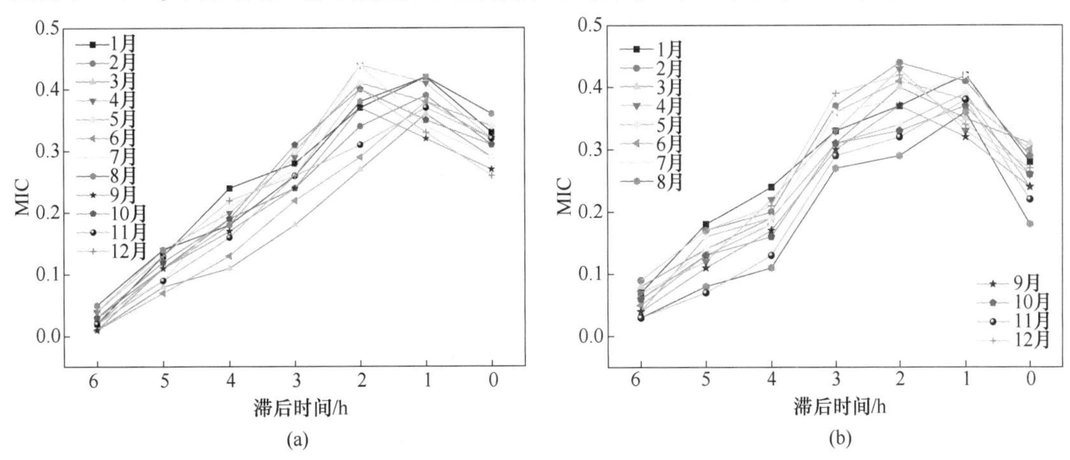

图 2-4　高炉参数时滞性分析结果

（a）煤粉喷吹量对铁水温度的时滞性；（b）煤粉喷吹量对铁水［Si］含量的时滞性

2.3 高炉数据可视化

数据可视化[8-9]是一种将数据转化为图像的技术，它的主要原理是将数据库中的每一项数据都视作一个图形元素来进行表示，大量数据构成数据图像，将原来数据集中的各种属性信息以多维数据图像的形式显示。

数据分析可以从两个角度进行：一是从计算机的角度出发，以各种高性能算法为主要研究内容；二是从人的角度分析，将人们擅长但机器并不具备的认知能力整合到分析过程中。研究表明，人类从外部世界获取信息有80%是通过视觉系统完成的[10]。当数据以可视化图形或图的方式表展现在人们面前时，往往能够一目了然地发现隐藏的数据信息[11]。

随着高炉生产过程中数据的不断积累，数据量急剧增加，要想快速从海量数据中获取更多有效的信息，数据可视化是重要的一环。数据可视化功能丰富，可以从不同的维度观察数据，对数据进行由浅入深的分析，是数据分析的重要手段和工具。

2.3.1 一维数据可视化分析

一维数据可视化主要是展示一组数据的数值分布和趋势变化。本节通过组合直方图、箱形图和趋势图对高炉参数进行可视化处理，从不同的角度观察高炉关键工艺参数，实现对高炉重点参数的初步探索。其中，直方图可以展示数据的总体分布情况；箱形图不仅可以展示数据在一定时期内的分布情况，还可以展示数据的总体趋势变化；趋势图可以详细地展示数据的趋势变化。通过这种组合图的方式，可以由浅入深地展示一维数据的基本情况。

2014—2019年高炉焦比、K值和热负荷的一维可视化图分别如图2-5~图2-7所示。

由图2-5可以看出，2014—2016年高炉焦比变化幅度较大，焦比较低时可达320 kg/t左右，达到了国际国内先进水平，但焦比升高时可达400 kg/t左右；2017年后，焦比变化幅度减小，焦比的上、下界限逐步向中位数水平靠近，主要集中在335~360 kg/t内。通常情况下，炉况波动小时焦比的变化幅度也较小，图2-5也说明2017年后炉况的波动幅度趋小，高炉受控程度向好。

由图2-6可以看出，2014—2016年K值总体较低，主要在2.35~2.65，但有逐年升高

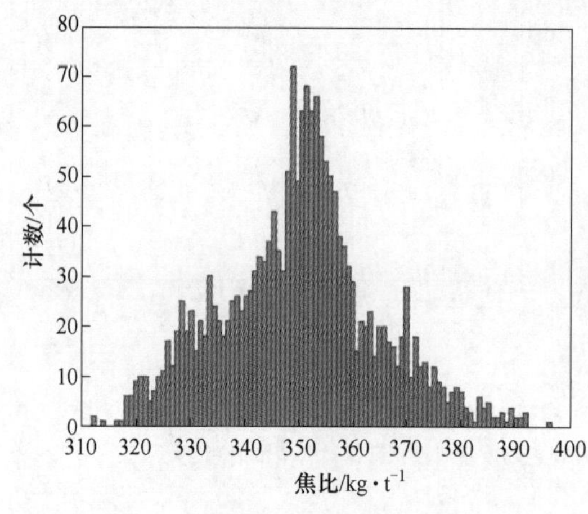

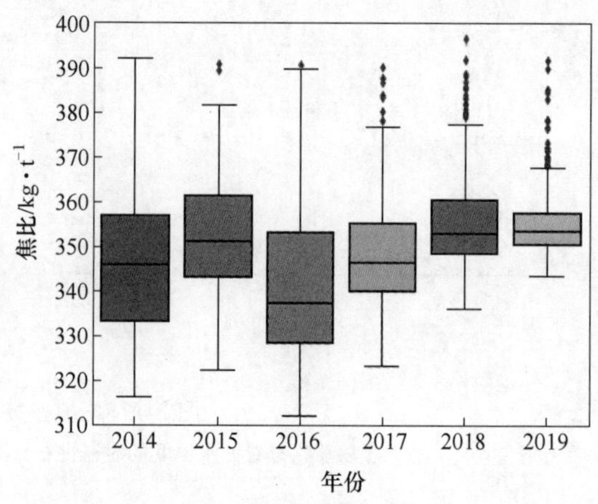

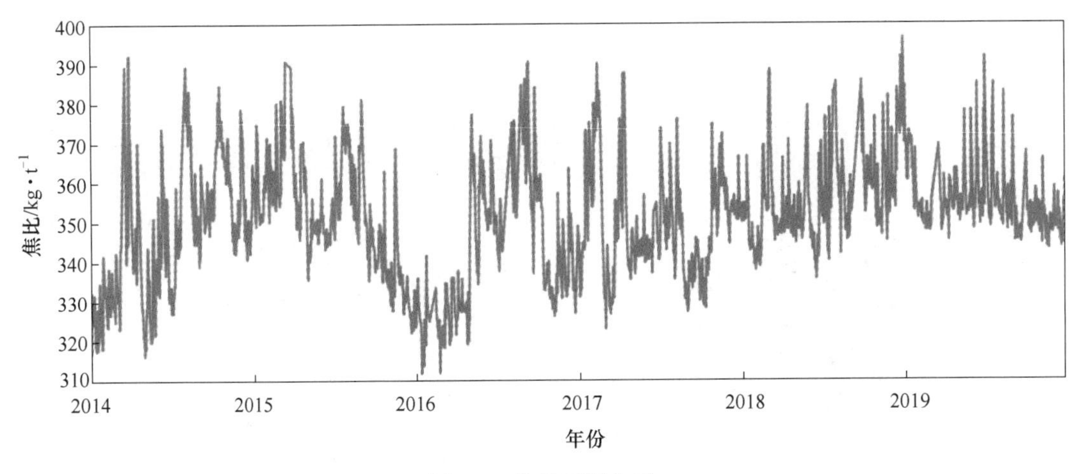

图 2-5 焦比可视化图

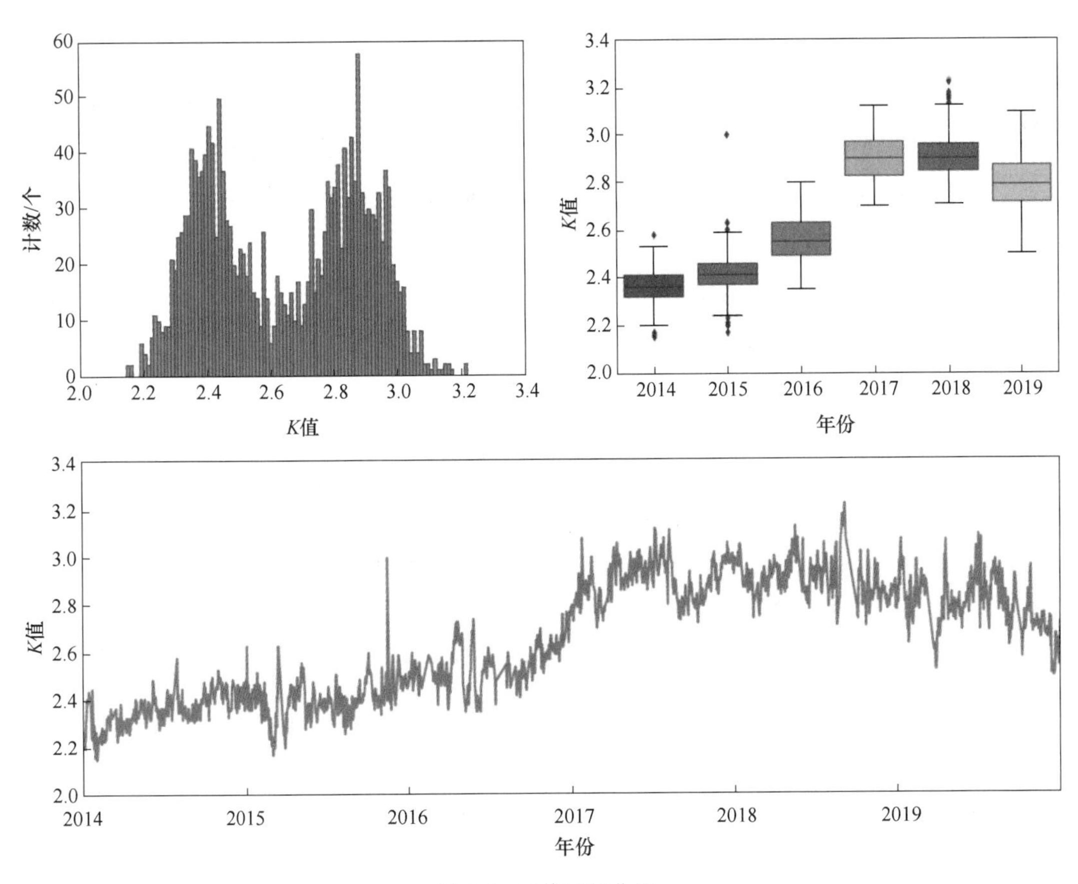

图 2-6 *K* 值可视化图

的趋势；至 2017 年，*K* 值明显升高，升高至 2.75～3.00，2019 年 *K* 值又逐步降低。从 2014—2019 年 *K* 值的总体分布来看，统计值呈双峰分布。

由图 2-7 可以看出，除 2015 年热负荷较 2014 年有所降低，2015 年后热负荷总体上呈

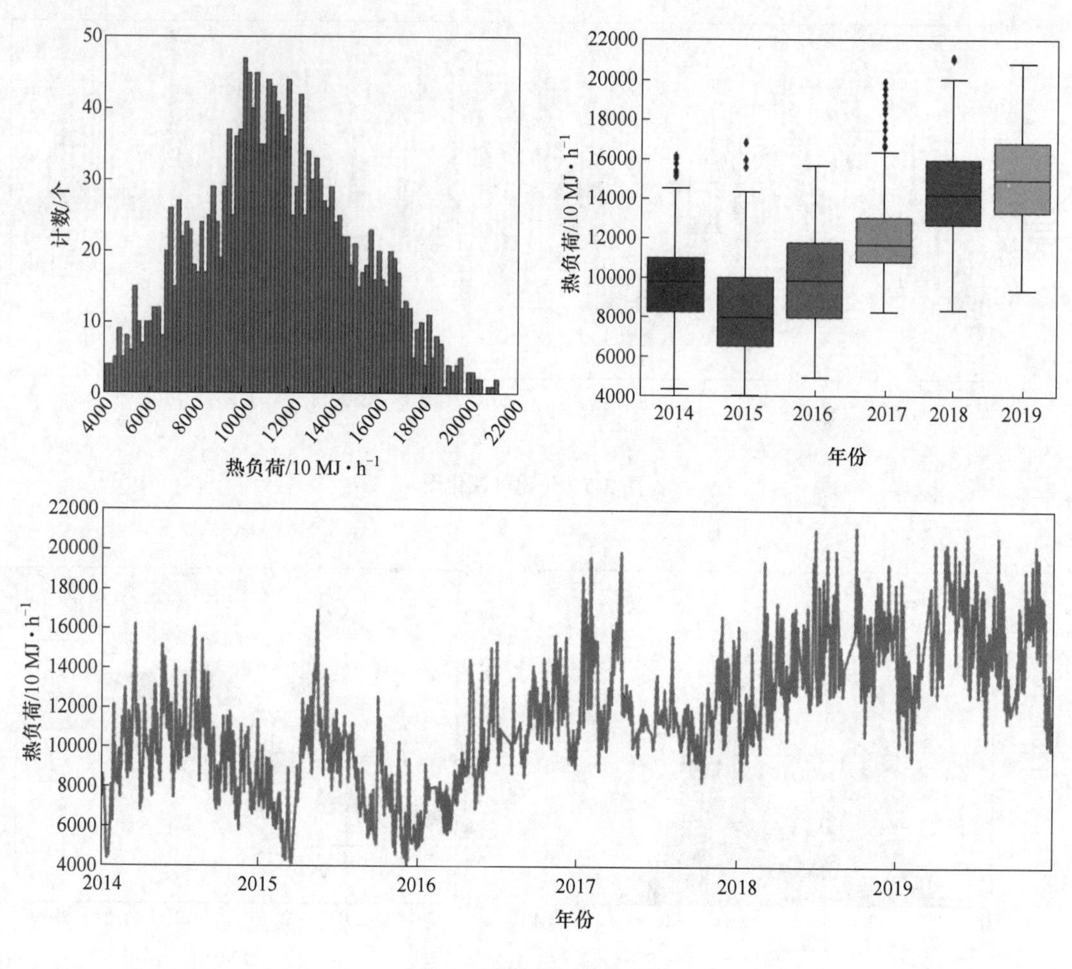

图 2-7 热负荷可视化图

持续上涨趋势，热负荷水平由 8000×10 MJ/h 上涨至 15000×10 MJ/h，上界限达 20000×10 MJ/h。热负荷持续上涨说明高炉边缘气流波动大，高炉冷却水带走的热量增加，不利于降低燃料比，而且会对冷却壁的寿命造成不良影响。

采用上述一维数据可视化的方法，可以清晰地展示高炉参数的数值分布和变化趋势，是数据初步探索的基本方法。

2.3.2 二维数据可视化分析

二维数据可视化主要是展示两组数据之间的关系，最常用的是散点图。焦炭 M_{40} 与焦比的关系如图 2-8 所示。

从图 2-8 中可以看出，焦炭 M_{40} 和焦比呈负相关，也可以得知焦炭 M_{40} 和焦比的大概分布范围。在高炉数据挖掘中，散点图可以简单、直观地展示两项参数之间的相关关系，但是在得出可靠的结论之前需要先厘清两者之间的因果关系，避免得出与高炉冶炼原理相悖的结论。

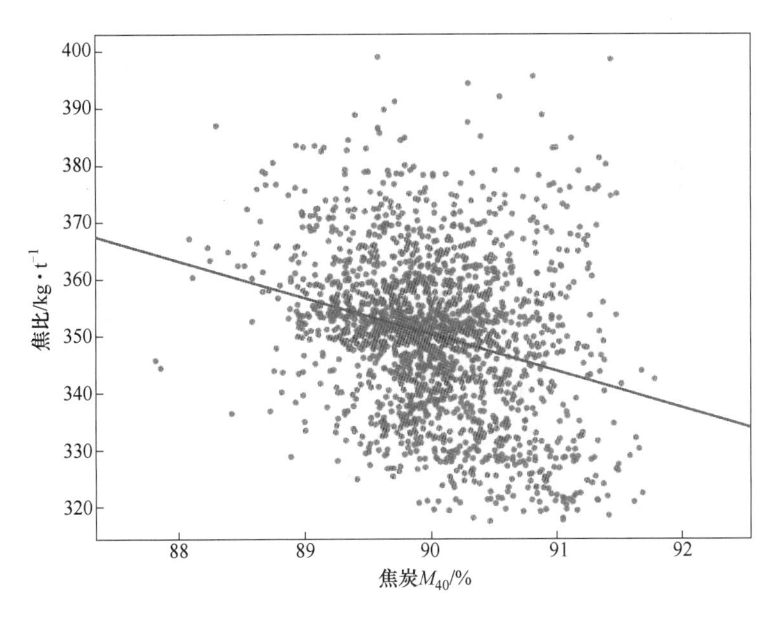

图 2-8 焦炭 M_{40}与焦比的散点图

2.3.3 多维数据可视化分析

由于高炉参数之间关系的复杂性，有必要对高炉参数之间的关系进行多维可视化展示与分析，以便更好地理解各项参数之间的关系，发现数据背后隐藏的信息。对于多维数据，如果以传统的一维或二维图的形式显示，将很难满足当前数据的庞大、复杂和多变量的信息需求。通常，将具有 3 个以上属性信息的数据可视化称为多维数据可视化[11]。

多维数据可视化的目的是发现多维数据的分布规律，并揭示不同维度属性之间的隐式关系。多维数据可视化最常用的技术是多维参数相关系数可视化，如图 2-9 所示。

图 2-9 是高炉参数相关系数的热力图，红色表示正相关，蓝色表示负相关，颜色越深，表明相关性越强。利用相关性分析可以发现与目标参数关联性强的参数，将它们作为重点研究对象。热力图不仅可以直观地显示高炉参数之间的相关关系，而且可以表达超多维度参数之间的关系，但是不能展示参数之间的分布情况。

散点图可以展示两个变量之间的数据分布情况和相关性。当同时研究多个变量之间的关系时，逐个绘制它们之间的散点图非常麻烦，也不便于观察。此时，可利用散点矩阵图在一张图中同时绘制多个变量间的散点图，以便快速找出多个变量间的主要相关性以及数据分布情况。从使用效果来看，散点矩阵图是多维数据分析中非常有效的工具。高炉参数（焦炭 M_{10}、焦比、K 值、热负荷）的散点矩阵图如图 2-10 所示。

由图 2-10 可以看出，焦炭 M_{10}与焦比、热负荷、K 值均为正相关，且相关程度由弱到强；焦比、K 值、热负荷三者之间均为正相关，相比而言，热负荷与焦比、K 值的相关性较强；K 值明显为双峰分布，焦炭 M_{10}为负偏态，焦比和热负荷总体为正态分布。

散点矩阵图可以将各参数之间的相关程度和数据分布情况进行简单地展示，但是还不够直观。气泡图是散点图的变体，是一种比较新颖的多维数据可视化方法。尽管从视觉角度来看不是精确的表达，但是它可以在有限的空间内展示大量的信息。

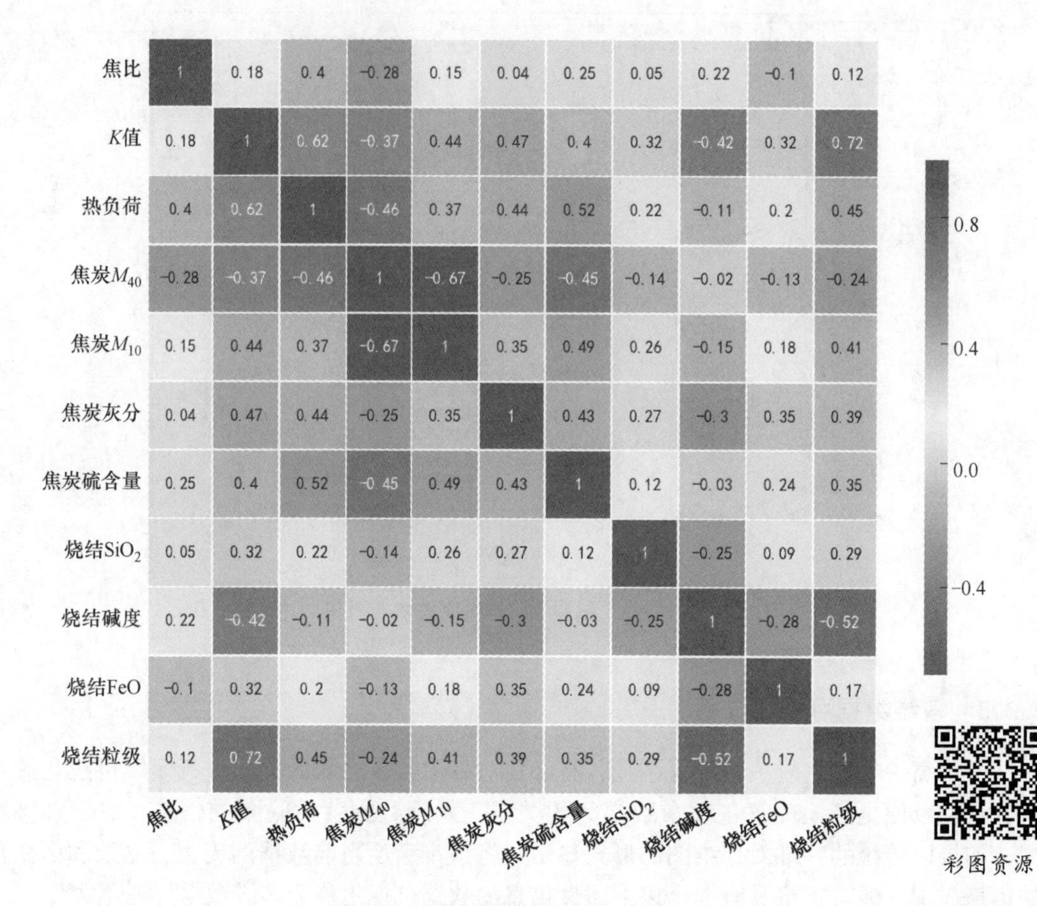

图 2-9 高炉参数相关系数热力图

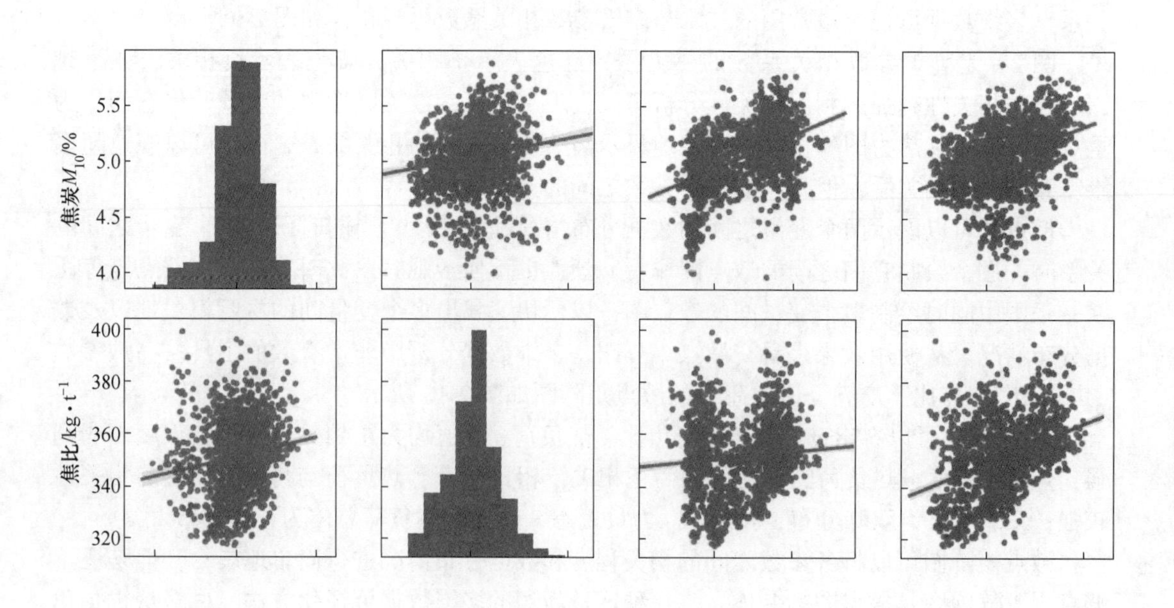

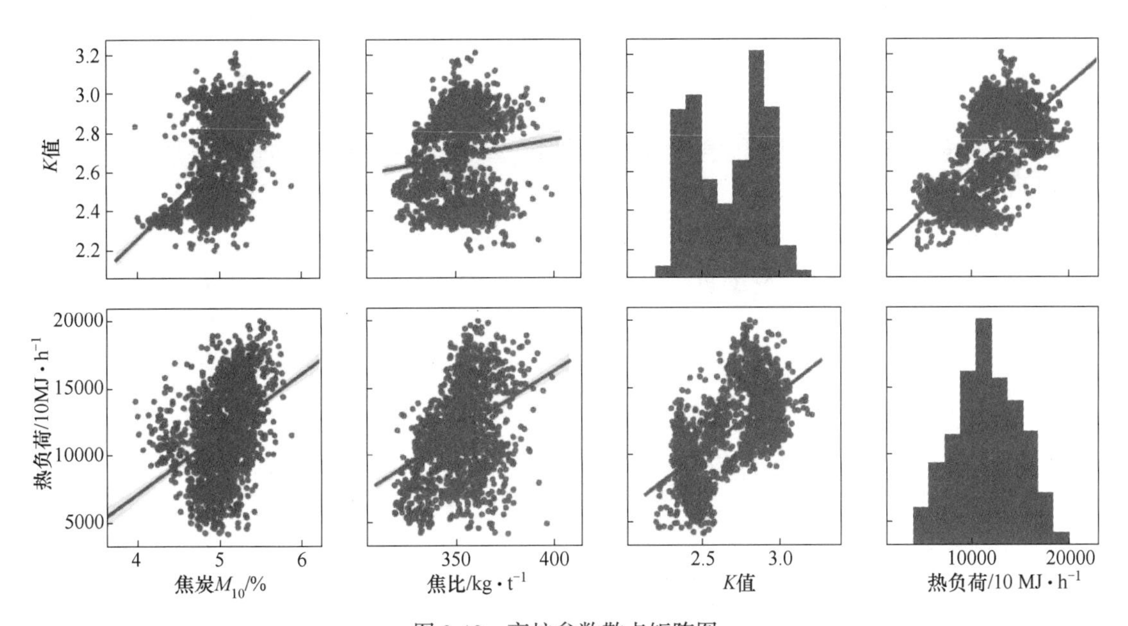

图 2-10 高炉参数散点矩阵图

焦炭 M_{40}、焦比、K 值和热负荷的气泡图如图 2-11 所示。

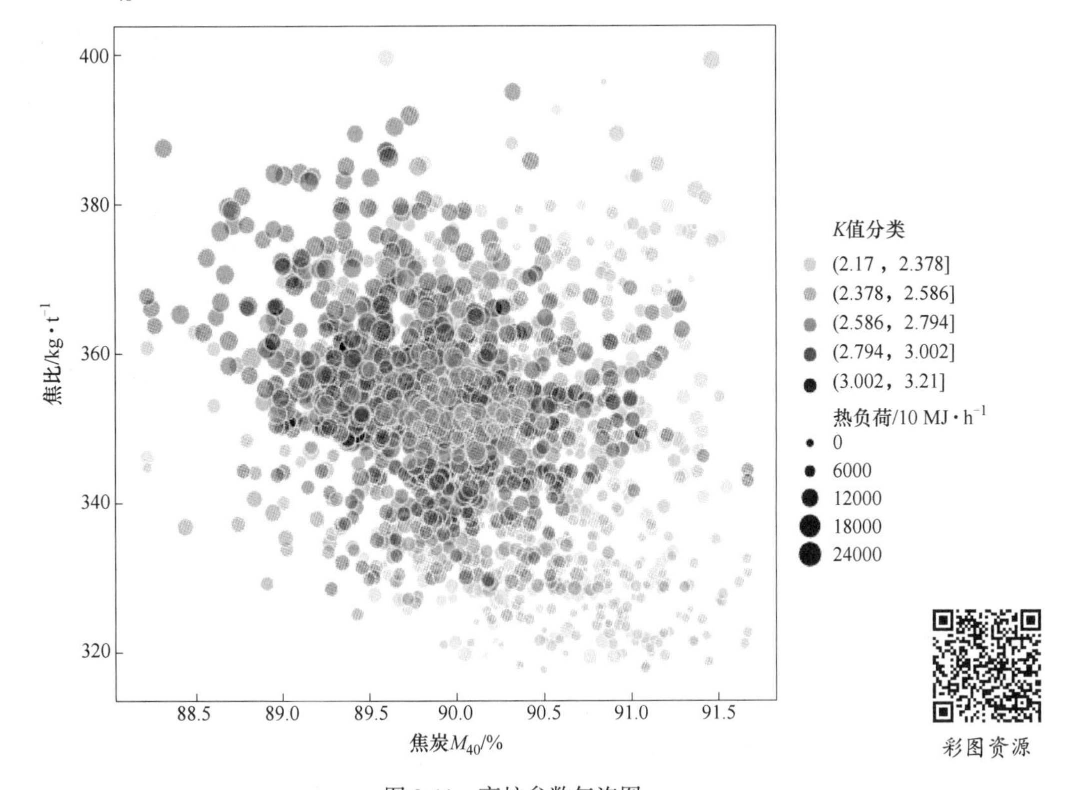

图 2-11 高炉参数气泡图

由图 2-11 可以看出，左上方区域颜色较深、气泡较大，左下方区域气泡分布较少，右上方区域气泡分布较分散、颜色较浅，右下方区域主要为颜色较浅的小气泡。由此表明，随着焦炭 M_{40} 的提高，焦比、K 值和热负荷均呈下降趋势，即提高焦炭 M_{40} 有利于降低焦比、K 值和热负荷。

利用气泡图可以形象地展示焦炭 M_{40} 与焦比、K 值、热负荷之间的关系；但是当研究参数的维度继续增加时，气泡图就再难以表达更多的信息，这时就需要利用 3D 技术进一步丰富数据可视化功能，提升可视化效果。

高炉参数（焦炭 M_{40}、焦炭 M_{10}、焦比、K 值、热负荷）的多维 3D 图如图 2-12 所示。

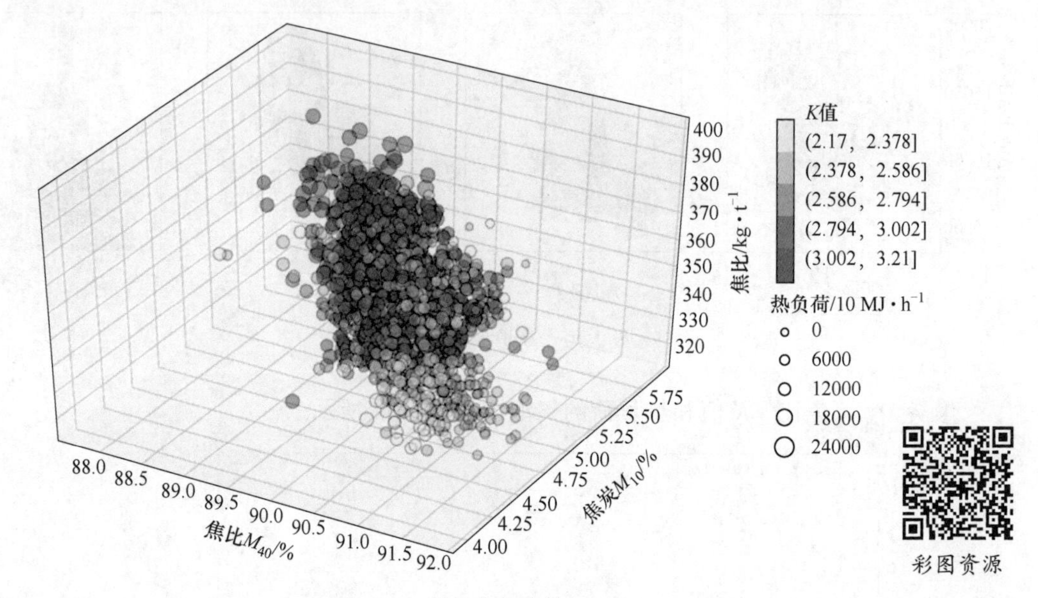

图 2-12 高炉参数多维 3D 图

从图 2-12 可以看出，随着焦炭 M_{40} 的升高和焦炭 M_{10} 的降低，气泡颜色越来越浅、气泡趋小，分布也越靠下。由此表明，提高焦炭 M_{40}，降低焦炭 M_{10}，可以改善焦炭质量，有利于降低焦比、K 值和热负荷。

数据可视化技术在数据挖掘的过程中发挥着重要作用，具体有以下几点[12]：

（1）异常点检测。通过数据可视化分析（比如箱形图），可以挖掘出异常数据或噪声点，从而保证数据挖掘结果的可靠性。

（2）用户只需结合现有的经验和知识，就可以利用可视化图像直观、形象地判断出数据挖掘的结果是否有效。

（3）数据可视化技术功能丰富，可以有效地与数据挖掘系统进行交互，包括参数设置、数据抽取等。人们不需要考虑是否应该学习复杂的统计学知识或数学计算方法，而是根据用户的专业知识来理清挖掘结果。

（4）传统的数据挖掘结果通常以数据的形式显示，不利于人们对挖掘结果的理解，而将挖掘结果可视化后，对挖掘结果的理解更加直观和快捷，并且大大增强了对结果的可描述性。

通过上述由浅入深的数据可视化探索，我们对高炉的一些参数之间的关系也有了初步的认识；但是要量化分析更多维、更复杂的数据，还要借助功能更加强大的机器学习和数据挖掘技术，进行深入挖掘。

参考文献

[1] 费静，车玉满，郭天永，等．智慧高炉集约化管控大数据应用平台研究与开发［C］//中国金属学会．第十四届中国钢铁年会论文集．北京：冶金工业出版社，2023：6.

[2] 陈少飞，刘小杰，李宏扬，等．高炉炼铁数据缺失处理研究初探［J］．中国冶金，2021，31（2）：17-23.

[3] 王丽娟，所辉．时间序列预测中插值法的使用与分析［J］．电脑编程技巧与维护，2022，11：13-15.

[4] 刘文敏．面向缺失数据的机器学习分类技术研究［D］．北京：中国石油大学（北京），2022.

[5] 张朝霞，吴杰．基于最大信息系数的多变量间相关关系度量方法研究［J］．太原师范学院学报（自然科学版），2022，21（1）：34-40.

[6] 谭藻文．一种估计最大信息系数阈值最优取值的方法［J］．现代信息科技，2023，7（24）：77-81.

[7] 范立新，金水高．多重共线性的变量分解处理法初探［J］．中国卫生统计，1997，4：6-9.

[8] 许琦，姚锦江．基于特征提取和机器学习的数据可视化模型构建研究［J］．自动化与仪器仪表，2023，12：38-41，46.

[9] 鄔敏，付海彦．数据可视化应用前景［J］．电子技术与软件工程，2019，2：173.

[10] Kim S C, Seo K K, Kim I K, et al. Readings in information visualization: Using vision to think [J]. The Journal of Urology, 1999, 161 (3): 964-969.

[11] 李磊．随机森林及数据可视化在棉蚜等级预测中的应用研究［D］．济南：山东农业大学，2017.

[12] 杨珂，罗琼，石教英．平行散点图：基于GPU的可视化分析方法［J］．计算机辅助设计与图形学学报，2008，20（9）：1219-1228.

3　高炉生产过程数据挖掘

3.1　离散型数据的高炉参数关联规则挖掘

3.1.1　关联规则挖掘

关联规则挖掘（Association Rule Mining，ARM）可以从数据集中发现项与项之间的关系。1994 年，Agrawal 等提出了 Apriori 关联规则挖掘算法，他们对购物篮问题进行了深入的研究和分析，并在超市交易数据库中有效地发现了不同商品之间的关系[1-2]。此后，许多专家学者对其进行了大量的研究和探索[3-8]，对原有的算法进行了优化、改进和扩展（如 FP-Growth 算法），使得关联规则挖掘得到了广泛的应用。

Apriori 算法[9-10]中的几个重要定义如下：

（1）项目、项集和交易。设 $I=\{I_1, I_2, \cdots, I_n\}$ 是 n 个不同项目的集合，每个 I_k（其中 $k=1, 2, \cdots, n$）称为项目，项目的集合 I 称为项集，含有 k 个元素的项集称为 k 项集。每笔交易 T 是项集 I 上的一个子集。交易的集合为交易集 M。$|M|$ 表示 M 中含有交易的数目。

（2）项集的支持度。对于项集 A，交易集 M 包含 A，A 的支持度是 M 中包含 A 的交易量 count(A) 与 M 中所有的交易量的比值。

$$\mathrm{support}(A)=\frac{\mathrm{count}(A)}{|M|} \tag{3-1}$$

（3）关联规则支持度与置信度如下：

关联规则 R：$A \to B$（support，confidence），其中 A 和 B 都包含在项集 I 中，并且 A 和 B 交集为空。R 的支持度是 M 中同时存在 A 和 B 的交易量（count($A \cup B$)）与所有交易量之比。

$$\mathrm{support}(A \to B)=\frac{\mathrm{count}(A \cup B)}{|M|} \tag{3-2}$$

R 的置信度是指 A 和 B 同时存在的交易量与存在 A 的交易量之比。

$$\mathrm{confidence}(A \to B)=\frac{\mathrm{support}(A \cup B)}{\mathrm{support}(A)} \tag{3-3}$$

（4）最小支持度和最小置信度。最小支持度和最小置信度分别用 min_sup 和 min_conf 表示，根据经验人为设定，用于度量规则有效性的最小阈值。

（5）强规则与频繁项集如下：

支持度和置信度大于 min_sup 和 min_conf 的项集称为频繁项集，支持度和置信度大于 min_sup 和 min_conf 的规则称为强规则。

Apriori 算法理论上简单，且易于实现，是最为经典的关联规则挖掘算法，流程图如图 3-1 所示。

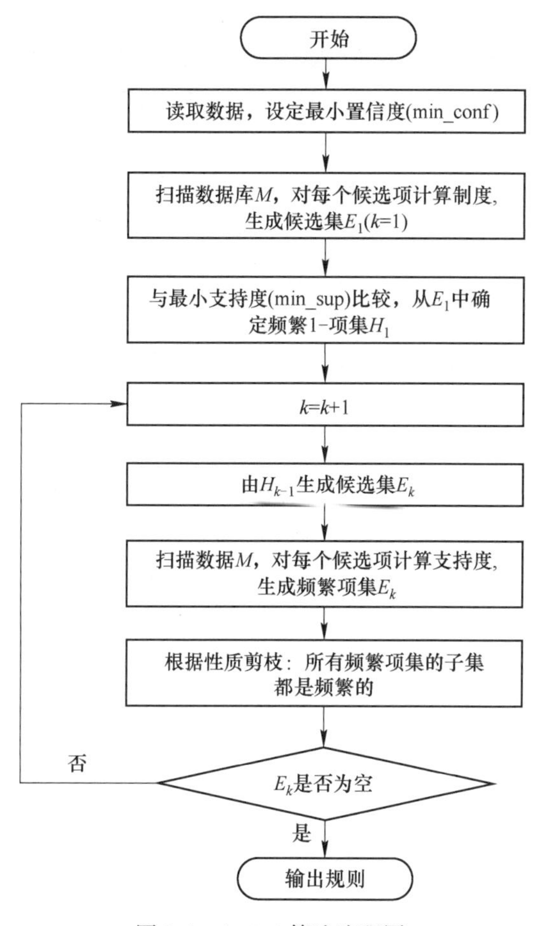

图 3-1 Apriori 算法流程图

3.1.2 FP-Growth 算法

在关联分析中，频繁项集的挖掘最常用到的就是 Apriori 算法。Apriori 算法是一种先产生候选项集再检验是否频繁的“产生-测试”方法。这种方法有种弊端：当数据集很大的时候，需要不断扫描数据集运行效率很低。而 FP-Growth（Frequent Pattern Growth）算法[11-12]就很好地解决了这个问题。(它的思路是：把数据集中的事务映射到一棵 FP-Tree 上面，再根据这棵树找出频繁项集。) FP-Tree 的构建过程只需要扫描两次数据集。高炉生产过程数据具有噪声大、易抖动的特点，而 FP-Growth 算法对数据要求低，适合处理此类数据。FP-Growth 算法发现频繁项集的过程可分为构建 FP-Tree 和从 FP-Tree 中挖掘频繁项集。

步骤 1：构建 FP-Tree 分为项头表的建立和 FP-Tree 的建立两部分。首次扫描数据集 L_1，删除不频繁项，将频繁集放入项头表。项头表里面记录了频繁项出现的次数，按照次数降序排列。例如，表 3-1 所示的 10 条数据中，煤气利用率（低）、炉温稳定率（低）、炉缸活跃性（低）、透气性（高）、炉温稳定率（高）都只出现一次，属于不频繁项需进行删除，剩余项按照支持度的大小降序排列。第二次扫描数据集，利用“共享前缀”的原则，构造 FP-Tree。如图 3-2 所示，开始时 FP-Tree 没有数据，从 FP-Tree 的根节点开始进行，按照排序后的项集顺序逐个插入 FP-Tree 中。如果有共用的项，则对应的项集节点计数加 1；否则，创建新的子节点。直到所有的数据都插入 FP-Tree 后，FP-Tree 的建立完成。

表 3-1 数据集 L_1

序号	项　集
1	产量（低）、透气性（低）、焦比（高）、热流强度（高）
2	产量（低）、透气性（低）、焦比（高）、煤气利用率（低）
3	产量（低）、透气性（低）、炉温稳定率（低）、炉缸活跃性（低）
4	产量（高）、焦比（低）、透气性（中）、热流强度（中）
5	产量（高）、焦比（低）、炉缸活跃性（高）、煤气利用率（高）、透气性（高）
6	产量（高）、焦比（低）、透气性（中）、炉缸活跃性（高）、煤气利用率（高）
7	产量（低）、透气性（低）、焦比（高）、热流强度（高）
8	产量（高）、焦比（低）、透气性（中）、热流强度（中）
9	产量（高）、焦比（低）、透气性（中）、炉缸活跃性（高）、煤气利用率（高）
10	产量（高）、炉缸活跃性（高）、炉温稳定率（高）

注：表中数据项为随机选择，旨在展示 FP-Growth 算法计算过程，最终关联规则挖掘结果以第 3.1.3 节为准。

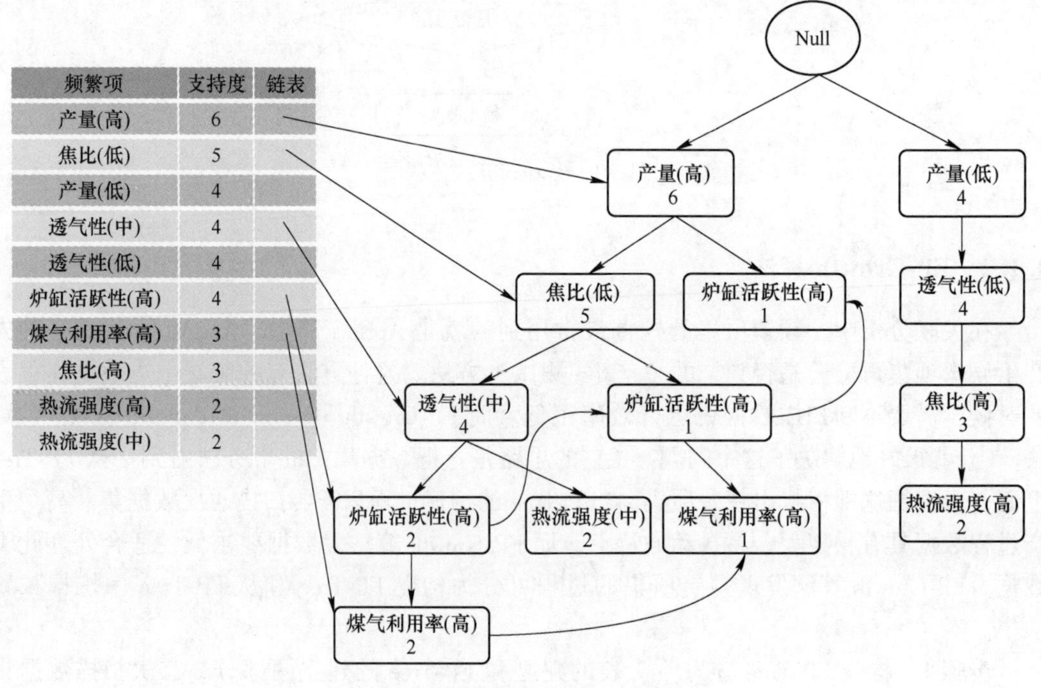

图 3-2 高炉数据构建 FP-Tree 举例

步骤2：在FP-Tree上挖掘频繁项集。从项头表的底部项依次向上找到项头表项对应的条件模式基，从条件模式基递归挖掘得到项头表项的频繁项集。以挖掘热流强度（中）的频繁项集为例，热流强度（中）的条件模式基如图3-3所示。基于条件模式基得到热流强度（中）的频繁项集，见表3-2。热流强度（中）的频繁二项集为：{产量（高）：2，热流强度（中）：2}，{焦比（低）：2，热流强度（中）：2}，{透气性（中）：2，热流强度（中）：2}；频繁三项集为：{产量（高）：2，焦比（低）：2，热流强度（中）：2}，{产量（高）：2，透气性（中）：2，热流强度（中）：2}，{焦比（低）：2，透气性（中）：2，热流强度（中）：2}；频繁四项集为：{产量（高）：2，焦比（低）：2，透气性（中）：2，热流强度（中）：2}。热流强度（中）对应的最大的频繁项集为频繁四项集。

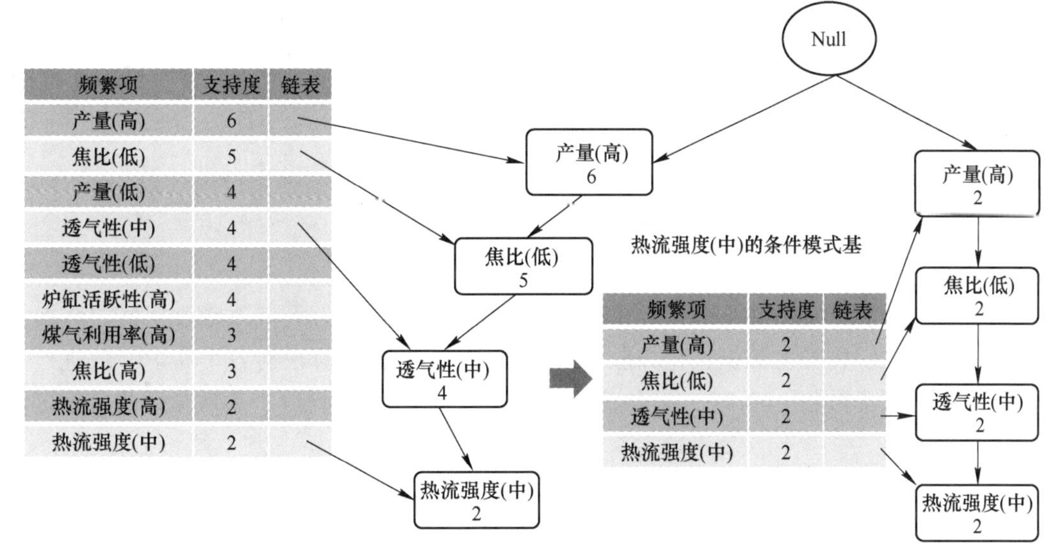

图3-3 热流强度（中）的条件模式基

表3-2 热流强度（中）的频繁项集

种类	数量	频繁项集
频繁二项集	3	{产量（高）：2，热流强度（中）：2}， {焦比（低）：2，热流强度（中）：2}， {透气性（中）：2，热流强度（中）：2}
频繁三项集	3	{产量（高）：2，焦比（低）：2，热流强度（中）：2}， {产量（高）：2，透气性（中）：2，热流强度（中）：2}， {焦比（低）：2，透气性（中）：2，热流强度（中）：2}
频繁四项集	1	{产量（高）：2，焦比（低）：2，透气性（中）：2，热流强度（中）：2}

3.1.3 基于FP-Growth算法的高炉参数关联规则挖掘

本节将对焦比、*K*值、热负荷与烧结质量（碱度、（平均）粒径、FeO、SiO_2含量）进行关联规则挖掘，流程如图3-4所示。

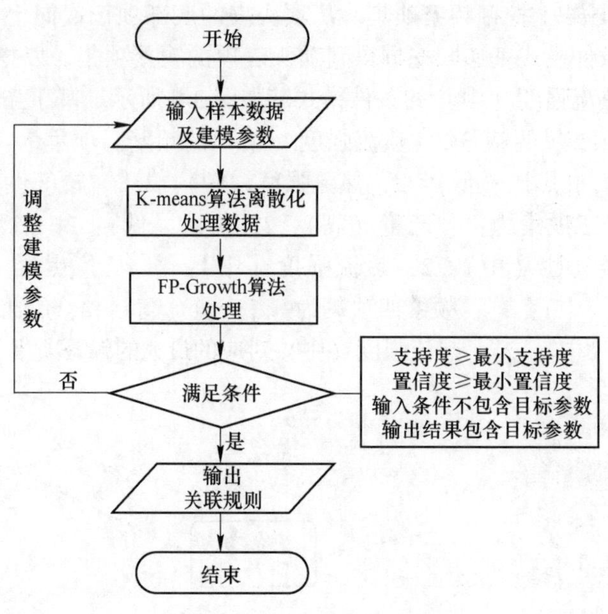

图 3-4 关联规则挖掘流程图

由于 FP-Growth 关联规则算法无法处理连续型数据变量，为了将原始数据格式转换为适合建模的格式，需要对数据进行离散化，采用 K-means 聚类算法对各个高炉参数进行离散化处理。当聚类数目 $k=3$ 时，将数值划分为高、中、低 3 个区间，离散化后的数值区间见表 3-3。

表 3-3 $k=3$ 时高炉参数离散化数值区间

参数名称	数值区间 1	数值区间 2	数值区间 3
焦比 /$kg \cdot t^{-1}$	(315.07, 340.34]	(340.34, 359.09]	(359.09, 402.83]
K 值	(2.16, 2.47]	(2.47, 2.73]	(2.73, 3.22]
热负荷/10 $MJ \cdot h^{-1}$	(4114.0, 9347.6]	(9347.6, 13447.8]	(13447.8, 20232.7]
烧结碱度	(2.0, 2.1]	(2.1, 2.17]	(2.17, 2.32]
烧结粒径 /mm	(16.92, 19.41]	(19.41, 20.93]	(20.93, 26.49]
烧结 FeO/%	(7.08, 8.6]	(8.6, 9.25]	(9.25, 10.48]
烧结 SiO_2/%	(4.78, 5.13]	(5.13, 5.28]	(5.28, 5.59]

本节关联规则挖掘过程中设定最小支持度为 1.5%、最小置信度为 70%，焦比、K 值和热负荷与烧结质量的关联规则挖掘结果分别见表 3-4~表 3-6。

表 3-4 $k=3$ 时焦比与烧结质量关联规则挖掘结果

规则	关联规则输入条件	焦比输出结果	置信度/%	支持度/%
1	烧结 SiO_2 (4.78, 5.13] 和烧结碱度 (2.0, 2.1] 和烧结粒径 (16.92, 19.41]	(315.07, 340.34]	86.5	1.8
2	烧结 FeO (9.25, 10.48] 和烧结碱度 (2.0, 2.1] 和烧结粒径 (16.92, 19.41]	(315.07, 340.34]	83.3	1.7

续表 3-4

规则	关联规则输入条件	焦比输出结果	置信度/%	支持度/%
3	烧结 SiO_2（4.78，5.13］和烧结 FeO（9.25，10.48］和烧结粒径（20.93，26.49］	（340.34，359.09］	77.1	1.5
4	烧结碱度（2.0，2.1］和烧结粒径（16.92，19.41］	（315.07，340.34］	74.4	3.5
5	烧结 SiO_2（4.78，5.13］和烧结粒径（20.93，26.49］和烧结碱度（2.1，2.17］	（340.34，359.09］	73.7	1.6
6	烧结碱度（2.17，2.32］和烧结粒径（19.41，20.93］	（340.34，359.09］	73.7	2.4
7	烧结 FeO（9.25，10.48］和烧结 SiO_2（4.78，5.13］和烧结碱度（2.1，2.17］	（340.34，359.09］	70.7	1.6
8	烧结 FeO（9.25，10.48］和烧结粒径（19.41，20.93］和烧结碱度（2.1，2.17］	（340.34，359.09］	70.6	4.1

表 3-5 $k=3$ 时 K 值与烧结质量关联规则挖掘结果

规则	关联规则输入条件	K 值输出结果	置信度/%	支持度/%
1	烧结 SiO_2（4.78，5.13］和烧结碱度（2.1，2.17］和烧结粒径（20.93，26.49］	（2.73，3.22］	100.0	2.2
2	烧结 FeO（7.08，8.6］和烧结 SiO_2（4.78，5.13］和烧结碱度（2.1，2.17］和烧结粒径（16.92，19.41］	（2.16，2.47］	100.0	3.1
3	烧结 SiO_2（4.78，5.13］和烧结 FeO（9.25，10.48］和烧结粒径（20.93，26.49］	（2.73，3.22］	97.1	1.9
4	烧结 SiO_2（4.78，5.13］和烧结碱度（2.1，2.17］和烧结粒径（16.92，19.41］	（2.16，2.47］	96.7	6.6
5	烧结 FeO（8.6，9.25］和烧结 SiO_2（4.78，5.13］和烧结碱度（2.1，2.17］和烧结粒径（16.92，19.41］	（2.16，2.47］	94.8	3.1
6	烧结 FeO（7.08，8.6］和烧结碱度（2.0，2.1］和烧结 SiO_2（5.28，5.59］和烧结粒径（20.93，26.49］	（2.73，3.22］	94.7	2.0
7	烧结 FeO（7.08，8.6］和烧结碱度（2.1，2.17］和烧结粒径（16.92，19.41］	（2.16，2.47］	94.3	4.7
8	烧结 FeO（7.08，8.6］和烧结碱度（2.0，2.1］和烧结 SiO_2（5.28，5.59］	（2.73，3.22］	94.1	2.7
9	烧结 FeO（9.25，10.48］和烧结碱度（2.1，2.17］和烧结粒径（20.93，26.49］	（2.73，3.22］	93.7	4.2

续表 3-5

规则	关联规则输入条件	K 值输出结果	置信度/%	支持度/%
10	烧结 FeO（8.6，9.25］和烧结 SiO_2（5.13，5.28］和烧结碱度（2.0，2.1］和烧结粒径（20.93，26.49］	（2.73，3.22］	93.0	3.7
11	烧结 FeO（7.08，8.6］和烧结 SiO_2（4.78，5.13］和烧结粒径（16.92，19.41］	（2.16，2.47］	92.5	7.0
12	烧结 FeO（8.6，9.25］和烧结 SiO_2（4.78，5.13］和烧结粒径（16.92，19.41］	（2.16，2.47］	92.3	6.8
13	烧结 SiO_2（4.78，5.13］和烧结粒径（16.92，19.41］	（2.16，2.47］	92.1	15.3
14	烧结粒径（20.93，26.49］	（2.73，3.22］	88.4	25.1

表 3-6 $k=3$ 时热负荷与烧结质量关联规则挖掘结果

规则	关联规则输入条件	热负荷输出结果	置信度/%	支持度/%
1	烧结 SiO_2（5.13，5.28］和烧结碱度（2.0，2.1］和烧结粒径（16.92，19.41］	（4114.0，9347.6］	79.5	1.8
2	烧结 FeO（8.6，9.25］和烧结碱度（2.1，2.17］和烧结 SiO_2（4.78，5.13］和烧结粒径（16.92，19.41］	（9347.6，13447.8］	79.3	2.6
3	烧结 SiO_2（5.13，5.28］和烧结 FeO（9.25，10.48］和烧结粒径（16.92，19.41］	（4114.0，9347.6］	75.9	2.3
4	烧结 SiO_2（5.13，5.28］和烧结 FeO（9.25，10.48］和烧结碱度（2.0，2.1］和烧结粒径（20.93，26.49］	（9347.6，13447.8］	75.7	1.6
5	烧结碱度（2.1，2.17］和烧结 SiO_2（4.78，5.13］和烧结粒径（16.92，19.41］	（9347.6，13447.8］	75.2	5.2
6	烧结 FeO（9.25，10.48］和烧结碱度（2.0，2.1］和烧结粒径（16.92，19.41］	（4114.0，9347.6］	75.0	1.5
7	烧结 SiO_2（5.28，5.59］和烧结碱度（2.1，2.17］和烧结粒径（20.93，26.49］	（13447.8，20232.7］	72.6	3.0
8	烧结 SiO_2（4.78，5.13］和烧结碱度（2.0，2.1］和烧结粒径（20.93，26.49］	（9347.6，13447.8］	72.3	2.7
9	烧结 FeO（8.6，9.25］和烧结 SiO_2（4.78，5.13］和烧结碱度（2.0，2.1］和烧结粒径（20.93，26.49］	（9347.6，13447.8］	72.1	1.8
10	烧结 FeO（7.08，8.6］和烧结碱度（2.0，2.1］和烧结粒径（20.93，26.49］	（9347.6，13447.8］	71.6	2.7

续表 3-6

规则	关联规则输入条件	热负荷输出结果	置信度/%	支持度/%
11	烧结 FeO (8.6, 9.25] 和烧结碱度 (2.17, 2.32] 和烧结 SiO_2 (4.78, 5.13] 和烧结粒径 (16.92, 19.41]	(4114.0, 9347.6]	71.4	2.3
12	烧结 SiO_2 (5.13, 5.28] 和烧结碱度 (2.0, 2.1] 和烧结粒径 (20.93, 26.49]	(9347.6, 13447.8]	71.0	5.3

由表 3-4 中的规则 1、2、4 可以看出，当烧结 SiO_2 ∈ (4.78, 5.13] 和烧结碱度 ∈ (2.0, 2.1] 和烧结粒径 ∈ (16.92, 19.41]、烧结 FeO ∈ (9.25, 10.48] 和烧结碱度 ∈ (2.0, 2.1] 和烧结粒径 ∈ (16.92, 19.41]、烧结碱度 ∈ (2.0, 2.1] 和烧结粒径 ∈ (16.92, 19.41] 时，焦比 ∈ (315.07, 340.34] 的概率较高；整理后可得，当烧结为低碱度、小粒径时，低焦比的概率较高。

由表 3-4 中的规则 3、5～8 可以看出，当烧结 SiO_2 ∈ (4.78, 5.13] 和烧结 FeO ∈ (9.25, 10.48] 和烧结粒径 ⊂ (20.93, 26.49]、烧结 SiO_2 ∈ (4.78, 5.13] 和烧结粒径 ∈ (20.93, 26.49] 和烧结碱度 ∈ (2.1, 2.17]、烧结碱度 ∈ (2.17, 2.32] 和烧结粒径 ∈ (19.41, 20.93]、烧结 FeO ∈ (9.25, 10.48] 和烧结 SiO_2 ∈ (4.78, 5.13] 和烧结碱度 ∈ (2.1, 2.17]、烧结 FeO ∈ (9.25, 10.48] 和烧结粒径 ∈ (19.41, 20.93] 和烧结碱度 ∈ (2.1, 2.17] 时，焦比 ∈ (340.34, 359.09] 的概率较高；整理后可得，当烧结为低 SiO_2、中等碱度、高 FeO，或高碱度、中等粒度时，中等焦比水平的概率较高。

当 $k=3$ 时，K 值与烧结质量得出的关联规则达 87 项，仅选取置信度大于等于 92% 和有代表性的关联规则进行展示。

表 3-5 中的规则 1、3、6、9、10 均含有烧结粒径 ∈ (20.93, 26.49]，经查证，规则 14 为烧结粒径 ∈ (20.93, 26.49]，置信度为 88.4%，支持度达 25.1%，为强关联规则；由规则 8 可知，当烧结 FeO ∈ (7.08, 8.6] 和烧结碱度 ∈ (2.0, 2.1] 和烧结 SiO_2 ∈ (5.28, 5.59] 时，K 值 ∈ (2.73, 3.22] 的概率较高；整理后可得，当烧结矿为大粒度，或低 FeO、低碱度、高 SiO_2 时，高 K 值的概率较高。

表 3-5 中的规则 2、4、5、11、12 均含有烧结 SiO_2 (4.78, 5.13] 和烧结粒径 (16.92, 19.41] (规则 13)，该条规则置信度为 92.1%，支持度为 15.3%，为强关联规则；由规则 7 可知，当烧结 FeO ∈ (7.08, 8.6] 和烧结碱度 ∈ (2.1, 2.17] 和烧结粒径 ∈ (16.92, 19.41] 时，K 值 ∈ (2.16, 2.47] 的概率较高；整理后可得，当烧结矿为低 SiO_2、小粒度，或低 FeO、中等碱度、小粒度时，低 K 值的概率较高。

由表 3-6 中的规则 1、3、6、11 可以看出，当烧结 SiO_2 ∈ (5.13, 5.28] 和烧结碱度 ∈ (2.0, 2.1] 和烧结粒径 ∈ (16.92, 19.41]、烧结 SiO_2 ∈ (5.13, 5.28] 和烧结 FeO ∈ (9.25, 10.48] 和烧结粒径 ∈ (16.92, 19.41]、烧结 FeO ∈ (9.25, 10.48] 和烧结碱度 ∈ (2.0, 2.1] 和烧结粒径 ∈ (16.92, 19.41]、烧结 FeO ∈ (8.6, 9.25] 和烧结碱度 ∈ (2.17, 2.32] 和烧结 SiO_2 ∈ (4.78, 5.13] 和烧结粒径 ∈ (16.92, 19.41] 时，热负荷 ∈ (4114.0, 9347.6] 的概率较高；整理后可得，当烧结在小粒度的条件下，烧结为中等 SiO_2、低碱度、高 FeO，或低 SiO_2、高碱度、中等 FeO 时，低热负荷的概率较高。

由表 3-6 中的规则 2、4、5、8~10、12 可以看出，当烧结 FeO ∈ (8.6, 9.25] 和烧结碱度 ∈ (2.1, 2.17] 和烧结 SiO_2 ∈ (4.78, 5.13] 和烧结粒径 ∈ (16.92, 19.41]、烧结 SiO_2 ∈ (5.13, 5.28] 和烧结 FeO ∈ (9.25, 10.48] 和烧结碱度 ∈ (2.0, 2.1] 和烧结粒径 ∈ (20.93, 26.49]、烧结碱度 ∈ (2.1, 2.17] 和烧结 SiO_2 ∈ (4.78, 5.13] 和烧结粒径 ∈ (16.92, 19.41]、烧结 SiO_2 ∈ (4.78, 5.13] 和烧结碱度 ∈ (2.0, 2.1] 和烧结粒径 ∈ (20.93, 26.49]、烧结 FeO ∈ (8.6, 9.25] 和烧结 SiO_2 ∈ (4.78, 5.13] 和烧结碱度 ∈ (2.0, 2.1] 和烧结粒径 ∈ (20.93, 26.49]、烧结 FeO ∈ (7.08, 8.6] 和烧结碱度 ∈ (2.0, 2.1] 和烧结粒径 ∈ (20.93, 26.49]、烧结 SiO_2 ∈ (5.13, 5.28] 和烧结碱度 ∈ (2.0, 2.1] 和烧结粒径 ∈ (20.93, 26.49] 时，热负荷 ∈ (9347.6, 13447.8] 的概率较高；整理后可得，当烧结为低碱度、大粒度、低 FeO、中等以下 SiO_2 含量时，或者烧结为中等碱度、低 SiO_2、小粒度时，中等水平的热负荷概率较高。

由表 3-6 中的规则 7 可以看出，当烧结 SiO_2 ∈ (5.28, 5.59] 和烧结碱度 ∈ (2.1, 2.17] 和烧结粒径 ∈ (20.93, 26.49] 时，热负荷 ∈ (13447.8, 20232.7] 的概率较高，即当烧结为高 SiO_2、中等碱度、大粒度时，高热负荷的概率较高。

将数据聚类数目设定为 3 是一种粗略的划分，下文将增加聚类数目，进行更加深入、精细的关联规则挖掘。

当聚类数目为 4 时，将数值划分为高、中高、中低、低 4 个区间，离散化后的数值区间见表 3-7。

表 3-7　$k=4$ 时高炉参数离散化数值区间

参数名称	数值区间 1	数值区间 2	数值区间 3	数值区间 4
焦比 /kg·t^{-1}	(315.07, 336.27]	(336.27, 349.5]	(349.5, 363.16]	(363.16, 402.83]
K 值	(2.16, 2.45]	(2.45, 2.67]	(2.67, 2.89]	(2.89, 3.22]
热负荷 /10 MJ·h^{-1}	(4114.0, 8665.4]	(8665.4, 11846.1]	(11846.1, 14981.8]	(14981.8, 20232.7]
烧结碱度	(2.0, 2.08]	(2.08, 2.13]	(2.13, 2.2]	(2.2, 2.32]
烧结粒径 /mm	(16.92, 19.19]	(19.19, 20.43]	(20.43, 21.65]	(21.65, 26.49]
烧结 FeO/%	(7.08, 8.36]	(8.36, 8.89]	(8.89, 9.4]	(9.4, 10.48]
烧结 SiO_2/%	(4.78, 5.1]	(5.1, 5.22]	(5.22, 5.34]	(5.34, 5.59]

焦比与烧结质量的关联规则为 0 条，K 值、热负荷与烧结质量的关联规则挖掘结果分别见表 3-8 和表 3-9。

表 3-8　$k=4$ 时 K 值与烧结质量关联规则挖掘结果

规则	关联规则输入条件	K 值输出结果	置信度/%	支持度/%
1	烧结碱度 (2.13, 2.2] 和烧结 FeO (8.36, 8.89] 和烧结 SiO_2 (4.78, 5.1] 和烧结粒径 (16.92, 19.19]	(2.16, 2.45]	95.9	2.7
2	烧结碱度 (2.13, 2.2] 和烧结 SiO_2 (4.78, 5.1] 和烧结粒径 (16.92, 19.19]	(2.16, 2.45]	93.8	4.3

续表 3-8

规则	关联规则输入条件	*K* 值输出结果	置信度/%	支持度/%
3	烧结碱度（2.13，2.2］和烧结 FeO（8.36，8.89］和烧结粒径（16.92，19.19］	（2.16，2.45］	93.2	4.7
4	烧结粒径（16.92，19.19］和烧结 FeO（7.08，8.36］和烧结 SiO_2（5.1，5.22］	（2.16，2.45］	92.1	2.0
5	烧结碱度（2.13，2.2］和烧结粒径（16.92，19.19］和烧结 SiO_2（5.1，5.22］	（2.16，2.45］	90.5	3.2
6	烧结 FeO（8.36，8.89］和烧结碱度（2.08，2.13］和烧结粒径（16.92，19.19］	（2.16，2.45］	90.0	1.5
7	烧结碱度（2.13，2.2］和烧结 FeO（8.36，8.89］和烧结 SiO_2（4.78，5.1］	（2.16，2.45］	89.1	3.2
8	烧结 SiO_2（4.78，5.1］和烧结碱度（2.08，2.13］和烧结粒径（16.92，19.19］	（2.16，2.45］	88.6	2.2
9	烧结 FeO（8.36，8.89］和烧结 SiO_2（4.78，5.1］和烧结粒径（16.92，19.19］	（2.16，2.45］	88.0	5.0
10	烧结 FeO（7.08，8.36］和烧结粒径（16.92，19.19］	（2.16，2.45］	87.1	5.7
11	烧结 SiO_2（4.78，5.1］和烧结粒径（16.92，19.19］	（2.16，2.45］	86.8	10.8
12	烧结碱度（2.13，2.2］和烧结 SiO_2（4.78，5.1］	（2.16，2.45］	86.7	5.6
13	烧结碱度（2.2，2.32］和烧结 FeO（7.08，8.36］	（2.16，2.45］	86.4	3.2
14	烧结 FeO（8.36，8.89］和烧结粒径（16.92，19.19］	（2.16，2.45］	86.2	8.8
15	烧结碱度（2.13，2.2］和烧结 FeO（7.08，8.36］和烧结粒径（16.92，19.19］	（2.16，2.45］	86.0	2.1
16	烧结 FeO（8.36，8.89］和烧结粒径（16.92，19.19］和烧结 SiO_2（5.1，5.22］	（2.16，2.45］	86.0	2.1
17	烧结碱度（2.2，2.32］和烧结粒径（16.92，19.19］和烧结 FeO（7.08，8.36］	（2.16，2.45］	86.0	2.8
18	烧结 SiO_2（4.78，5.1］和烧结 FeO（7.08，8.36］	（2.16，2.45］	85.5	3.7
19	烧结 SiO_2（4.78，5.1］和烧结 FeO（7.08，8.36］和烧结粒径（16.92，19.19］	（2.16，2.45］	85.5	3.0
20	烧结 SiO_2（4.78，5.1］和烧结 FeO（8.89，9.4］和烧结粒径（16.92，19.19］	（2.16，2.45］	85.4	2.3
21	烧结碱度（2.2，2.32］和烧结 SiO_2（4.78，5.1］和烧结 FeO（7.08，8.36］	（2.16，2.45］	84.2	1.8

续表 3-8

规则	关联规则输入条件	K 值输出结果	置信度/%	支持度/%
22	烧结碱度（2.2，2.32］和烧结 SiO_2（4.78，5.1］和烧结粒径（16.92，19.19］和烧结 FeO（7.08，8.36］	（2.16，2.45］	83.3	1.7
23	烧结碱度（2.13，2.2］和烧结粒径（16.92，19.19］	（2.16，2.45］	81.2	10.0
24	烧结碱度（2.2，2.32］和烧结 SiO_2（4.78，5.1］和烧结粒径（16.92，19.19］	（2.16，2.45］	79.0	3.6
25	烧结粒径（16.92，19.19］和烧结 SiO_2（5.1，5.22］	（2.16，2.45］	78.1	7.1
26	烧结粒径（16.92，19.19］	（2.16，2.45］	77.5	22.5

表 3-9 *k*=4 时热负荷与烧结质量关联规则挖掘结果

规则	关联规则输入条件	热负荷输出结果	置信度/%	支持度/%
1	烧结 SiO_2（5.22，5.34］和烧结碱度（2.2，2.32］	（8665.4，11846.1］	81.8	1.5
2	烧结 SiO_2（4.78，5.1］和烧结碱度（2.08，2.13］和烧结粒径（16.92，19.19］	（8665.4，11846.1］	72.7	1.8
3	烧结 SiO_2（4.78，5.1］和烧结粒径（20.43，21.65］	（11846.1，14981.8］	71.2	2.1

表 3-8 的规则中结果项都是 *K* 值∈（2.16，2.45］的关联规则，且大多规则中含有烧结粒径∈（16.92，19.19］；烧结粒径∈（16.92，19.19］时 *K* 值∈（2.16，2.45］的置信度为 77.5%，支持度达 22.5%，为强关联规则；由关联规则 7、12、13、18、21 可知，当烧结碱度∈（2.13，2.2］和烧结 FeO∈（8.36，8.89］和烧结 SiO_2∈（4.78，5.1］、烧结碱度∈（2.13，2.2］和烧结 SiO_2∈（4.78，5.1］、烧结碱度∈（2.2，2.32］和烧结 FeO∈（7.08，8.36］、烧结 SiO_2∈（4.78，5.1］和烧结 FeO∈（7.08，8.36］、烧结碱度∈（2.2，2.32］和烧结 SiO_2∈（4.78，5.1］和烧结 FeO∈（7.08，8.36］时，*K* 值∈（2.16，2.45］的概率较高；整理后可得，当烧结为小粒度，或中上等碱度、低 SiO_2，或高碱度、低 FeO，或低 SiO_2、低 FeO 时，低 *K* 值的概率较高。

由表 3-9 中的规则 1、2 可以看出，当烧结 SiO_2∈（5.22，5.34］和烧结碱度∈（2.2，2.32］、烧结 SiO_2∈（4.78，5.1］和烧结碱度∈（2.08，2.13］和烧结粒径∈（16.92，19.19］时，热负荷∈（8665.4，11846.1］的概率较高；整理后可得，当烧结为中上等 SiO_2、高碱度，或低 SiO_2、中下等碱度、小粒度时，中下等热负荷水平的概率较高。

由表 3-9 中的规则 3 可以看出，当烧结 SiO_2∈（4.78，5.1］和烧结粒径∈（20.43，21.65］时，热负荷∈（11846.1，14981.8］的概率较高，即当烧结为低 SiO_2、中上等粒度时，中上等热负荷水平的概率较高。

通过对上述关联规则分析，从中提取出了烧结质量指标的合理范围，并做了定性描述；随着继续增加聚类数目，挖掘出的结果更加精细化，其结果可以作为高炉专家系统的规则项进行在线监控和预警，但是挖掘出的规则量会不断减少，做定性描述也更加困难。聚类数目为 5、6 的 K 值与烧结质量关联规则挖掘结果见表 3-10 和表 3-11。

表 3-10 $k=5$ 时 K 值与烧结质量关联规则挖掘结果

规则	关联规则输入条件	K 值输出结果	置信度/%	支持度/%
1	烧结碱度（2.21，2.32］和烧结 SiO_2（4.78，5.07］	（2.38，2.51］	79.7	3.3
2	烧结碱度（2.21，2.32］和烧结粒径（16.92，18.7］和烧结 SiO_2（4.78，5.07］	（2.38，2.51］	75.9	2.3
3	烧结碱度（2.21，2.32］和烧结粒径（18.7，19.64］	（2.38，2.51］	71.7	2.2
4	烧结 SiO_2（5.36，5.59］和烧结粒径（20.65，21.78］	（2.7，2.89］	70.7	2.3

表 3-11 $k=6$ 时 K 值与烧结质量关联规则挖掘结果

规则	关联规则输入条件	K 值输出结果	置信度/%	支持度/%
1	烧结碱度（2.18，2.23］和烧结 SiO_2（4.78，5.06］	（2.38，2.51］	82.4	2.4
2	烧结粒径（16.92，18.56］和烧结碱度（2.18，2.23］	（2.38，2.51］	72.2	2.2
3	烧结碱度（2.23，2.32］和烧结 SiO_2（4.78，5.06］	（2.38，2.51］	71.7	1.9

本节采用 FP-Growth 算法对烧结矿质量与焦比、K 值、热负荷的关系由浅入深地进行了关联规则挖掘，得到了大量关联规则，量化了烧结矿质量参数的合理控制范围，为高炉关键炉况参数的优化提供了依据。

3.2 时序型数据的高炉参数关联规则挖掘

Apriori 和 FP-Growth 关联规则挖掘算法的数据必须为离散型数据，在实现算法前需要进行转化，而且数据挖掘结果也是离散型数据。然而，高炉生产过程中大多数据为时序型数据，而且数据挖掘的结果也最好是精确的数值或数值范围。因此，时序型数据的关联规则挖掘方法成为了一项重要的课题。

由于高炉的复杂性和多变性，采用传统的回归方法分析控制参数和炉况参数的关系时，如果控制参数不是炉况参数的主影响因子，难以得出两者的回归关系式，或者得出的回归关系式经常与实际情况不符。针对上述问题，本书提出了一种确定高炉控制参数合理范围的方法，主要思路是：首先计算控制参数变化后炉况参数变化趋向的概率，随后对概率分布进行分析，得出控制参数的合理区间。采用该方法时控制参数可以不是结果参数的主影响因子，两者之间不需要成线性关系。具体步骤如下：

步骤 1：数据预处理。采集控制参数 X 和目标参数 Y，在选取数据时，为了更真实地反映高炉运行参数，需剔除休风、慢风、外围导致减风、护炉期间、原燃料明显变差等时期的数据。

步骤2：统计控制参数 X 的最大值 X_{max} 和最小值 X_{min}，将 $X_{min} \sim X_{max}$ 进行50等分，得到数据集 $A = [X_{min}, X_2, X_3, \cdots, X_{49}, X_{max}]$，从中选取一个数据 X_m。

步骤3：计算 X 升高至 X_m 时 Y 升高的概率 P_m。按时间顺序统计 X 升高至 X_m 的次数 nsum 和 X 升高至 X_m 时 Y 也升高的次数 n_y，得出 $P_m = n_y/\text{nsum}$；X 升高至 X_m 的评判依据为：$X_i \geqslant X_m$，但 $X_{i-1} < X_m$。

步骤4：对 P_m 进行连续性分析。依次计算数据集 A 内各点数据升高时 Y 升高的概率 P_m，绘制曲线，即可得出 X 与 Y 的关系。

步骤5：根据 P_m 确定 X 的合理范围。一般而言，$P_m \geqslant 55\%$ 的区间为 X 升高会导致 Y 升高的区间，$P_m \leqslant 45\%$ 的区间为 X 升高会导致 Y 降低的区间，两者之间有关联性；当 $P_m \geqslant 65\%$ 或 $P_m \leqslant 35\%$ 时，表明该区间两者关联性非常强。

同理，也可以分析当 X 降低时 Y 变化趋向的概率，然后综合分析 X 的合理范围，以下是对该时序关联规则挖掘方法的应用。

3.2.1 烧结 SiO_2 含量与 K 值的关联规则挖掘

首先，采集烧结 SiO_2 含量与 K 值日平均值，烧结 SiO_2 含量与 K 值的散点图如图 3-5 所示。

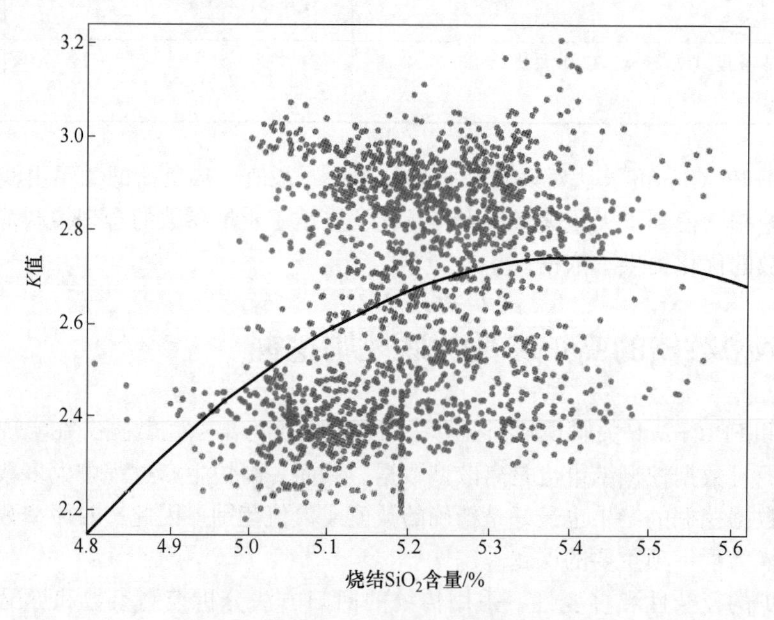

图 3-5 烧结 SiO_2 含量与 K 值的散点图

从图 3-5 可以看出，烧结 SiO_2 含量与 K 值的相关性不强。烧结 SiO_2 含量小于 5.28% 时，烧结 SiO_2 含量与 K 值正相关，即降低烧结 SiO_2 含量有利于降低 K 值。但是在实际生产过程中发现，当烧结 SiO_2 含量较低时，降低烧结 SiO_2 含量 K 值经常会升高。

按上述步骤，分析烧结 SiO_2 含量升高和降低至 X_m 时 K 值也升高的概率 P_m，将计算结果绘制为关联规则图，即可得出烧结 SiO_2 含量升高和降低时 K 值的变化情况，二者的关联关系如图 3-6 所示。

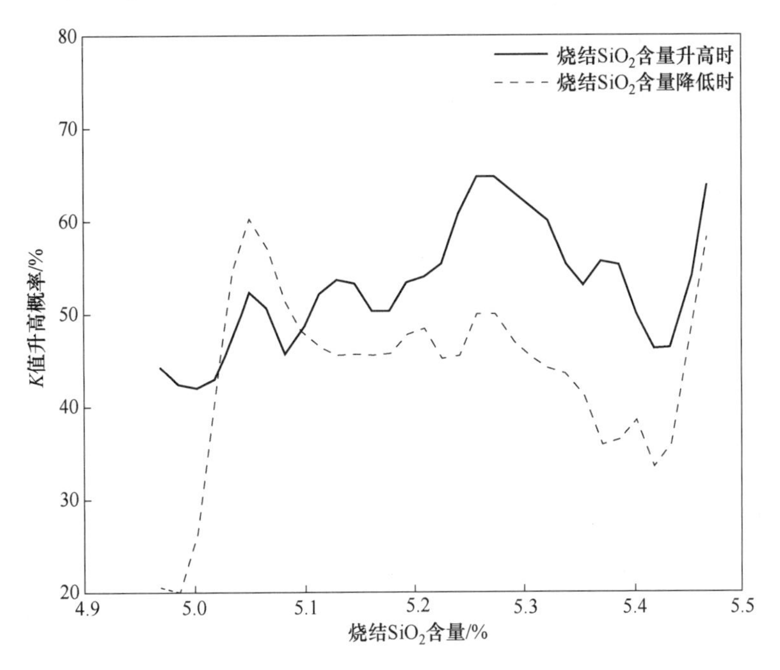

图 3-6 烧结 SiO_2 含量与 K 值的关联规则

由图 3-6 可以看出，在烧结 SiO_2 含量升高的曲线中，烧结 SiO_2 含量处于 5.24%～5.34%范围内 K 值的升高概率大于 55%，表明随着烧结 SiO_2 含量的升高 K 值具备升高态势；当烧结 SiO_2 含量大于 5.45%时，K 值的升高概率逐步增大，烧结 SiO_2 含量升高时 K 值升高。由烧结矿 SiO_2 含量降低曲线可知，烧结 SiO_2 含量在 5.03%～5.08%时，随着烧结 SiO_2 含量的减少 K 值升高概率逐渐增加。

与传统的统计方法相比，该方法所得结果不仅符合实际生产情况，还可以用于深度分析高炉参数之间内在的关联性。

3.2.2 铁水测温与热负荷的关联规则挖掘

在高炉操作过程中，确定合理的铁水温度非常关键。通常，铁水温度降低时炉内软熔带位置也会同步下移，如果变化太大会引起高炉气流变化，热负荷升高；尤其是铁水温度过低会影响高炉正常还原进程，渣铁流动性变差，导致高炉透气性变差，容易引起炉况失常。在传统的高炉操作控制过程中，对铁水温度下限的控制为经验值，没有形成量化控制，需利用数据挖掘技术进一步探索分析。

铁水测温与热负荷之间的影响周期短，所以数据分析时采用小时平均值。铁水测温与热负荷的散点图如图 3-7 所示。

从图 3-7 可以看出，铁水测温与热负荷的相关性并不强，总体呈负相关关系。

采用开发的时序型数据关联规则挖掘方法对铁水测温与热负荷进行关联规则挖掘，二者的关联关系如图 3-8 所示。

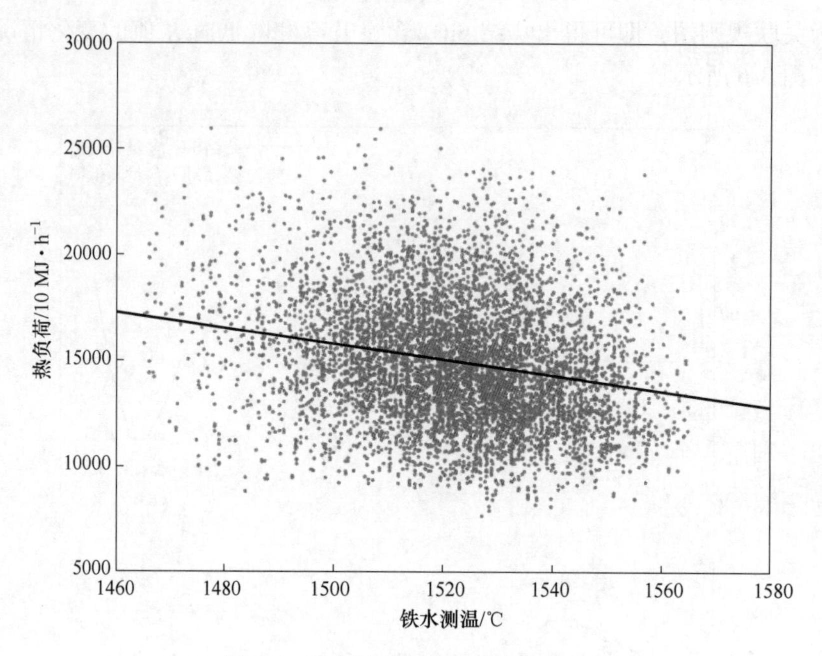

图 3-7　铁水测温与热负荷的散点图

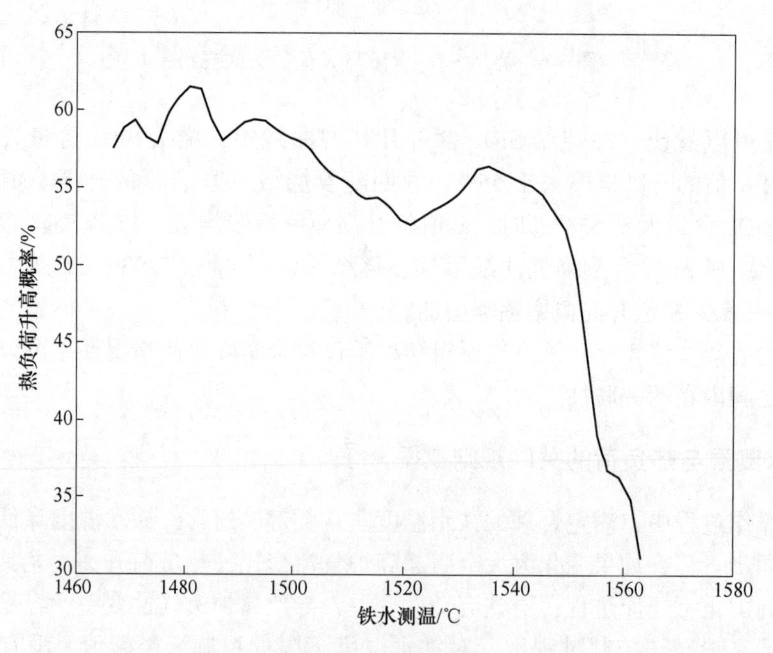

图 3-8　铁水测温与热负荷的关联规则

从图 3-8 可以看出，当铁水测温低于 1510 ℃时，热负荷升高的概率大于 55%，随着铁水测温的降低，热负荷升高的概率逐步升高；当铁水测温降低至 1481 ℃时，热负荷升高的概率为 62%。由此可以得出结论：理想状态下铁水测温应该高于 1510 ℃；如果炉热不稳定，建议铁水测温不能长期低于 1481 ℃；如果铁水测温持续达不到目标值，应果断提热，避免引起炉况波动。

3.2.3 炉身静压与热负荷的关联规则挖掘

在大型高炉操作过程中，高炉气流的变化通常以热负荷的波动表现出来，只有将热负荷控制在一定范围内才能保证炉况顺行，因此对热负荷波动做出准确的预判非常关键。通常，炉身静压波动早于热负荷波动，二者具有较好的关联性。因此，利用炉身静压波动情况预判热负荷波动是一种有效途径。提前对热负荷波动做出准确的预判并及时采取恰当的调剂措施，不仅有利于稳定炉热控制，而且可以避免炉况的大幅波动，对高炉操作具有重要的指导意义[13]。

现代大型高炉通常在炉身 4 个方位（4~5 层）安装压力测量仪，用来检测和判断高炉炉身气流的压力分布，所测压力称为静压。利用炉身静压不仅可以得到高炉各段标高的压差，而且可以利用 4 个方位的静压极差来判断炉身圆周气流的均匀性。

炉身静压与热负荷之间的影响周期短，所以数据分析时采用小时平均值，数据预处理方法同 3.2.2 节。通过对高炉参数的相关性分析，发现 25 m 炉身静压极差、29 m 炉身静压极差与热负荷具有一定的相关性，其散点图分别如图 3-9 和图 3-10 所示。

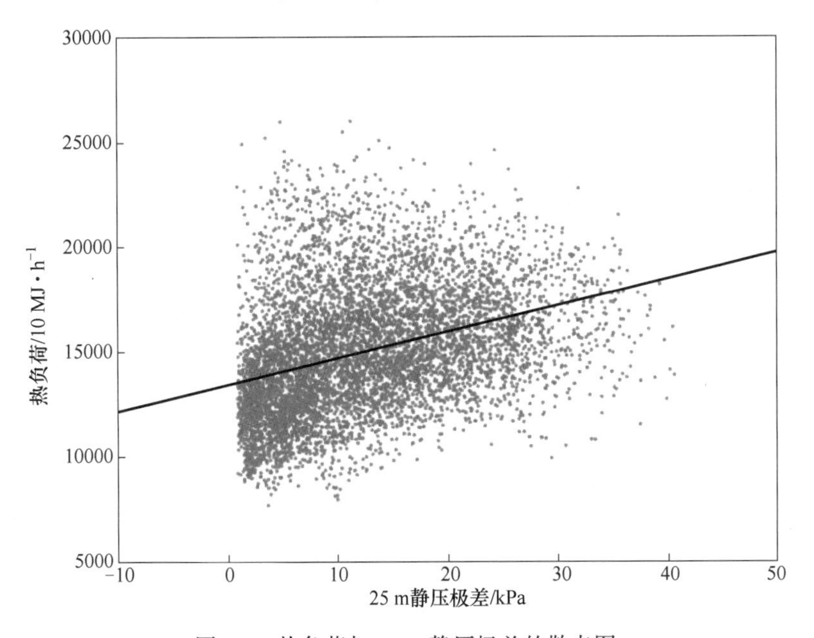

图 3-9 热负荷与 25 m 静压极差的散点图

炉身静压和热负荷的时序关联规则挖掘的目的是探索炉身静压变化时热负荷的波动情况，以确定炉身静压的合理范围。本节将分析当 25 m 静压极差、29 m 静压极差波动时热负荷升高 10%、13%、16%和 19%的概率，从中挖掘关联规则，结果如图 3-11 和图 3-12 所示。

由图 3-11 可知，25 m 静压极差超过 20 kPa 时，热负荷升高 10%的概率大于 55%；25 m 静压极差超过 30 kPa 时，热负荷升高 13%的概率大于 55%；25 m 静压极差波动继续增大时，热负荷升高 16%的概率在 45%左右，而热负荷升高 19%的概率低于 45%。由此可以看出，当 25 m 静压极差超过 20 kPa 时，热负荷通常会升高 10%~16%，这在实际高

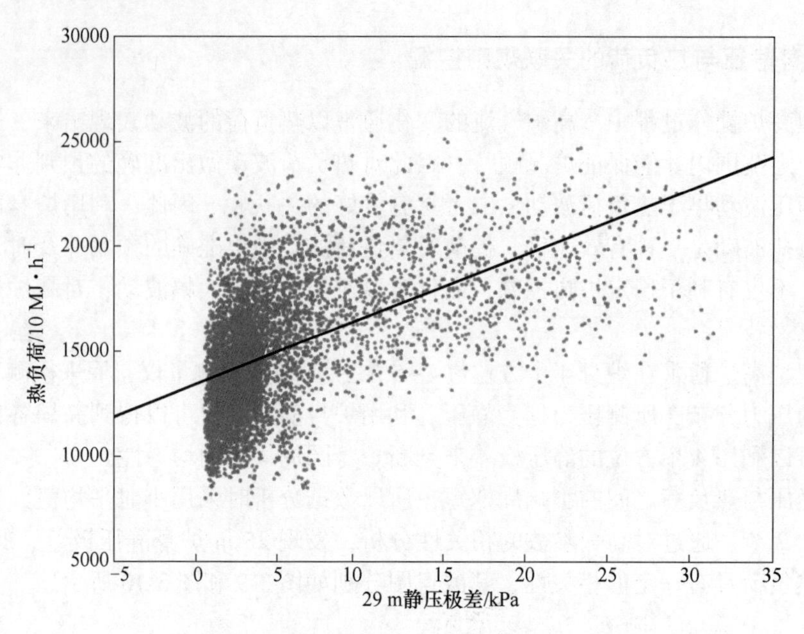

图 3-10 热负荷与 29 m 静压极差的散点图

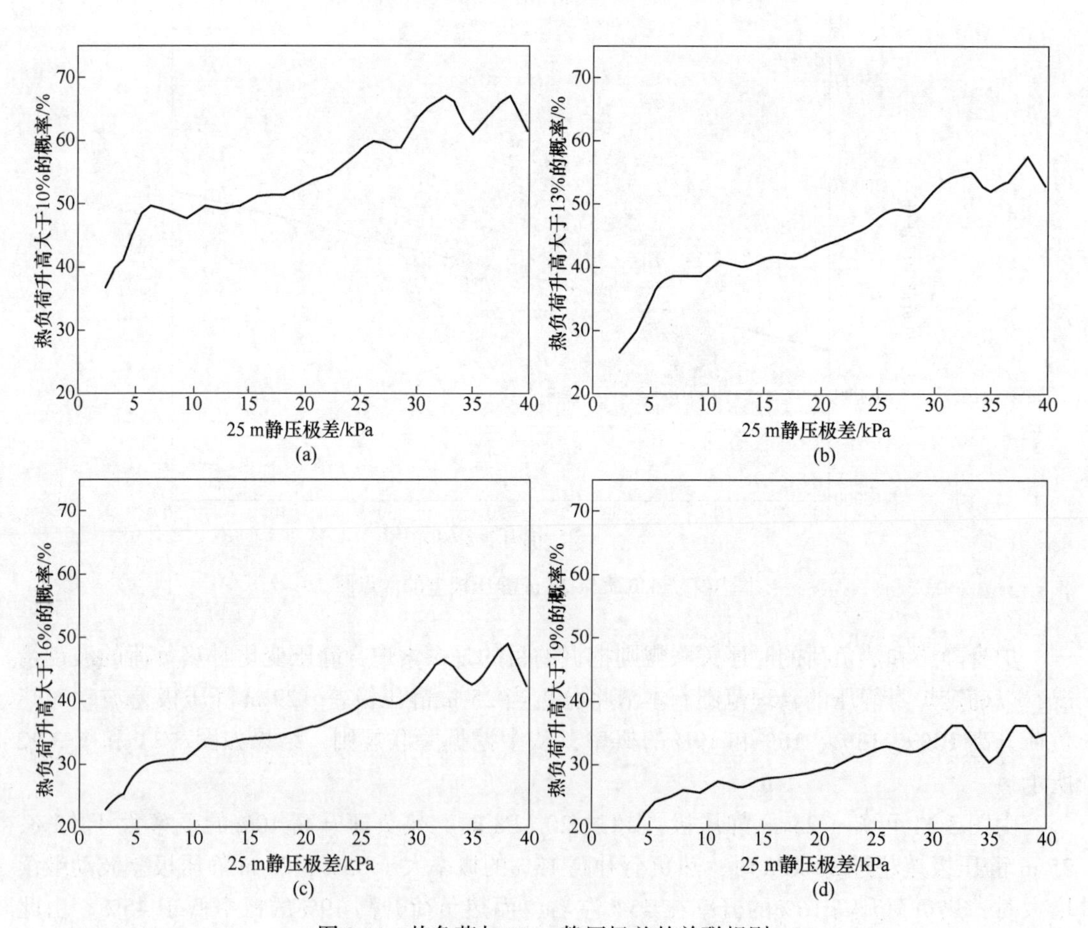

图 3-11 热负荷与 25 m 静压极差的关联规则

(a) 热负荷升高>10%的概率；(b) 热负荷升高>13%的概率；(c) 热负荷升高>16%的概率；(d) 热负荷升高>19%的概率

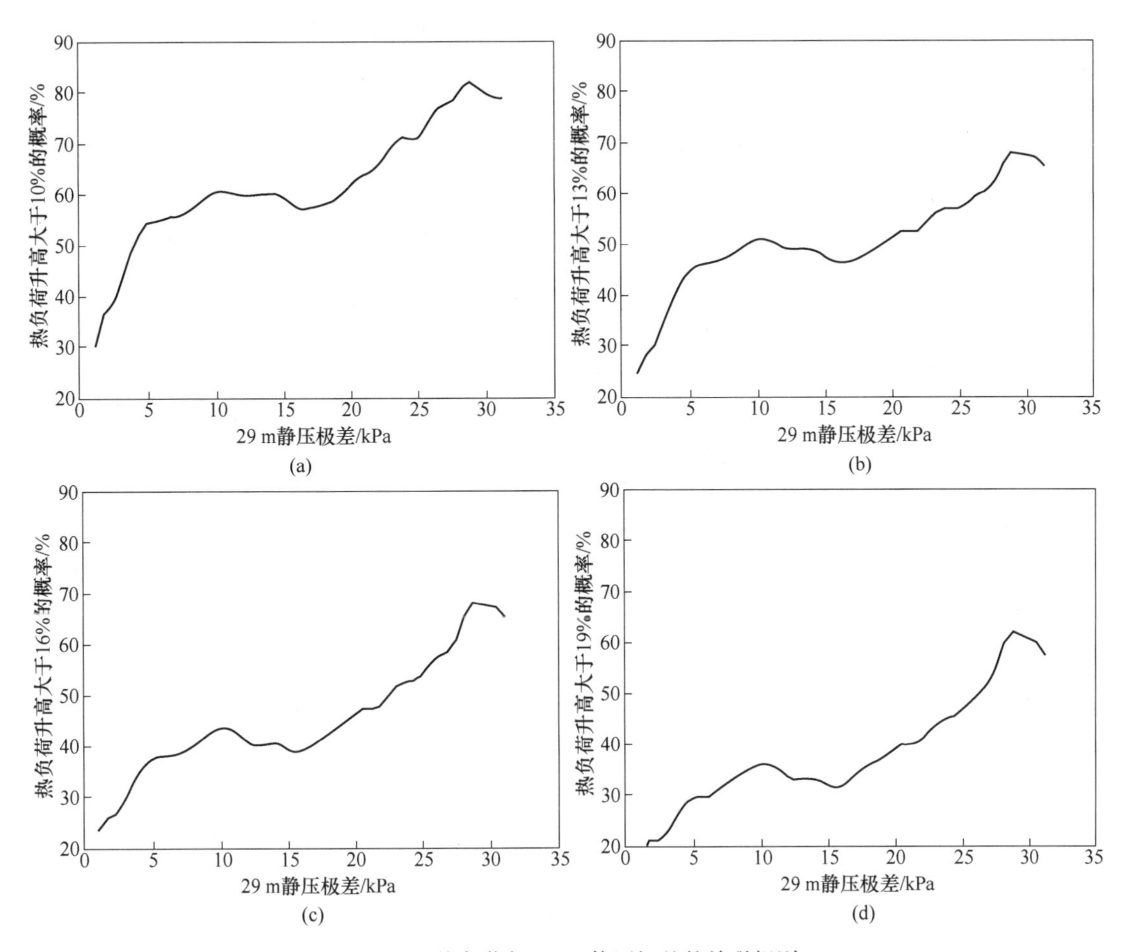

图 3-12 热负荷与 29 m 静压极差的关联规则

(a) 热负荷升高>10%的概率；(b) 热负荷升高>13%的概率；(c) 热负荷升高>16%的概率；(d) 热负荷升高>19%的概率

炉操作过程中的意义是：25 m 静压极差升高通常会造成热负荷升高，但波动幅度不会很大，在应对时采取常规手段即可。

由图 3-12 可知，29 m 静压极差超过 5 kPa 时，热负荷升高 10% 的概率大于 55%；29 m 静压极差超过 23 kPa 时，热负荷升高 13% 的概率大于 55%；29 m 静压极差超过 26 kPa 时，热负荷升高 16%的概率大于 55%；29 m 静压极差超过 28 kPa 时，热负荷升高 19%的概率大于 55%。由此得出，29 m 静压极差超过 5 kPa 时就会导致热负荷的波动，随着 29 m 静压极差的增大，热负荷波动幅度超过 19%，会对炉况造成较大影响。因此，在高炉操作过程中，当 29 m 静压极差超过 5~26 kPa 时，采取常规手段控制即可；当 29 m 静压极差超过 26 kPa 时，需采取果断措施，及时控制气流，避免热负荷大幅波动，保证炉况在可控范围内。

通过对炉身静压和热负荷的关联规则分析，提前判断炉内气流变化成为可能。目前，利用炉身静压控制炉内气流已成为高炉日常操作的一项重要手段，为保持高炉长周期稳定顺行奠定了基础。

综上所述，利用时序关联规则挖掘可以深入探索高炉参数之间的内在关系，将优化参数进一步量化、精细化，得出高炉参数的控制标准，进而指导高炉操作，改善高炉运行状况，提高高炉冶炼水平。

3.3 高炉参数关联规则库的建立

高炉炼铁常用“七分原料，三分操作”来形容原燃料质量和高炉操作在高炉生产中的作用。然而，资源与能源的短缺已经逐渐成为限制中国炼铁工业发展的重要因素，越来越多的企业开始使用经济料进行冶炼。在现有原燃料条件下，改善高炉操作越来越重要。原燃料质量和高炉操作共同决定了高炉生产是否能够实现稳定顺行、增产降耗。因此，本节通过对焦比、透气性、热流强度、煤气利用率、铁水产量、炉热、炉缸活跃性与原燃料、过程操作参数之间的关联规则进行整合，建立了高炉参数关联规则库。

高炉参数关联规则库共分为四层，如图 3-13 所示，自顶向下分别为：目标层、炉况层、原燃料和操作层。目标层作为顶层代表高炉生产过程中最关注的经济指标：铁水产量和燃料消耗，属于结果性指标，并且常被用作反映炉况好坏的标签，因此目标层由铁水产量和燃料比决定。炉况层作为中间层代表高炉炉况运行状态，由透气性指数、煤气利用率、高炉热流强度、炉缸活跃性、炉热 5 大炉况关键指标构成，其属于过程状态指标，能够较准确、全面地反映高炉冶炼状态，科学表征炉况。原燃料和操作层代表影响高炉炉况状态和生产经济指标的底层因素，由原燃料和操作层（一）以及原燃料和操作层（二）构成。原燃料和操作层（一）由原燃料质量、高炉布料制度、高炉送风制度、高炉喷煤制度、高炉渣铁制度和高炉冷却制度构成；原燃料和操作层（二）为原燃料和操作层（一）的进一步解释，包括具体的原燃料系列参数和操作制度系列参数、高炉参数。原燃料和操作层中原燃料质量和高炉操作参数共同决定了炉况层中透气性、热流强度、煤气利用率等关键炉况指标的稳定性；炉况的稳定顺行直接决定了高炉的生产效益。因此，高炉参数关联规则库是一个多层级共存的规则搜索库，能够通过搜索获取不同指标对应的不同层级下的关联规则，进而辅助高炉工长根据当前高炉生产情况做出合理决策。

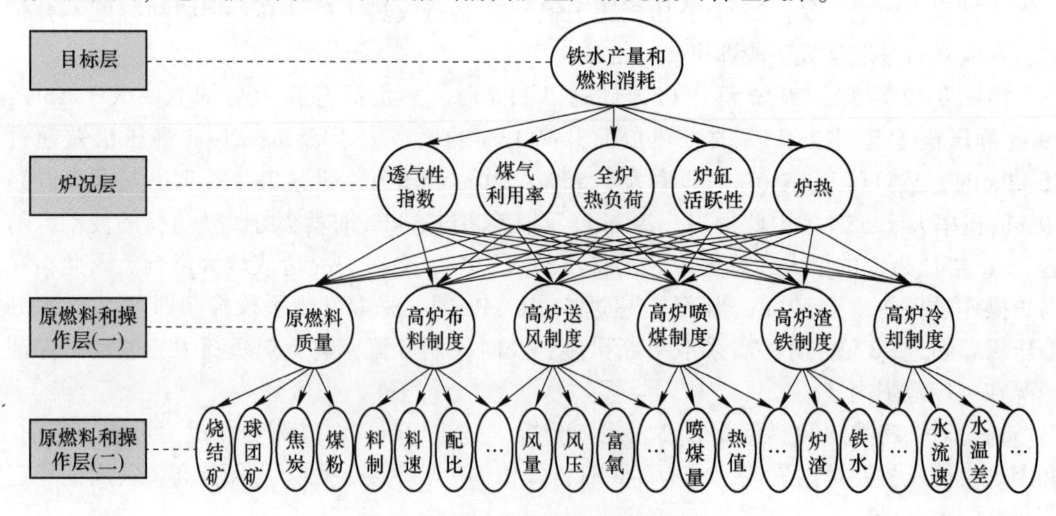

图 3-13 高炉参数关联规则库结构

参 考 文 献

[1] Li J, Tang Y, Xiao X. Applied research of an improved Apriori algorithm in the logistics industry [C]. International Conference on ICMIA. 2016: 356-360.

[2] Peter H. 机器学习实战 [M]. 李锐，李鹏，等译. 北京：人民邮电出版社，2013：6-10.

[3] Thusaranon P, Kreesuradej W. A probability-based incremental association rule discovery algorithm for record insertion and deletion [J]. Artificial Life and Robotics, 2015, 20 (2): 115-123.

[4] Ye Y, Chiang C C. A parallel Apriori algorithm for frequent itemsets mining [C]. International Conference on Software Engineering Research, Management and Applications. IEEE, 2006: 87-94.

[5] Perego R, Orlando S, Palmerini P. Enhancing the Apriori algorithm for frequent set counting [C]. Data Warehousing and Knowledge Discovery, Third International Conference, DaWaK 2001, Munich, Germany, Proceedings. DBLP, 2001: 71-82.

[6] Alekhya M, Ram B R, Hanmanthu B. Apriori algorithm base model of opinion mining for drug review [J]. International Journal of Advanced Trends in Computer Science and Engineering, 2015, 4 (9): 14144-14146.

[7] Yu S, Zhou Y. A prefixed-itemset-based improvement for Apriori algorithm [C]. Computer Science and Information Technology, 2016: 1-9.

[8] Wu Q, Yao Y. Research and improvement of Apriori algorithm based on the matrix decomposition affairs [M]. Multimedia, Communication and Computing Application. 2015: 113-116.

[9] 殷丽凤，李明状. 基于 Apriori 算法的关联规则分析应用 [J]. 电子设计工程，2023，31 (15)：11-14，19.

[10] 王志昊，苏明月，李东方，等. 基于约束的多维 Apriori 改进算法 [J]. 电子技术应用，2023，49 (10)：100-105.

[11] 马瑞敏，吴海霞. 基于 FP-Growth 算法的关联规则挖掘研究及应用 [J]. 太原师范学院学报（自然科学版），2021，20 (1)：19-22.

[12] 刘喜苹，黄国芳，刘雅筠. 基于 FP-Growth 的分布式并行挖掘算法 [J]. 数字技术与应用，2021，39 (10)：55-57.

[13] 李宏飞，崔金丽. 静压差预判炉况技术在 3200 m^3 高炉上的应用 [J]. 天津冶金. 2016，1：7-12.

4　高炉布料仿真模型及其应用

随着高炉大型化和自动化的发展[1]，高炉运行的高效化和操作精细化的要求越来越高，特别是对高炉运行状态有直接影响的布料操作越来越被重视。然而，由于实际生产过程中炉内布料难以测量，如何有效、科学地分析布料参数对炉况的影响是高炉操作者面临的难题。在现有的生产条件下，最有效的方法是建立与生产实际相结合的高炉布料仿真模型，研究布料参数与炉况之间的关系[2]。

传统的料面形状计算方法是根据开炉料面或模型实验将料面形状预设为几段料面曲线，但实际上料面形状是由布料角度、炉料特性、落点的速度和位置等一系列因素共同决定的。根据高炉生产需求，高炉布料仿真模型有最重要的两个功能：一个是分析布料参数变化后料面形状如何变化以及预期对炉况的影响，另一个是分析哪种布料模式更有利于高炉稳定顺行。

4.1　高炉布料仿真模型的设计

布料仿真模型计算过程主要思路：首先设定布料矩阵参数、设备参数、炉料质量和特性等参数，其次将参数代入料流轨迹方程，根据不同的物料或布料矩阵计算出不同的料流轨迹，将计算出的料流落点和速度代入料面方程，得出料面形状，由料面形状可计算出径向炉料分布和径向焦炭负荷等。本模型在料流轨迹计算过程中，对物料和溜槽的碰撞系数和物料在溜槽上运动时的摩擦系数进行了修正，也考虑了煤气流对小粒级矿石的影响，以计算出更精确的物料速度；计算料面形状时基于物料堆角形成机理，得出非线性方程，通过迭代计算出料面方程。

4.1.1　料流轨迹计算

料流阀处初始速度采用如下公式[2]：

$$v_0 = \frac{G}{\pi(2A/L_x - D_i/2)^2} \tag{4-1}$$

式中，G 为实测炉料出节流阀时的流量，m^3/s；A 为节流阀投影面积，m^2；L_x 为节流阀周边边长，m；D_i 为第 i 圈炉料平均粒径，m。

下落的炉料与溜槽碰撞时，当溜槽角度 α 不同时，速度碰撞系数 λ 也应不同。通过对开炉料流轨迹分析可知，当溜槽倾角小于一定角度时，碰撞系数会增大。当溜槽倾角 α 大于 31°时，焦炭碰撞系数取值为 0.70，矿石碰撞系数取值为 0.71[3]，计算结果基本和开炉数据吻合；当溜槽倾角小于 31°时，料槽倾角越小，模型计算结果和开炉数据偏差越大。

因此本模型对碰撞系数进行了修正，其修正式为 $\lambda = k \cdot \cos\alpha$ ，其中 k 为修正系数，取值为0.8~1.0。

物料在溜槽和空区的运动轨迹计算过程如下[4]：

$$C_1 = \sqrt{2gl_0(\cos\alpha - \mu\sin\alpha) + 4\pi^2\omega^2 l_0^2\sin\alpha(\sin\alpha + \mu\cos\alpha) + C_0^2} \tag{4-2}$$

$$L_x = \frac{mC_1^2\sin^2\alpha}{Q - P}\left(\sqrt{\frac{1}{\tan^2\alpha} + \frac{2(Q-P)}{mC_1^2\sin^2\alpha}[l_0(1-\cos\alpha) + h]} - \frac{1}{\tan\alpha}\right) \tag{4-3}$$

$$n = \sqrt{l_0^2\sin^2\alpha + 2l_0L_x\sin\alpha + \left(1 + \frac{4\pi^2\omega^2 l_0^2}{C_1^2}\right)L_x^2} \tag{4-4}$$

式中，l_0 为溜槽长度，m；μ 为物料与溜槽的摩擦系数；C_0 为物料在溜槽上的初始速度，m/s；C_1 为物料在溜槽上的末端速度，m/s；Q 为物料质量，N；P 为煤气阻力，N；h 为物料落程，m；L_x 为物料在空区 x 方向运行距离，m；n 为堆尖距高炉中心线距离，m。

在一般高炉冶炼强度范围内，煤气阻力对炉料的影响主要是粒径小于5 mm的矿石。模型对粒径小于5 mm的矿石采用式（4-3）计算，其他物料计算时煤气阻力取值为0[4]。

在实际布料过程中，当溜槽倾角 α 小于一定角度后，物料颗粒在溜槽表面上的运动不再紧贴表面向下滑动，而是跳跃式前进。在这样的情况下，再谈摩擦系数就失去了意义。通过分析开炉数据，当溜槽倾角小于一定角度后物料与溜槽的摩擦系数会大幅减小。本模型采用的修正方法是：当溜槽倾角大于31°时取值为固定值（可根据开炉数据进行反算得出）；当溜槽倾角小于31°时，摩擦系数修正式为：$\mu = \mu_0\alpha^{0.5}/100$。

通过对比布料仿真模型计算料面与高炉休风实际料面，当采用主料流落点作为料面堆尖时，模型计算结果比实际料面堆尖更远离炉墙；其主要原因是：在高炉布料时外侧的料流会覆盖在主料流之上，而且物料会冲击料面导致堆尖外移，因此改为采用外侧料流落点作为料面堆尖，使计算结果更接近实际料面形状。故需要对溜槽倾角 α 进行修正，修正方法如下：

$$\alpha = \lambda_0 \times \alpha_{主料流} \tag{4-5}$$

4.1.2 料面形状计算

根据能量守恒原理，在炉料运动形成堆角的过程中炉料颗粒初始的动能和势能转变为摩擦消耗的内能。假设 v_0 极小，接近于0时，形成自然堆角 β，此时达到能量平衡，即炉料颗粒的势能刚好转变为摩擦消耗的内能；而当 v_0 大于0时，根据能量守恒得出如下方程：

$$\tan\beta_1 = \tan\beta\bigg/\left(\frac{v_0^2}{2gh} + 1\right) \tag{4-6}$$

式中，β_1 为新堆角，(°)；v_0 为物料沿自然堆角方向的速度，m/s；h 为物料运动垂直高度，m。

根据式（4-6）可知，高度为 h 处新形成的堆角和物料初始速度、自然堆角有关，速度越大，新堆角越小；自然堆角越大，新堆角越大。

以初始落点为坐标原点，水平方向为 x 轴，垂直方向为 y 轴建立坐标系，可得：

$$\frac{\mathrm{d}y}{\mathrm{d}x} = \tan\beta\bigg/\left(\frac{v_0^2}{2gy} + 1\right) \tag{4-7}$$

通过积分计算可得：

$$x = \frac{v_0}{2g\tan\beta}\ln(y + 1) + \frac{y}{\tan\beta} \tag{4-8}$$

在模型计算中，需要计算 x 处对应 y 的值，式（4-8）为非线性方程，计算时用逼近法迭代运算。采用式（4-8）计算时，还需要确定 v_0 的值，假设碰撞前炉料颗粒速度为水平方向 v_x，垂直方向 v_y；当炉料颗粒运动方向和堆角方向相同时，水平方向速度转变为沿自然堆角方向速度 $v_x\cos\beta$，垂直方向速度转变为沿自然堆角方向速度 $\lambda_1 v_y\sin\beta$，其中 λ_1 为碰撞系数，碰撞后炉料颗粒速度为：

$$v_0 = v_x\cos\beta + \lambda_1 v_y\sin\beta \tag{4-9}$$

当炉料颗粒运动方向和堆角方向相反时，水平方向速度转变为沿自然堆角方向速度 $-\lambda_2 v_x cos\beta$，垂直方向速度转变为沿自然堆角方向速度 $\lambda_1 v_y\sin\beta$，撞后炉料颗粒速度为：

$$v_0 = -\lambda_2 v_x\cos\beta + \lambda_1 v_y\sin\beta \tag{4-10}$$

模型在计算料面形状时采用逐步逼近的办法，首先计算出该圈炉料体积，布料后料线上涨，料面方程也变化。根据料面高差计算炉料体积，随着料线上涨，炉料体积增大，直至等于该圈炉料体积，记录最终料线，即可确定布料后的料面方程。体积计算采用微分分割法，计算不同径向旋转后的体积。

模型计算时也考虑了如图 4-1 所示的两种特殊料面形状：如图 4-1（a）所示，在堆尖 O 处布料时，实际只能布在 A 区域，B 区域炉料无法达到，通常矿石堆角小于焦炭堆角，这种情况一般发生在焦炭料面上布矿石的时候；如图 4-1（b）所示，炉料在 A 区域布满，新料面高于旧料面交界点 P，炉料可以到达 B 区域，布料仿真模型中也考虑了这种情况。

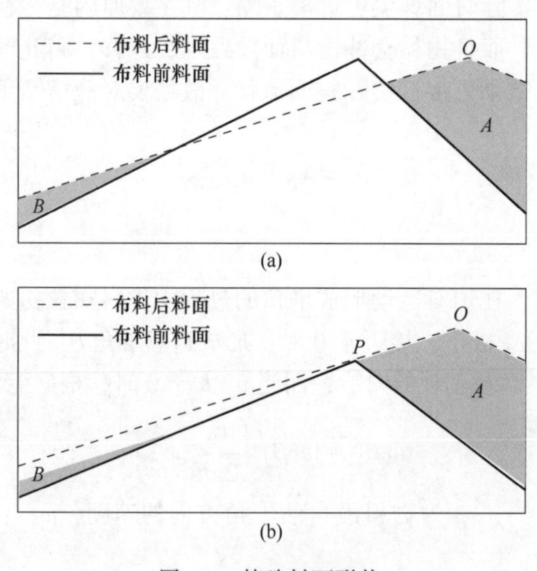

图 4-1　特殊料面形状

此外，矿石料面距高炉中心线 0. 8 m 范围内，焦炭料面距高炉中心线 1. 3 m 范围内，根据休风料面形状修正为二次曲线。

焦炭塌落规律需通过实验确定，相关研究表明，实际焦炭内堆角比被矿石冲击前形成的堆角要小。

$$\beta_1 = \lambda_3 \times \beta_0 \tag{4-11}$$

式中，β_1 为焦炭塌落后堆角，(°)；λ_3 为塌落系数；β_0 为焦炭自然堆角，(°)。

基于上述计算，布料模型可以得到每圈炉料的料面方程，以及每圈炉料在径向的料层厚度。

4.1.3 布料仿真模型的设计

为了开发出能指导高炉操作的布料仿真模型，模型必须在正确的理论基础上紧密结合实际情况。布料仿真模型基于无料钟布料过程中物料运动机理，计算过程中考虑了各种炉料特性、煤气流、焦炭塌落、料面形成机理、料层高度等因素，使计算结果更接近实际情况。

布料仿真模型计算时预先设定布料设备参数、炉料质量参数、炉料性能参数以及其他参数。布料设备参数主要是布料器、布料溜槽、高炉尺寸参数，包括：溜槽转速、溜槽长度、溜槽倾动距、料线高差、焦炭料流阀开度、矿石料流阀开度、炉喉半径；炉料质量参数包括：焦批、矿批、焦丁批、球团比例、小粒烧比例、烧结小于 5 mm 比例；炉料特性参数主要是各炉料自身特性的参数，包括：自然堆角、堆密度、平均粒度、摩擦系数；其他参数包括：循环计算次数、径向等分次数、焦炭塌落系数。布料参数的设定画面如图 4-2 所示。

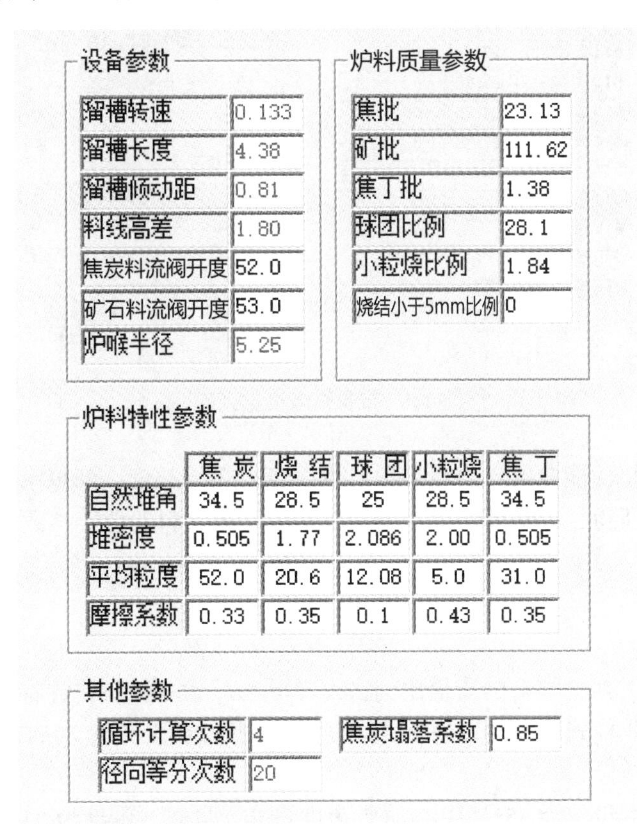

图 4-2 高炉布料仿真模型程序设定画面

其中，循环计算次数是指模型运算的迭代循环次数，模型的初始料面是由设定的布料角度和料线处的料面方程直接计算得出，在此基础上得出的料面方程经 3~4 次循环迭代计算后即可得到稳定的料面形状，即最终的料面形状。径向等分次数是指采用微分分割法计算炉料体积时的分割次数，等分次数越多，模型计算误差越小，但模型计算时间越长，经测试径向等分次数设定为20~30次即可满足精度要求。

布料矩阵设定画面如图4-3所示，其中矿石的布料矩阵设定方法：按次序设定矿石各圈的角度，设定值为0时表示该圈不布料；设定各圈矿石中各炉料的质量比例，可以选择手动设定或自动分配。

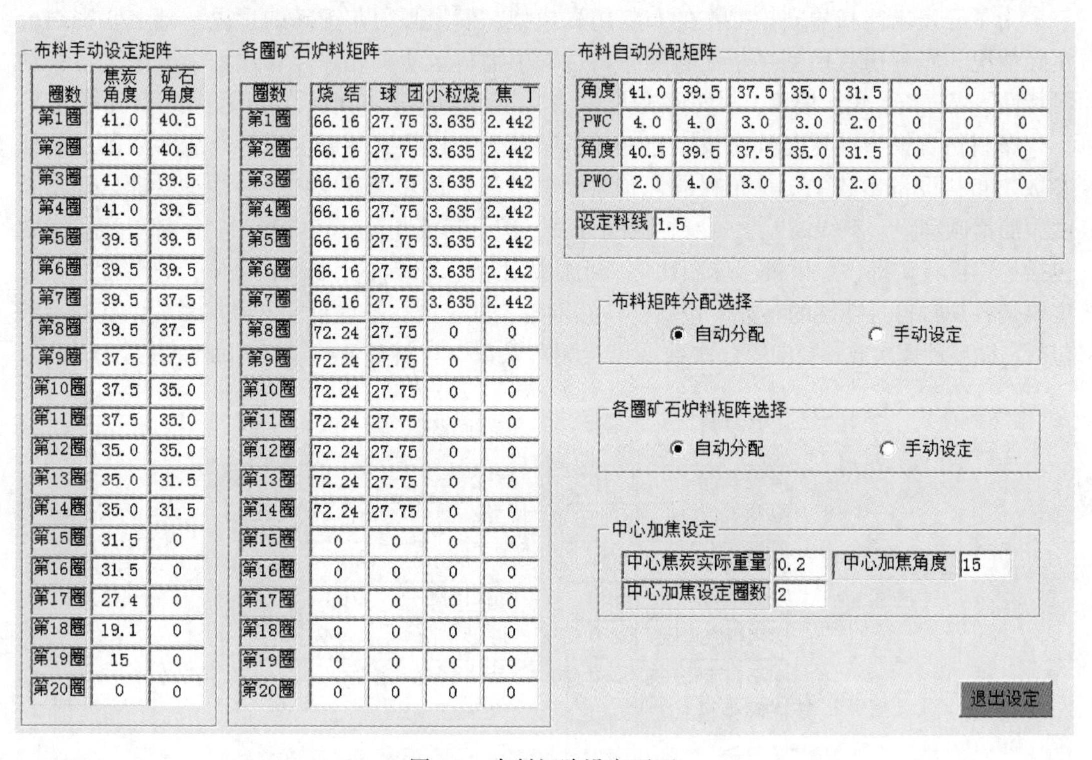

布料手动设定矩阵

圈数	焦炭角度	矿石角度
第1圈	41.0	40.5
第2圈	41.0	40.5
第3圈	41.0	39.5
第4圈	41.0	39.5
第5圈	39.5	39.5
第6圈	39.5	39.5
第7圈	39.5	37.5
第8圈	39.5	37.5
第9圈	37.5	37.5
第10圈	37.5	35.0
第11圈	37.5	35.0
第12圈	35.0	35.0
第13圈	35.0	31.5
第14圈	35.0	31.5
第15圈	31.5	0
第16圈	31.5	0
第17圈	27.4	0
第18圈	19.1	0
第19圈	15	0
第20圈	0	0

各圈矿石炉料矩阵

圈数	烧结	球团	小粒烧	焦丁
第1圈	66.16	27.75	3.635	2.442
第2圈	66.16	27.75	3.635	2.442
第3圈	66.16	27.75	3.635	2.442
第4圈	66.16	27.75	3.635	2.442
第5圈	66.16	27.75	3.635	2.442
第6圈	66.16	27.75	3.635	2.442
第7圈	66.16	27.75	3.635	2.442
第8圈	72.24	27.75	0	0
第9圈	72.24	27.75	0	0
第10圈	72.24	27.75	0	0
第11圈	72.24	27.75	0	0
第12圈	72.24	27.75	0	0
第13圈	72.24	27.75	0	0
第14圈	72.24	27.75	0	0
第15圈	0	0	0	0
第16圈	0	0	0	0
第17圈	0	0	0	0
第18圈	0	0	0	0
第19圈	0	0	0	0
第20圈	0	0	0	0

布料自动分配矩阵

角度	41.0	39.5	37.5	35.0	31.5	0	0	0
PWC	4.0	4.0	3.0	3.0	2.0	0	0	0
角度	40.5	39.5	37.5	35.0	31.5	0	0	0
PWO	2.0	4.0	3.0	3.0	2.0	0	0	0

设定料线 1.5

布料矩阵分配选择：自动分配 手动设定

各圈矿石炉料矩阵选择：自动分配 手动设定

中心加焦设定：中心焦炭实际重量 0.2 中心加焦角度 15 中心加焦设定圈数 2

退出设定

图4-3 布料矩阵设定画面

各圈矿石的炉料性能参数（自然堆角，堆密度，平均粒度，摩擦系数）是按照该圈炉料中物料体积加权所得，炉料的质量比例为已知项，故炉料的性能参数计算方法如下：

$$H_{炉料} = \frac{1}{\dfrac{r_1}{H_1} + \dfrac{r_2}{H_2} + \dfrac{r_3}{H_3} + \dfrac{r_4}{H_4}} \tag{4-12}$$

式中，$r_1 \sim r_4$ 分别为四种炉料的质量比例，%；$H_1 \sim H_4$ 为4种炉料的特性参数。

当采用中心加焦模式布料时，料面形状必须考虑过渡环带焦炭的布料量，举例说明如下：

当焦炭内档角度设定为35°、中心加焦角度设定为15°、焦批为23 t时，焦炭总圈数为18圈，中心焦炭圈数为2圈。在实际布料过程中，布料溜槽从35°到15°下倾布料期间，料流阀并没有关闭，所以其间一直在布料，实际布到15°时仅剩余约0.2 t，而并非［(23×2)/18］t。因此，如果直接采用设定角度计算，则不符合实际情况。

针对这一问题，本节采用的方法是：先确定到达中心角度时剩余焦炭量为0.2 t，故布在过渡环带的焦炭量为［(23×2)/18-0.2］t；过渡环带角差为10°，焦炭采用的布料角度采用3等分法获取，即采用的角度为（15+10×2/3）和（15+10×1/3），每个角度布料的质量为{［(23×2)/18-0.2］×1/2} t。

大型高炉布料仿真模型的计算流程如图4-4所示。

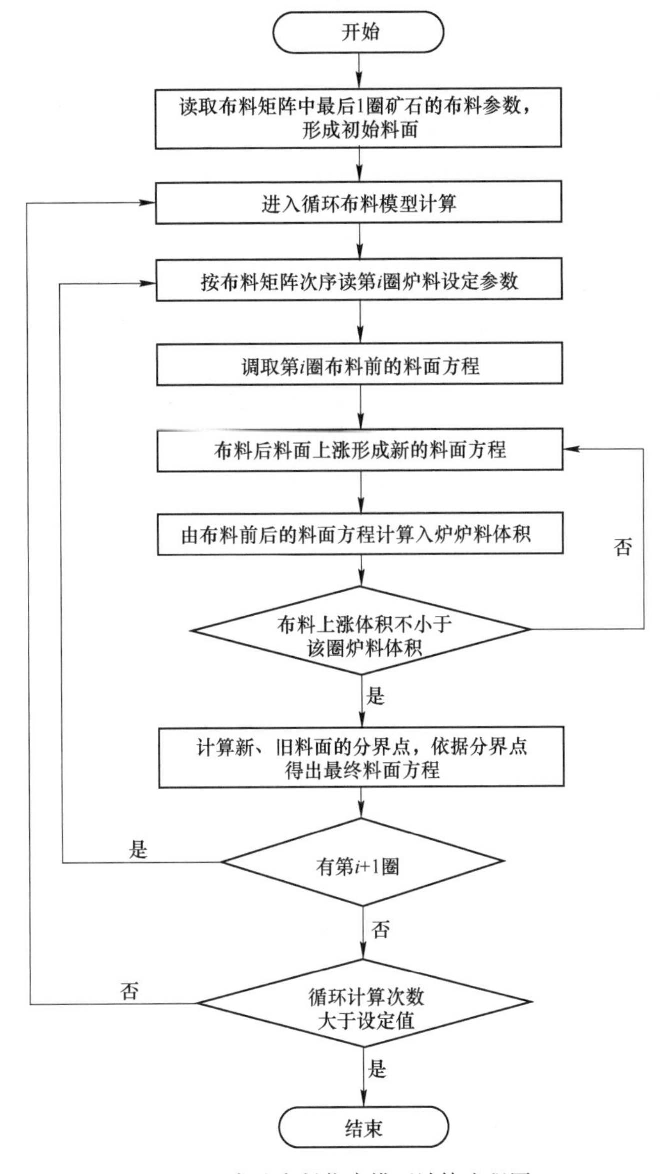

图4-4 高炉布料仿真模型计算流程图

4.2 高炉布料仿真模型的功能

高炉布料仿真模型的主要目的是仿真计算不同装料制度下炉料进入高炉的落点位置和形成的料面形状，并构造出能表征布料结果的特征，依此来分析布料参数与炉况的关系，为高炉装料制度的调整提供依据。在布料仿真计算结果中，最重要的是径向焦炭负荷和炉料落点，这是影响高炉煤气流分布的主要因素[4]，本节将做重点介绍。

4.2.1 布料仿真可视化

采用上节所述方法进行布料仿真计算，记录下最终每圈炉料的料面方程，即可实现炉喉料面形状可视化，如图 4-5 所示。

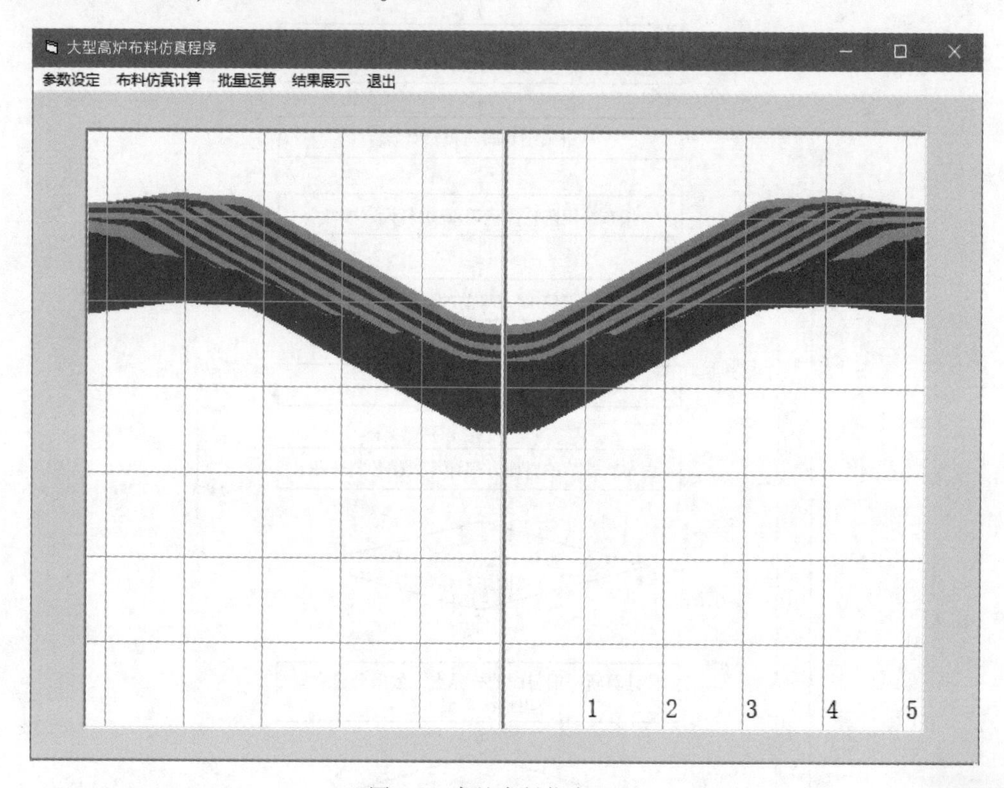

图 4-5 高炉布料仿真画面

彩图资源

高炉布料仿真画面说明（见二维码彩图）：红色表示焦炭，绿色表示矿石，相邻圈数矿石用深绿和浅绿区分。

由各圈炉料的料面方程可以计算得出各圈炉料的厚度，而每圈炉料的物料组成为已知项，依此对径向各点的物料组成进行加权求和，即可实现炉料（厚度）分布的可视化，如图 4-6 所示。

4.2.2 区域焦炭负荷指数

作为高炉上部调整的主要手段，装料制度有着多方面的作用[5-11]，其中最重要的目的就是要达到对炉喉径向矿焦比的合理控制，以实现煤气流的合理分布。根据计算得出的料面形状和各圈炉料径向厚度，依次计算径向各点的焦比和焦炭负荷，如图 4-7 所示。

为了科学地分析、研究布料参数与炉况的关系，本节提出了径向区域焦炭负荷和区域焦炭负荷指数的概念，模型计算结果如图 4-8 所示。径向区域焦炭负荷是指将高炉从中心到边缘等距离分为 m 等份，分别计算出各区域的焦炭负荷，该参数可以直观地表示出高炉

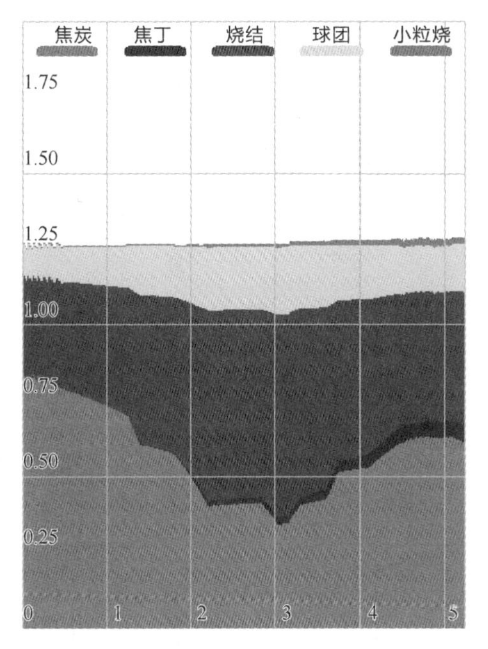

彩图资源

图 4-6　炉料分布

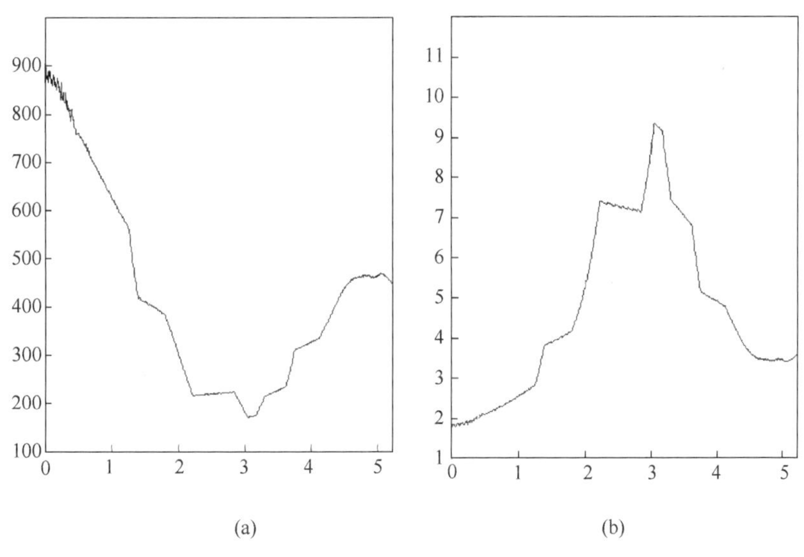

图 4-7　径向焦比和径向焦炭负荷

（a）径向焦比；（b）径向焦炭负荷

径向焦炭负荷情况。区域焦炭负荷指数是指各区域的焦炭负荷除以总焦炭负荷，该参数可以对比不同焦炭负荷条件下的料制。焦炭负荷指数从中心至边缘用 $R_{coke\_load\_1}$ ~ $R_{coke\_load\_m}$ 表示。此外，还可以计算出 m 个区域距料线零位的距离即区域料面高度，用 H_{area_1} ~ H_{area_m} 表示，本节 m 取 10。在区域料面高度中，H_{area_1} 和 H_{area_10} 最为重要，其比值将用 $H_{area\_1/10}$ 表示。

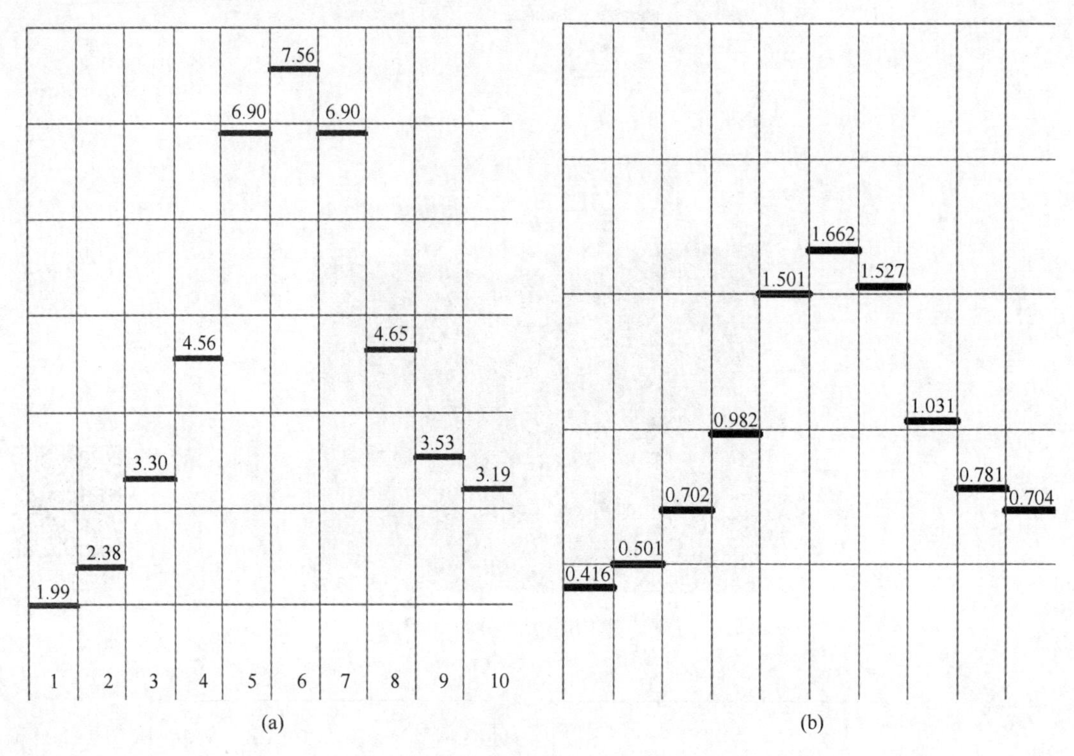

图 4-8 区域焦炭负荷和区域焦炭负荷指数

（a）区域焦炭负荷；（b）区域焦炭负荷指数

4.2.3 炉料落点

炉料的落点对高炉气流分布有重要影响，由于大颗粒炉料比小颗粒易滚动，导致炉料落点位置的粒径通常较小，而且炉料落至料面时的冲击作用导致界面混合效应较大，落点位置气流通道小，气流分布少。本节涉及的落点统一为炉料堆尖至炉墙的距离，即每 1 圈炉料对应一个落点，其中相对重要的是前 3 圈和后 3 圈的落点。

利用布料仿真模型，可以计算如下参数：$L_{coke\_edge\_1}$ 为焦炭边缘第 1 圈落点、$L_{coke\_edge\_2}$ 为焦炭边缘第 2 圈落点、$L_{coke\_edge\_3}$ 为焦炭边缘第 3 圈落点，$L_{coke\_center\_1}$ 为焦炭由中心至边缘第 1 圈落点、$L_{coke\_center\_2}$ 为焦炭由中心至边缘第 2 圈落点、$L_{coke\_center\_3}$ 为焦炭由中心至边缘第 3 圈落点，$L_{ore\_edge\_1}$ 为矿石边缘第 1 圈落点、$L_{ore\_edge\_2}$ 为矿石边缘第 2 圈落点、$L_{ore\_edge\_3}$ 为矿石边缘第 3 圈落点，$L_{ore\_center\_1}$ 为矿石由中心至边缘第 1 圈落点、$L_{ore\_center\_2}$ 为矿石由中心至边缘第 2 圈落点、$L_{ore\_center\_3}$ 为矿石由中心至边缘第 3 圈落点。

布料仿真模型可计算每一圈炉料的落点，按照布料圈数位置分为 3 个区域：边缘、中间、中心。当布料矩阵的总圈数为 n 时，边缘区域是指布料矩阵中的第 1 圈至第 $\frac{n}{3}$ 圈的区域，中间区域是指第 $\left(\frac{n}{3}+1\right)$ 圈至 $\frac{2n}{3}$ 圈的区域，中心区域是指第 $(\frac{2n}{3}+1)$ 圈至第 n 圈的区域（所有圈数按四舍五入取整），然后分别计算各区域落点至炉墙距离的平均值。利用布料仿真模型，可以构造如下计算结果：L_{coke_edge}为焦炭边缘区域落点、L_{coke_middle}为焦炭中间区域落点、L_{coke_center}为焦炭中心区域落点，L_{ore_edge}为矿石边缘区域落点、L_{ore_middle}为矿石中间区域落点、L_{ore_center}为矿石中心区域落点，L_{coke_mean}为全部焦炭落点平均值、L_{ore_mean}为全部矿石落点平均值、L_{coke_median}为全部焦炭落点的中位数、L_{ore_median}为全部矿石落点的中位数。

可以利用上述结果再构造布料参数，$L_{coke_center_to_edge}$为焦炭中心落点和焦炭边缘落点的距离，$L_{ore_center_to_edge}$为矿石中心落点和矿石边缘落点的距离，$L_{edge_coke_to_ore}$为焦炭边缘落点和矿石边缘落点的距离，$L_{center_coke_to_ore}$为焦炭中心落点和矿石中心落点的距离。

"平台+漏斗"布料模式衍生出两个重要的布料控制参数，即平台宽度和漏斗深度[12]。平台宽度是指料面形状中边缘相对平坦区域的宽度，漏斗深度是指中心漏斗底部至平台水平线的高度。生产实践表明，只有控制好合理的平台宽度和漏斗深度，才能保证煤气流的合理分布和炉况的稳定顺行。平台宽度取矿石最内环 3 圈落点距炉墙距离的平均值，漏斗深度取矿石在平台处与中心处高度的差值。

此外，布料模型还可以计算焦炭边缘 4 圈角度平均值α_{coke_edge}、焦炭中心 4 圈角度平均值α_{coke_center}（不包含中心焦炭），矿石边缘 4 圈角度平均值α_{ore_edge}、矿石中心 4 圈角度平均值α_{ore_center}，焦炭总圈数、矿石总圈数等参数。

本节利用布料仿真模型构造出丰富的布料参数，然后利用这些结果与炉况参数进行数据挖掘，探索其内在冶炼规律，进而优化高炉操作。

4.3 高炉布料仿真模型的应用

通过调整布料参数可以直接改变炉料的料面形状和炉料在炉喉的分布，从而改变炉内动量、热量和质量的传递以及复杂的物理化学反应，进而影响高炉炉况。因此，装料制度在高炉生产中起着非常重要的作用。本节将采用高炉布料仿真模型和聚类分析相结合的方法分析布料模式与炉况的关系。

利用 K-means 算法对焦比、K 值与布料仿真模型计算结果（$R_{coke\_load\_1} \sim R_{coke\_load\_10}$、漏斗深度、平台宽度）进行聚类分析（分析数据为参数的日平均值）。当聚类数目为 5 时，K-means 算法聚类结果见表 4-1。

表 4-1 聚类分析结果

名称	类别 1	类别 2	类别 3	类别 4	类别 5
类别数目/个	274	353	735	388	148
$R_{coke\_load\_1}$	0.502	0.263	0.329	0.376	0.332
$R_{coke\_load\_2}$	0.753	0.405	0.486	0.532	0.478
$R_{coke\_load\_3}$	1.150	0.742	0.843	0.823	0.736
$R_{coke\_load\_4}$	1.450	1.240	1.250	1.163	1.076
$R_{coke\_load\_5}$	1.512	1.587	1.427	1.346	1.292

续表 4-1

名称	类别 1	类别 2	类别 3	类别 4	类别 5
$R_{coke\_load\_6}$	1.539	1.782	1.455	1.393	1.392
$R_{coke\_load\_7}$	1.320	1.552	1.453	1.383	1.440
$R_{coke\_load\_8}$	1.053	1.132	1.185	1.193	1.266
$R_{coke\_load\_9}$	0.894	0.873	0.911	0.953	0.978
$R_{coke\_load\_10}$	0.789	0.800	0.786	0.837	0.854
漏斗深度 /m	1.551	1.402	1.583	1.622	1.597
平台宽度 /m	1.644	1.728	1.481	1.457	1.483
焦比 /(kg·t^{-1})	328.14	340.66	351.70	362.81	377.84
K值	2.50	2.66	2.71	2.66	2.63

由表 4-1 可知，类别 1 的焦比和 K 值最低，对应的料制特点是：平台较宽、$R_{coke\_load\_8}$ ~ $R_{coke_load_10}$小、$R_{coke\_load\_1}$ ~ $R_{coke\_load\_4}$ 大，即“平台宽、边缘松”型料制。类别 1 的焦比和 K 值概率密度分布如图 4-9 所示。

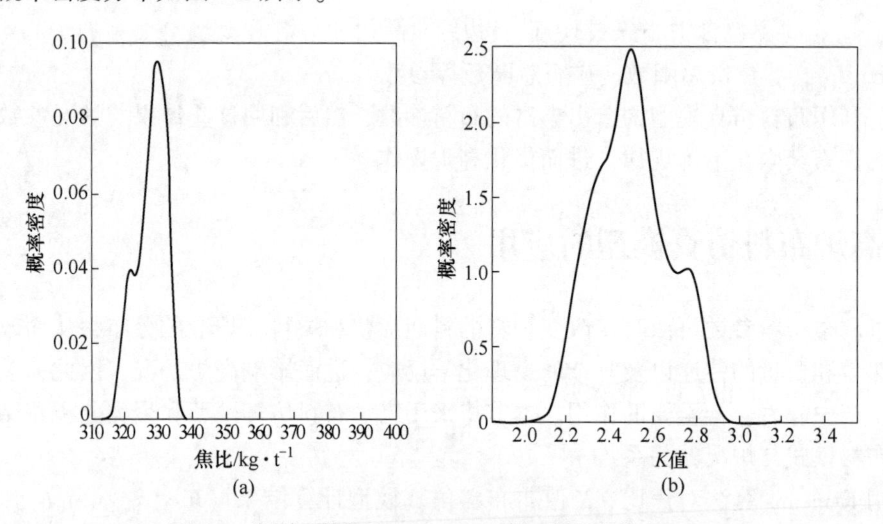

图 4-9 类别 1 的焦比（a）和 K 值概率密度分布（b）

类别 2 的焦比和 K 值均高于类别 1，对应的料制特点是：平台宽、漏斗浅、$R_{coke\_load\_5}$ ~ $R_{coke\_load\_7}$ 大，即“平台宽、漏斗浅、中间重”型料制。类别 2 的焦比和 K 值概率密度分布如图 4-10 所示。

类别 3 的焦比处于中游水平，但 K 值高，对应的料制参数也趋于中值，属于“平衡”型料制。类别 3 的焦比和 K 值概率密度分布如图 4-11 所示。

类别 4 的焦比偏高，但 K 值呈明显的双峰分布，对应的是“平台窄、漏斗深”型料制。类别 4 的焦比和 K 值概率密度分布如图 4-12 所示。

类别 5 的焦比高，对应的料制特点是：平台窄、$R_{coke\_load\_1}$ ~ $R_{coke\_load\_5}$ 小、$R_{coke\_load\_7}$ ~ $R_{coke_load_10}$大，即“平台窄、中心轻、边缘重”型料制。类别 5 的焦比和 K 值概率密度分布如图 4-13 所示。

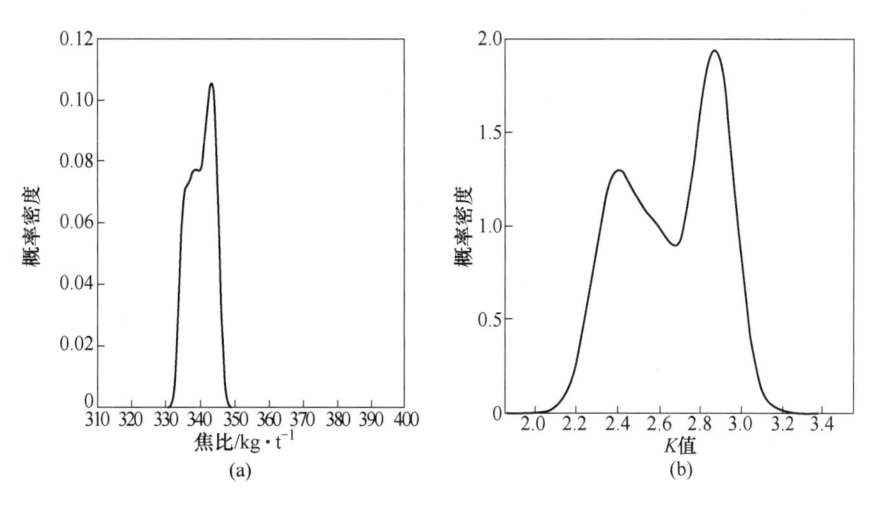

图 4-10 类别 2 的焦比（a）和 K 值概率密度分布（b）

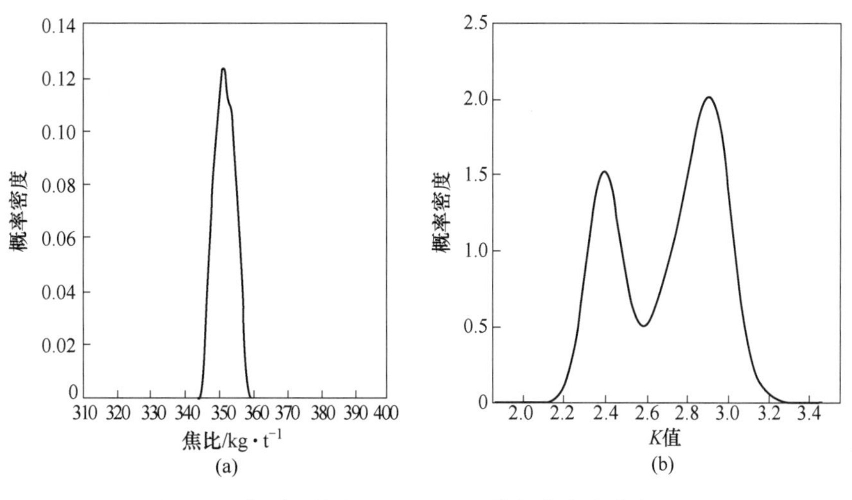

图 4-11 类别 3 的焦比（a）和 K 值概率密度分布（b）

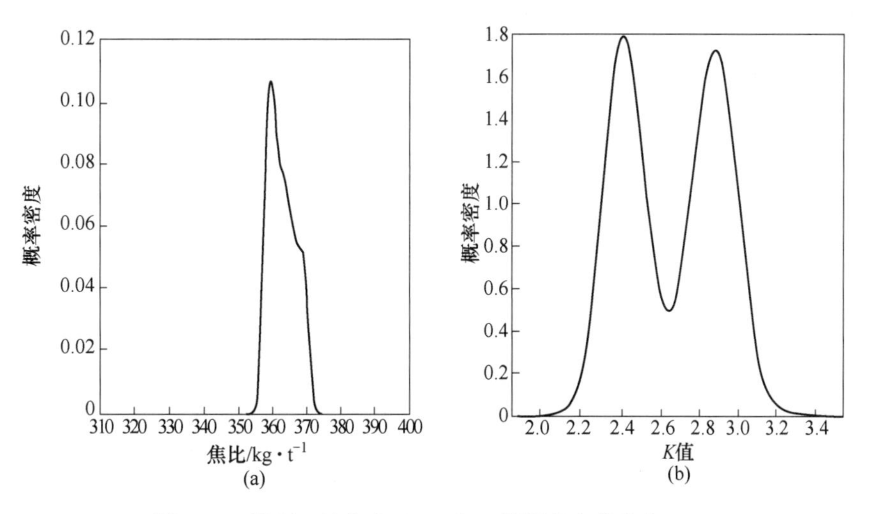

图 4-12 类别 4 的焦比（a）和 K 值概率密度分布（b）

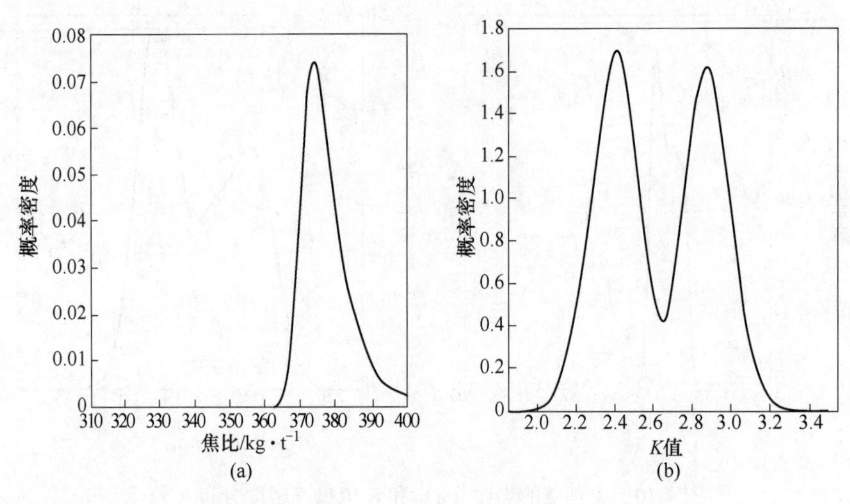

图 4-13 类别 5 的焦比（a）和 K 值概率密度分布（b）

通过上述分析可以看出，“平台宽、边缘松”型料制对应的焦比和 K 值最优，“平台宽、漏斗浅、中间重”型料制次之，而“平台窄、漏斗深”型和“平台窄、中心轻、边缘重”型料制对应的焦比和 K 值较差，应当避免采用这两种模式的料制。

参考文献

[1] 张敏强．浅谈炼铁高炉的组成及炼铁技术［J］．科技与企业，2015，21：195.

[2] 于要伟，白晨光，梁栋，等．无钟高炉布料数学模型的研究［J］．钢铁，2008，43（11）：26-30.

[3] 刘慰俭，叶肇宽．无料钟高炉炉顶设备中布料的研究工作［J］．钢铁，1983，5：4-10.

[4] 张军，宋相满．高炉布料过程仿真与决策系统［J］．东北大学学报（自然科学版），2015，36（10）：1398-1402.

[5] 李传辉，安铭，高征铠，等．高炉无料钟炉顶布料规律探索与实践［J］．钢铁，2006，41（5）：6-10.

[6] 李杰，陈军，李小静，等．马钢 4 号高炉装料制度的调整及优化［J］．炼铁，2019，38（6）：19-23.

[7] 李壮年，阮根基，李宝峰，等．大型高炉装料制度与炉况参数的数据挖掘［C］//中国金属学会．第十一届中国钢铁年会论文集．北京：冶金工业出版社，2017：6.

[8] 刘森．北营 3200 m^3 高炉装料制度的优化［A］．2016 年第四届炼铁对标、节能降本及相关技术研讨论文集［C］．河北省冶金学会、安徽省金属学会、江苏省金属学会、山东省金属学会、山西省金属学会、北京市金属学会、天津市金属学会、陕西省金属学会，2016：6.

[9] 赵值璋，张利同．唐山德龙 2 号高炉合理送风制度与装料制度的探析［C］//河北省冶金学会、浙江省冶金学会、江苏省金属学会、山东省金属学会、山西省金属学会、江西省金属学会、2015 年第三届炼铁对标、节能降本及相关技术研讨会论文集，2015：4.

[10] 蔡保旺，张永恒，宋涛，等．装料制度对承钢 5 号高炉钒回收率的影响［C］//中国金属学会．2012 年全国炼铁生产技术会议暨炼铁学术年会文集（上），2012：4.

[11] 曾华锋，杜斯宏，杨兵，等．2000 m^3 高炉冶炼钒钛磁铁矿装料制度探讨［C］//中国金属学会、中国金属学会炼铁分会，2010 年全国炼铁生产技术会议暨炼铁学术年会文集（上），2009：4.

[12] 杨子江．湘钢 1 号高炉调整装料制度的冶炼效果［J］．湖南冶金，1992，6：3-5.

5 数据与机理融合的高炉渣皮智能评价

高炉炉腹、炉腰至炉身下部高热负荷区域多采用铜冷却壁[1-5]，该区域主要依靠冷却器强大的导热能力将熔融态炉渣凝固在其内表面形成渣皮以保护其自身和高炉炉体[6]。但是该区域的冷却器处于高炉高温区，生产中易出现很多问题，例如，渣皮结厚导致风量萎缩减产、渣皮过薄或频繁脱落导致漏水或大规模烧损，给高炉生产带来了严重影响。由于高炉内部状态无法直接观测，在实际生产中大多根据冷却水温差、热电偶温度等数据，依靠经验间接推测热流强度变化和渣皮脱落再生过程，而依靠经验判断往往存在误差而且难以定量，因此有必要建立科学系统的渣皮厚度计算模型。本章基于ANSYS“生死单元”有限元技术[7-10]深入研究了不同炉况条件下铜冷却壁热面渣皮厚度的分布规律，进而理解铜冷却壁在该炉况条件下的挂渣能力，得出了铜冷却壁挂渣能力随气体温度、挂渣温度和炉渣传热系数的变化规律，并将数据驱动与数值模拟融合构建了高炉渣皮厚度实时计算方法，有效克服了渣皮厚度数值模拟求解时间过长的问题，能够利用已知参数快速计算不同位置冷却壁渣皮厚度，有助于实现高炉渣皮在线智能管控。

5.1 铜冷却壁有限元模型的建立

5.1.1 铜冷却壁三维物理模型

本节采用钢铁企业广泛使用的薄型压延铜板钻孔铜冷却壁建立模型，其结构尺寸如图5-1（a）所示。冷却器由炉壳、填料层、壁体、水冷却部件和耐火砖组成。由于高炉的轴对称特性，只给出了一块铜冷却壁作为模型。该铜冷却壁壁体厚度为120 mm（含筋肋）、宽度为788 mm、高度为2500 mm；在壁体热面共设置17个燕尾槽，燕尾槽深度为30 mm。冷却壁采用“四进四出”的冷却结构，在冷却壁体内等距钻孔形成4根复合孔形的冷却水通道。如图5-1（c）和（d）所示，水管中心间距为185 mm，水道当量直径为58.7 mm。铜冷却壁的详细结构参数见表5-1。

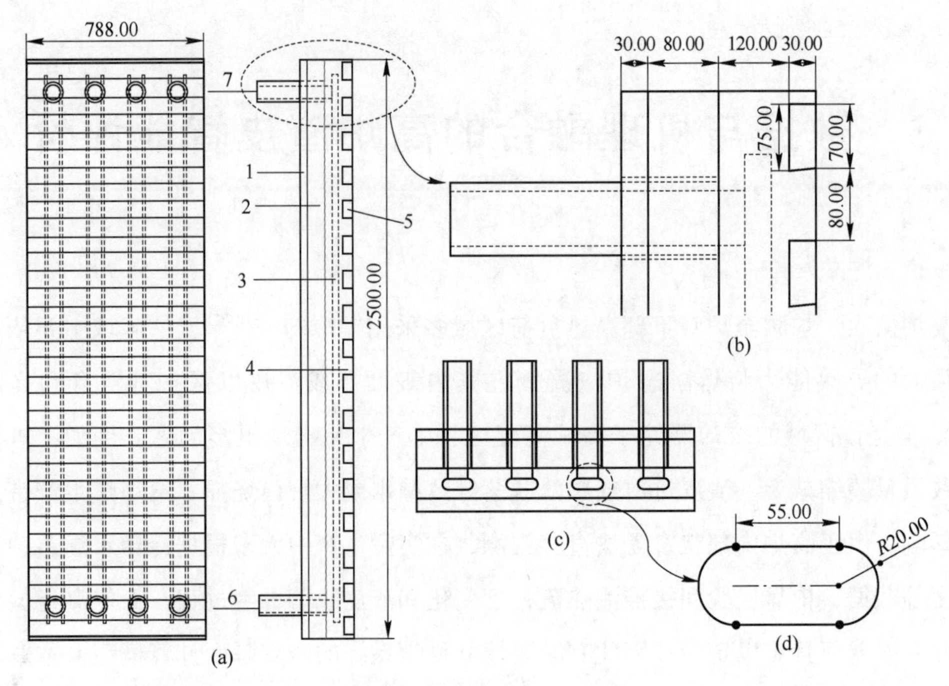

图 5-1 铜冷却壁结构图

(a) 铜冷却壁结构;(b) 水道放大图;(c) 顶部截面;(d) 水道截面

1—炉壳;2—填充层;3—冷却水道;4—冷却壁体;5—镶砖;6—进水管;7—出水管

表 5-1 铜冷却壁结构参数

参数	数值	参数	数值
炉壳厚度/mm	30	燕尾槽上部宽度/mm	70
填充层厚度/mm	80	燕尾槽下部宽度/mm	75
铜冷却壁壁体厚度/mm	120	水道中心距壁体冷面距离/mm	50
铜冷却壁壁体宽度/mm	788	水道中心距壁体热面距离/mm	40
铜冷却壁壁体高度/mm	2500	进(出)水管中心距壁体底(顶)部距离/mm	70
筋肋厚度/mm	30	水道当量直径/mm	58.7
筋肋上部宽度/mm	80	水管中心间距/mm	185
筋肋下部宽度/mm	75	燕尾槽个数/个	17

5.1.2 铜冷却壁数学模型

为使模拟接近高炉内实际使用情况,作适当假设以利于建立物理模型:

(1) 冷却壁固定在炉壳上,炉壳与冷却壁体间填充一定厚度的填充材料,忽略冷却壁体弧度、固定螺栓、壁体外冷却水管等微小结构。

(2) 镶砖、填充层与铜冷却壁之间界面无缝隙,忽略炉壳-填充层间、填充层-壁体间、壁体-渣皮间以及水管与各工作层间的接触热阻。

(3) 冷却壁热面镶砖已经完全消失,并且燕尾槽处的镶砖已经被渣皮侵蚀替代,定义为镶渣，如图5-2所示，镶渣层的初始厚度为30 mm。镶渣与铜冷却壁热面渣层的成分基本一致，不考虑渣皮与冷却壁热面的实际结合能力。

（4）整个冷却壁热面与温度相同的煤气接触，炉壳与温度相同的空气接触，流过冷却水通道表面的冷却水均匀。

（5）模型中不考虑实际流体（冷却水、空气及高温煤气）的流动传热现象，与其对应的对流给热系数由理论（经验）公式给出。

（6）作用在模型系统上的重力被忽略了。

（7）在ANSYS建模过程中，坐标原点位于壁体下端面的一角。壁体厚度方向为x方向，壁体高度方向为y方向，壁体宽度方向为z方向。

（8）传热过程为稳态传热。

本节在稳态传热过程中，对冷却壁板和内衬的传热过程进行了建模。二维传热方程可描述为：

$$\frac{\partial}{\partial x}\left(\lambda(t)\frac{\partial T}{\partial x}\right)+\frac{\partial}{\partial y}\left(\lambda(t)\frac{\partial T}{\partial y}\right)+\frac{\partial}{\partial z}\left(\lambda(t)\frac{\partial T}{\partial z}\right)=0 \tag{5-1}$$

式中，T为传热体系中某点的温度，℃；$\lambda(t)$为材质传热系数随温度的变化函数，W/(m^2·℃)；x、y和z分别为直角坐标系坐标方向值，m。

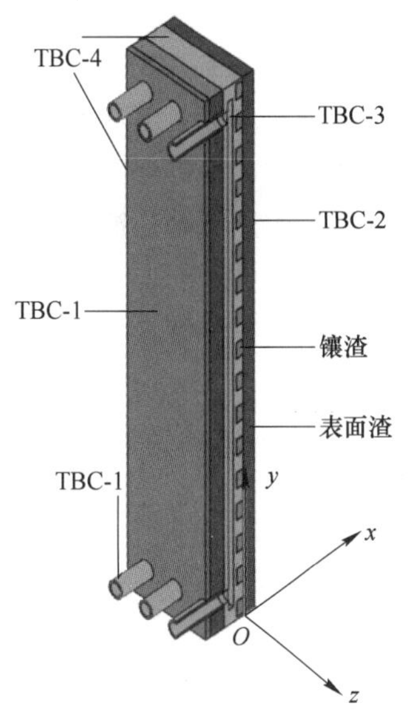

图5-2　铜冷却壁计算用边界条件
TBC-1—空气对流换热边界条件；
TBC-2—边缘煤气对流换热边界条件；
TBC-3—冷却水对流换热边界条件；
TBC-4—绝热边界条件

5.1.2.1　边界条件

本模型中包含4类边界条件，如图5-2所示。

（1）TBC-1为炉壳与空气间对流换热边界。高炉炉壳直接与空气接触换热，它与空气间实际上存在辐射换热和对流换热两种换热方式。由于低温下辐射换热所占比例不大，且辐射换热系数测定困难，因此将辐射换热量等效至对流换热内进行计算，即在炉壳与空气接触面采用等效对流换热来描述传热过程。其数学解析式为：

$$x=-(L_s+L_f) \tag{5-2}$$

$$-\lambda_s\frac{\partial T}{\partial x}=h_a(T-T_a) \tag{5-3}$$

式中，L_s为炉壳厚度，m；L_f为填料层厚度，m；λ_s为炉壳的传热系数；h_a为炉壳与煤气间的等效对流换热系数，W/(m^2·℃)；T_a为与炉壳接触的空气温度，℃。

（2）TBC-2为冷却壁热面与煤气间对流换热。铜冷却壁在高炉内使用时，其热面工作状况复杂，铜冷却壁热面与煤气间既存在对流换热，也存在辐射换热，且随着煤气温度的变化，两种换热方式所占的比例不同。一般采用等效对流换热的方式描述该边界，其数学表达式为：

$$-\lambda\frac{\partial T}{\partial x}=h_g(T-T_g) \tag{5-4}$$

式中，λ为渣皮传热系数，W/(m^2·℃)；h_g为渣皮热面与高温煤气间对流换热系数，

W/(m^2·℃)；T_g 为煤气温度,℃。

(3) TBC-3为冷却水与铜冷却壁本体间的换热。由于本节所研究的冷却壁为薄型轧制钻孔铜冷却壁，其冷却水通道是在壁体钻孔形成，不存在冷却水管、管-壁间气隙等结构。因此，这种冷却壁在使用时，冷却水与壁体间的换热只存在一个热阻，即水与冷却壁本体的对流换热热阻。冷却水在壁体水通道内流动时与壁体间的热交换为管道内强制对流换热[11]，其数学公式为：

$$-\lambda_b \frac{\partial T}{\partial x} = h_w(T - T_w) \tag{5-5}$$

h_w 值采用如下公式进行计算：

$$h_w = Nu \times \frac{\lambda_w}{d_w} \tag{5-6}$$

$$Nu = 0.023Re^{0.8}Pr^{0.4} \tag{5-7}$$

$$Re = \frac{vd_w}{u} \tag{5-8}$$

式中，λ_b 为冷却壁壁体传热系数，W/(m^2·℃)；$\frac{\partial T}{\partial x}$ 为水道内表面法向温度梯度,℃/m；h_w 为水与管壁间的强制对流换热系数，W/(m^2·℃)；T_w 为冷却水温度,℃；Nu 为努塞尔数；λ_w 为水的传热系数，W/(m^2·℃)；d_w 为水道当量直径，m；Re 为雷诺数；Pr 为普朗特数；v 为冷却水流速，m/s；u 为冷却水动力黏度系数，m^2/s。

30 ℃水的物性参数[12]见表5-2。代入普朗特数及相关参数后，计算得出模型所用冷却壁管道内对流换热系数计算公式：

$$h_w = 3698.18v^{0.8} \tag{5-9}$$

表5-2 30 ℃冷却水的物性参数

传热系数/W·(m^2·℃)$^{-1}$	比热容/J·(kg·℃)$^{-1}$	密度/kg·m^{-3}	动力黏度系数/m^2·s^{-1}
61.8×10^{-2}	4.174	995.7	0.805×10^{-6}

(4) TBC-4为冷却壁侧面、顶面和底面绝热边界。在高炉圆周方向上冷却壁均匀分布，在相同的冷却条件和炉气分布情况下，各冷却壁之间不存在传热，即在冷却壁的侧面为绝热状态：

$$z = 0,\ z = W,\ -\lambda \frac{\partial T}{\partial z} = 0 \tag{5-10}$$

可以忽略炉腰冷却壁与相邻炉腹和炉身冷却壁之间的传热，即在冷却壁的顶部和底部处于绝热状态：

$$y = 0,\ y = H - \lambda \frac{\partial T}{\partial y} = 0 \tag{5-11}$$

式中，W 为冷却壁宽度，mm；H 为冷却壁高度，mm。

5.1.2.2 物性参数

在实体模型中各种材料的物性参数见表5-3。忽略温度对填充层材料的传热系数、热容和密度的影响，忽略温度对渣皮传热系数、热容和密度的影响。

表5-3 材料的物性参数

材料	温度/℃	传热系数/W·(m^2·℃)$^{-1}$	热容/J·(kg·℃)$^{-1}$	密度/kg·m^{-3}
铜	25	393.1	386	8390
	50	254.0		
	100	252.5		
	150	250.5		
	200	248.4		
	250	243.7		
	300	240.8		
钢	17	53	465	7840
	100	45		
	300	33		
填充材料	70	0.36	876	330
炉渣		1.2		2600

5.1.3 铜冷却壁有限元模型

对于铜冷却壁传热模型，引入炉壳和填充层只是为了便于确定边界条件。此外，炉壳和填充层内部温度梯度较小，计算结果对传热分析没有明显影响。因此，为了提高计算速度，通过传热计算，将空气与炉壳之间的对流换热转化为铜冷却壁冷表面的对流换热。将炉壳和填料层从有限元模型中去除，采用结构网格和非结构网格相结合的方法建立有限元模型。渣层（表面）、铜肋、渣层（镶渣）和壁体热面部分为结构网格，8根外接水管和壁体冷面部分采用无结构网格制作。由于不同方向的温度梯度并不相同，因此，在宽度方向（z轴）上，温度分布相对均匀，温度梯度较小，可以采用较大的空间步长；燕尾槽和铜肋在高度方向（y轴）交替存在，渣层内温度变化较大，应适当减小空间步长；在高炉厚度的方向（x轴）上，渣层两端同时受到高温煤气和铜壁冷却的作用，渣层传热系数小，内部温度梯度最大，空间步长应最小。通过平衡计算精度和计算时间，表5-4给出了模型中各单元的基本空间步长。有限元网格模型如图5-3所示。

表 5-4 有限元网格模型单元步长 (mm)

壁体冷面	水管	壁体（热面）			铜肋			渣层（镶渣）			渣层（表面）		
		x	*y*	*z*	*x*	*y*	*z*	*x*	*y*	*z*	*x*	*y*	*z*
20	20	5	10	20	1	10	20	1	10	20	1	10	20

图 5-3 铜冷却壁有限元网格模型

5.2 基于生死单元的高炉铜冷却壁渣皮厚度模型

5.2.1 铜冷却壁渣皮厚度计算方法

以往的研究者对铜冷却壁冷却能力进行模拟计算时，一般假设冷却壁热面渣皮厚度分布均匀，并通过先假设渣皮厚度然后求解冷却壁温度场的方式，以此分析各种炉况条件对冷却壁工作状态的影响。然而，由于铜冷却壁自身结构为铜制筋肋和镶砖材料（生产后期将会被炉渣替代）间隔排布，且炉渣传热系数要远低于铜质材料，因此这两处渣皮厚度的微小变化均会对壁体温度场造成很大的影响。因此，以假设渣皮厚度的计算方法将具有很大的局限性。

本模型利用 ANSYS 生死单元技术，采用循环迭代求解渣层温度场，不断“杀死”超过挂渣温度的高温单元来求解渣皮厚度，进而分析炉况条件的变化对铜冷却壁的冷却能力的影响。其基本计算过程如图 5-4 所示。

（1）设定较大初始渣层厚度，求解渣层温度场，本节初始渣皮厚度设置为 100 mm；

（2）“杀死”超过挂渣温度的高温单元，用来表征炉渣熔化行为；

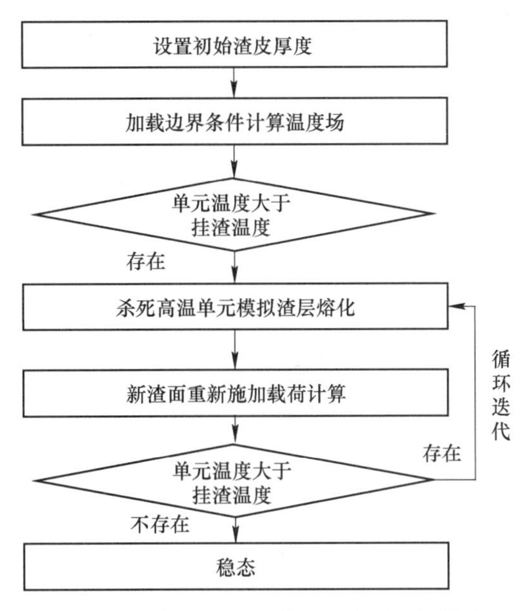

图 5-4　铜冷却壁有限元模型渣皮厚度计算过程

（3）在“杀死”单元后新形成的渣层热面重新施加煤气对流换热边界条件，再次求解渣层温度场；

（4）重复步骤（2）（3）过程，直至不再有渣层单元被杀死，此时所得温度场即为该炉况条件下冷却壁所能达到的稳态温度场。铜冷却壁热面凝结的渣皮厚度分布情况表征为该炉况条件下铜冷却壁的挂渣能力。

在本模型中，首先对基础算例进行了模拟计算，基础算例参数见表 5-5。在此基础上，通过改变煤气温度和渣皮性质（包括挂渣温度和渣皮传热系数）等条件，以模拟铜冷却壁在不同炉况条件下的工作情况。

表 5-5　基础算例计算用参数

边界条件涉及参数	取值	边界条件类型	取值
冷却水流速/m · s^{-1}	1.5	TBC-1/W · (m^2 · ℃)$^{-1}$	9.3
冷却水温度/℃	30	TBC-2/W · (m^2 · ℃)$^{-1}$	232
挂渣温度/℃	1100	TBC-3/W · (m^2 · ℃)$^{-1}$	5115.2
渣皮传热系数/W · (m^2 · ℃)$^{-1}$	1.2	TBC-4/W · (m^2 · ℃)$^{-1}$	0

铜冷却壁渣皮厚度分布模型可通过改变冷却制度、冷却壁结构、炉渣性质、煤气温度等多个条件，以模拟不同结构铜冷却壁在不同炉况条件下的工作状况。考虑到高炉冷却壁一经安装，很难进行更换，不对冷却壁结构进行分析。因此在本节中，主要讨论边缘煤气温度、挂渣温度、渣皮传热系数、冷却制度 4 种因素对铜冷却壁挂渣能力的影响。

本节还考虑了燕尾槽内镶渣层随着边缘煤气温度的升高而熔化的情况，分析了铜壁渣层形态和温度场，并与不考虑镶渣层熔化的情况进行了比较。图 5-5（a）为边缘煤气体温度为 1450 ℃时渣层形态对比。当不考虑燕尾槽内镶渣层熔化时，渣层保持完整，渣层热表面最高温度超过了挂渣温度，因此这种情况是不合理的；当考虑燕尾槽内镶渣层熔化时，镶渣层部分熔化，渣层热表面最高温度与挂渣温度一致，这种情况更接近实际情况。图 5-5（b）为气体温度 1450 ℃时壁体顶表面温度场对比。当不考虑燕尾槽内镶渣层熔化时，壁体顶面最低温度为 59. 61 ℃，最高温度为 115. 50 ℃；当考虑燕尾槽内镶渣层熔化时，壁体顶面最低温度为 66. 15 ℃，最高温度为 131. 12 ℃，超过了铜材料的安全操作温度。因此，燕尾槽内镶渣层的变化对铜冷却壁的工作状态影响较大。

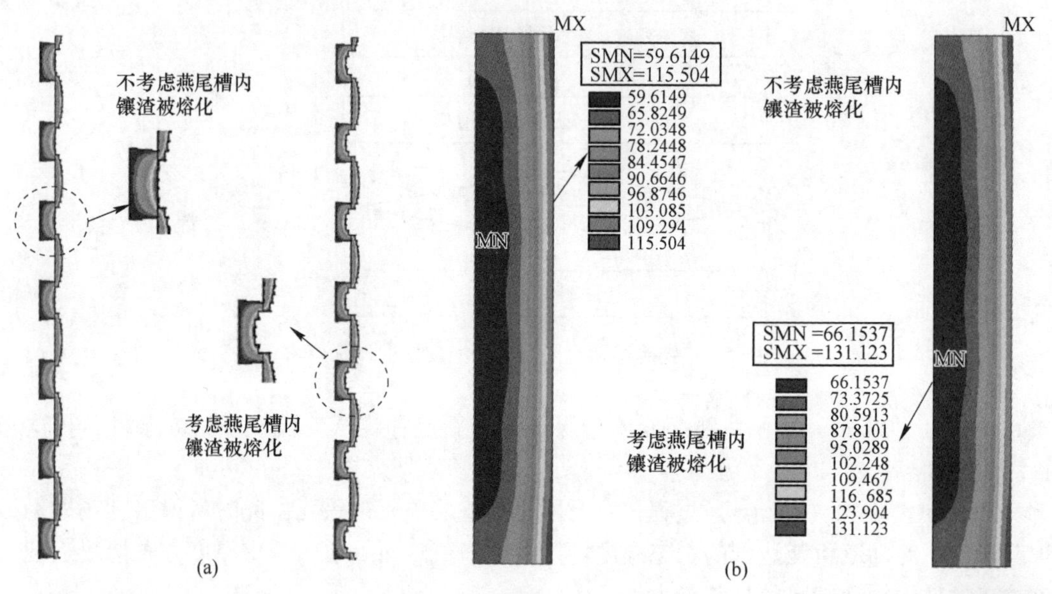

图 5-5 燕尾槽处渣皮形貌（a）和温度场（b）对比

彩图资源

5.2.2 煤气温度对渣皮厚度的影响

图 5-6 显示了边缘煤气温度在 1200~1500 ℃范围内，随着煤气温度的升高铜冷却壁热面渣皮厚度的变化情况。可以看出，冷却壁热面形成的渣皮在高度方向是不均匀的。这是由于燕尾槽处镶砖在高炉生产后期逐渐被渣皮取代，并且渣皮传热系数远小于铜肋。因此，燕尾槽位置处镶渣热阻大，渣皮相对较薄；铜肋导热性好、热阻小，容易形成厚度较大的渣皮；随着煤气温度的升高，燕尾槽处和铜肋处渣皮厚度差异越大，渣皮分布越不均匀。当煤气温度达到一定水平时，燕尾槽内镶渣也会被熔化。

图 5-7（a）直观地显示了煤气温度对渣皮厚度的影响。图中纵坐标为负值时，表示该位置的表面渣层已完全被熔化，并且燕尾槽内镶渣也已经被逐渐熔化。可以看出，随着煤气温度的升高，铜肋处和燕尾槽处的渣皮厚度均逐渐减薄，并且燕尾槽处的渣皮厚度减薄速度随着煤气温度的升高逐渐高于铜肋处渣皮减薄的速度。图 5-7（b）显示了煤气温度对壁体最高温度的影响。当煤气温度为 1200 ℃时，表面渣层厚度分布相对均匀，镶渣处和铜肋处的渣层厚度基本相同，分别为 51 mm 和 53 mm。当煤气温度为 1250 ℃时，渣皮整体厚度明显减薄，并且渣皮分布表现不均匀，此时燕尾槽处和铜肋处渣皮厚度分别为 34 mm 和 28 mm，相较煤气温度为 1200 ℃时减少了 20 mm 左右。当煤气温度为 1350 ℃

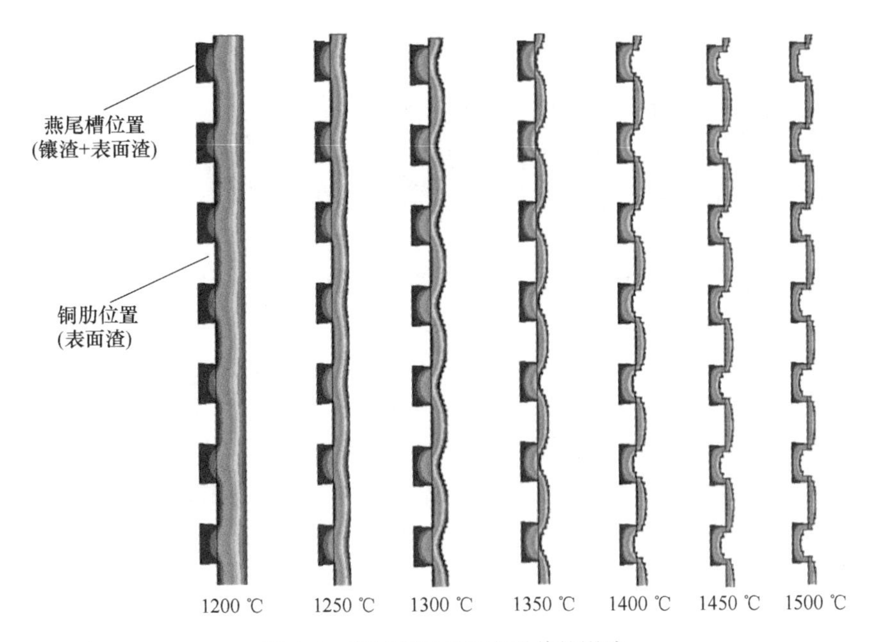

图 5-6 煤气温度对渣皮形貌的影响

时，燕尾槽上方渣皮几乎完全消失，仅为 3 mm；铜肋处渣皮为 20 mm，并且渣皮变薄速度逐渐减缓。当煤气温度为 1400 ℃时，不仅镶渣表面渣层完全被熔化，并且燕尾槽内镶渣层也被熔化 5 mm。此时铜冷却壁壁体的最高温度为 114.3 ℃，已接近铜的安全工作温度120 ℃。当煤气温度为 1500 ℃时，燕尾槽内镶渣层被融化 14 mm，消失近半。铜肋处的渣皮厚度也仅为 13 mm，此时壁体最高温度高达 143.1 ℃，已经超过安全工作温度，并接近铜的极限工作温度 150 ℃。此时挂渣难度大，冷却壁面临损坏风险。由此可见，煤气温度的变化对渣皮厚度分布的影响非常显著，而传统的采用假设渣皮厚度计算冷却壁温度场的方法并不能表现出冷却壁热面渣皮厚度分布的差异，导致燕尾槽处的渣皮厚度计算值大于实际值。

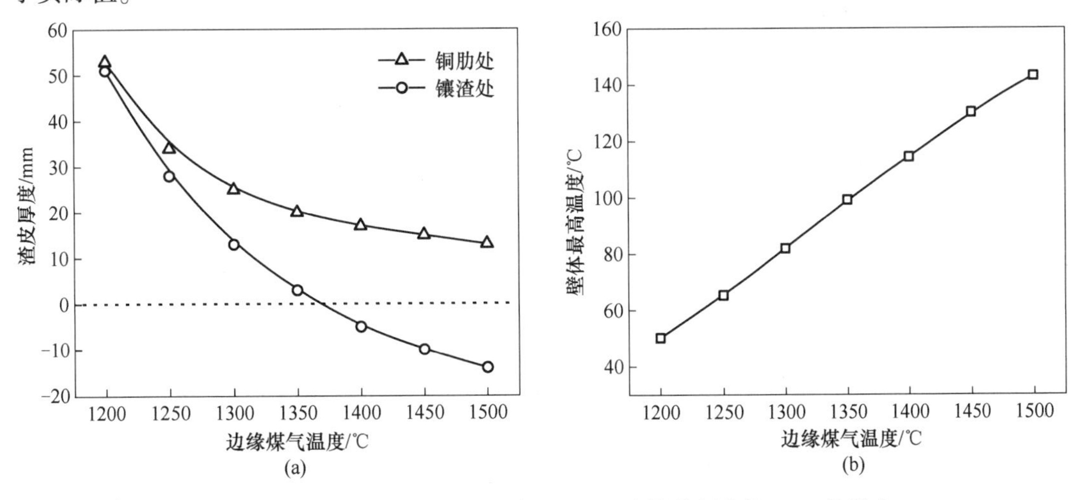

图 5-7 高炉煤气温度对渣皮厚度（a）和壁体最高温度（b）的影响

5.2.3 挂渣温度对渣皮厚度的影响

随着原燃料条件的改变，附着在冷却壁热表面的渣皮成分也有所不同，炉渣黏度也会随之变化。当炉渣黏度升高时，需要更高的煤气温度才能将附着在冷却壁热面的渣皮熔化；当炉渣黏度降低时，附着于冷却壁热面的渣皮在较低的煤气温度条件下就会熔化脱落。因此，炉渣黏度过低不利于挂渣。本节通过改变挂渣温度来体现炉渣性质变化对渣皮厚度分布的影响，计算条件为：挂渣温度 1050 ℃、1100 ℃和 1150 ℃，煤气温度 1200～1500 ℃，冷却水速度 1.5 m/s，冷却水温度 30 ℃。

图 5-8（a）～（c）分别显示了 1050 ℃、1100 ℃和 1150 ℃三种挂渣温度条件下渣皮厚度分布的变化情况。可以看出，随着煤气温度的升高，此三种挂渣温度条件下的渣皮厚度均明显下降，且减薄速度逐渐减缓；挂渣温度越高，越易形成渣皮。在煤气温度由 1200 ℃升高至 1500 ℃过程中，挂渣温度为 1050 ℃条件下，铜肋中心处渣皮厚度由 32 mm 减薄至 11 mm，减薄了 65.6%；燕尾槽中心处渣皮厚度由 25 mm 减薄至−17 mm，此时燕尾槽内镶渣剩余厚度为 13 mm，以燕尾槽总渣层厚度变化计算，减薄了 76.4%。挂渣温度为 1100 ℃条件

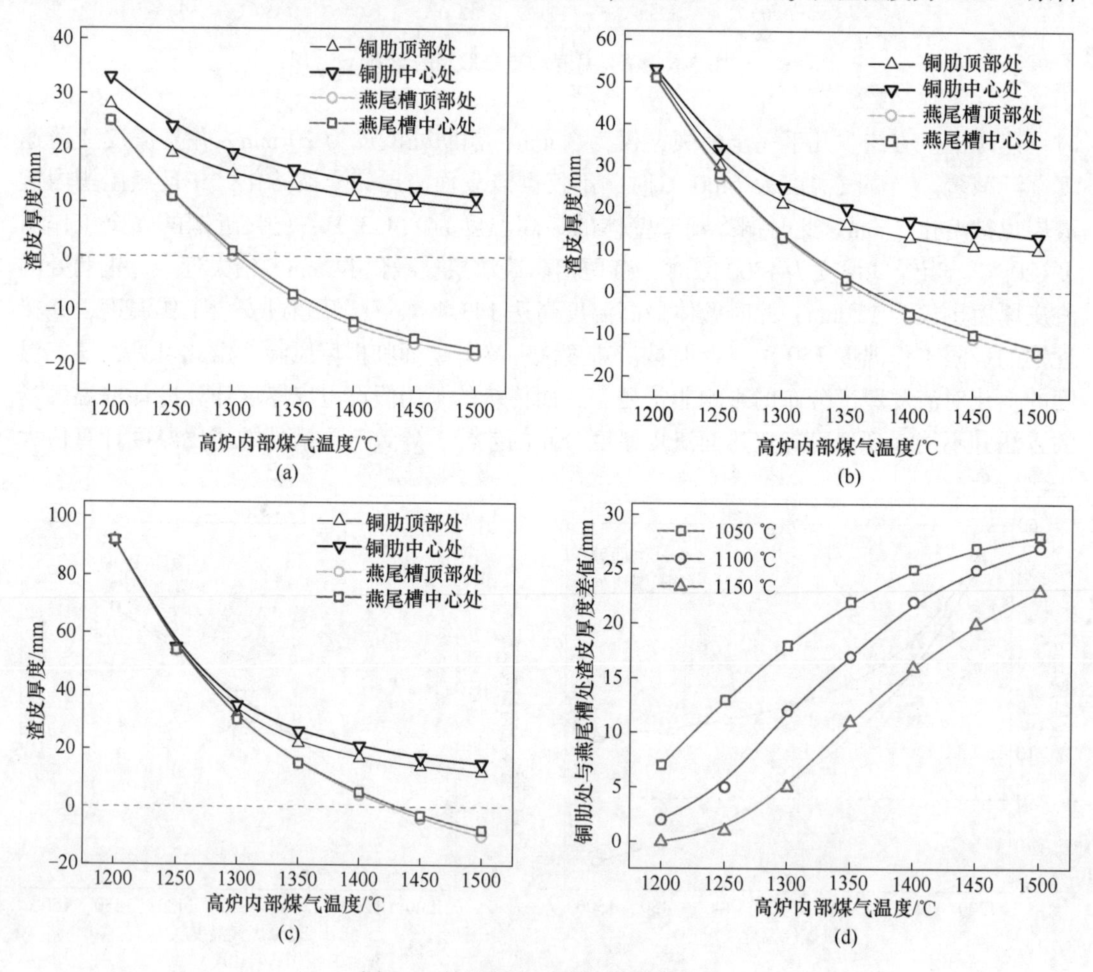

图 5-8 挂渣温度对渣层厚度的影响

（a）挂渣温度 1050 ℃；（b）挂渣温度 1100 ℃；（c）挂渣温度 1150 ℃；（d）渣皮厚度差值

下，铜肋中心处渣皮厚度由 53 mm 减薄为 13 mm，减薄了 75.5%；燕尾槽中心处渣皮厚度由 51 mm 减薄至-14 mm，此时燕尾槽内镶渣剩余厚度为 16 mm，减薄了 80.2%。挂渣温度为 1150 ℃条件下，铜肋中心处渣皮厚度由 92 mm 减薄为 15 mm，减薄了 83.7%；燕尾槽中心处渣皮厚度由 92 mm 减薄至-8 mm，此时燕尾槽内镶渣剩余厚度为 22 mm，减薄了 82.0%。由此可见，铜肋处和燕尾槽处的渣皮厚度减薄程度均随挂渣温度的升高而增大，并且燕尾槽处的渣层厚度减薄程度更明显。图 5-8（d）显示了不同挂渣温度条件下，铜肋中心处与燕尾槽中心处渣皮厚度的差值随煤气温度的变化情况，反映了冷却壁热面渣层分布的均匀性。可以看出，煤气温度越高，铜肋处与燕尾槽处渣皮厚度差值越大，这代表渣皮分布越不均匀。当差值达到一定程度后，将不利于高炉顺行。此外，在相同煤气温度下，铜肋处与燕尾槽处渣皮厚度差值随着挂渣温度的升高而有所降低（1150 ℃<1100 ℃<1050 ℃），表明较高的挂渣温度一定程度上有助于渣皮分布均匀，形成合理炉型。

综上所述，适当提高挂渣温度有利于铜冷却壁热面形成均匀渣皮，稳定炉型。但是，其挂渣能力受煤气温度的影响也更加显著，易在炉况波动，煤气温度频繁变化时发生渣皮脱落或者炉墙结厚。因此，需要根据原料条件的变化进行相应的操作调整，使边缘煤气流温度与渣层挂渣温度相匹配，实现稳定挂渣，均匀挂渣，稳定炉型，保证高炉顺行。

挂渣温度对壁体最高温度的影响如图 5-9 所示。可以看出，在相同煤气温度条件下，壁体最高温度随挂渣温度的升高而降低。当挂渣温度从 1050 ℃增加到 1150 ℃时，铜壁体的最高温度每段降低约 15 ℃，因此挂渣温度的变化对铜壁的安全工作有很大的影响。在挂渣温度为 1050 ℃条件下，煤气温度为 1350 ℃时，壁体的最高温度为 117.3 ℃，非常接近铜安全工作温度的上限；当煤气温度为 1500 ℃时，壁体的最高温度为 158.9 ℃，超过了铜的极限工作温度；在挂渣温度为 1150 ℃条件下，煤气温度为 1450 ℃时，壁体的最高温度为 117.1 ℃；当煤气温度为 1500 ℃时，壁体的最高温度为 132.8 ℃，未超过铜的极限工作温度。通过比较不同挂渣温度下壁体最高温度的变化，发现当挂渣温度较高时，铜冷却壁可以在更高的煤气温度下安全工作。因此，适当提高挂渣温度有利于铜冷却壁在安全的温度环境下工作，延长其寿命。

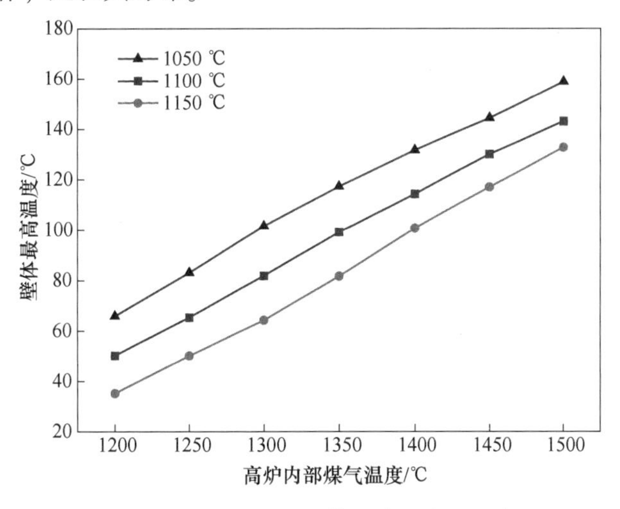

图 5-9 挂渣温度对壁体最高温度的影响

5.2.4 渣皮传热系数对渣皮厚度的影响

渣皮的导热性能同样是影响渣皮厚度的一个重要因素。通常认为，高炉渣皮的传热系数约为 1.2 W/(m^2 · ℃)。但在实际高炉冶炼过程中，产生的初渣中通常混有一定量的已还原的铁珠，铁珠的体积分数因冶炼条件和原料条件的不同在 0%～25%之间波动，铁珠含量将会导致渣皮传热系数发生变化。

图 5-10（a）和（b）分别显示了渣皮传热系数从 1.2 W/(m^2 · ℃）升高至 2.1 W/(m^2 · ℃）过程中，铜肋处和燕尾槽处渣皮厚度随煤气温度升高的变化情况。随着渣皮传热系数的升高，铜肋处和燕尾槽处渣皮厚度均明显增加，表明较高的渣皮传热系数有助于冷却壁热面形成渣皮。图 5-10（a）中，当煤气温度为 1250 ℃时，随着渣皮传热系数的升高，铜肋中心处渣皮厚度由 34 mm 增加至 59 mm，增加了 73.5%。当煤气温度为 1500 ℃时，铜肋中心处渣皮厚度由 13 mm 增加至 21 mm，增加了 61.5%。可以看出，在低温区渣皮传热系数对渣皮厚度的影响更加显著，并且煤气温度较低时铜肋处渣皮厚度变化幅度较大，随着煤气温度升高，增加幅度逐渐减小。图 5-10（b）中，当煤气温度为 1250 ℃时，随着渣皮传热系数的升高，燕尾槽处渣层厚度由 28 mm 增加至 59 mm，增加了 110.7%。当煤气温度为 1500 ℃，渣皮传热系数低于 2.1 W/(m^2 · ℃）时，燕尾槽表面渣皮已完全被熔化，燕尾槽内镶渣已逐渐被熔化。当渣皮传热系数低于 1.2 W/(m^2 · ℃）时，燕尾槽内镶渣熔化 14 mm，熔化程度最大。随着渣皮传热系数增加，镶渣熔化程度逐渐降低。燕尾槽处渣层厚度由 −14 mm（燕尾槽内镶渣厚度剩余 16 mm）增加至 4 mm，增加了 112.5%。图 5-10（a）和（b）比较可以得出，渣皮传热系数的增加对燕尾槽处渣皮厚度的影响比铜肋处更加明显。此外，当渣皮传热系数大于 1.8 W/(m^2 · ℃）时，即使在 1500 ℃高温煤气条件下，燕尾槽内的渣皮依旧没有被熔化侵蚀，说明适当提高渣皮传热系数有利于在铜冷却壁热表面形成稳定均匀的渣层。

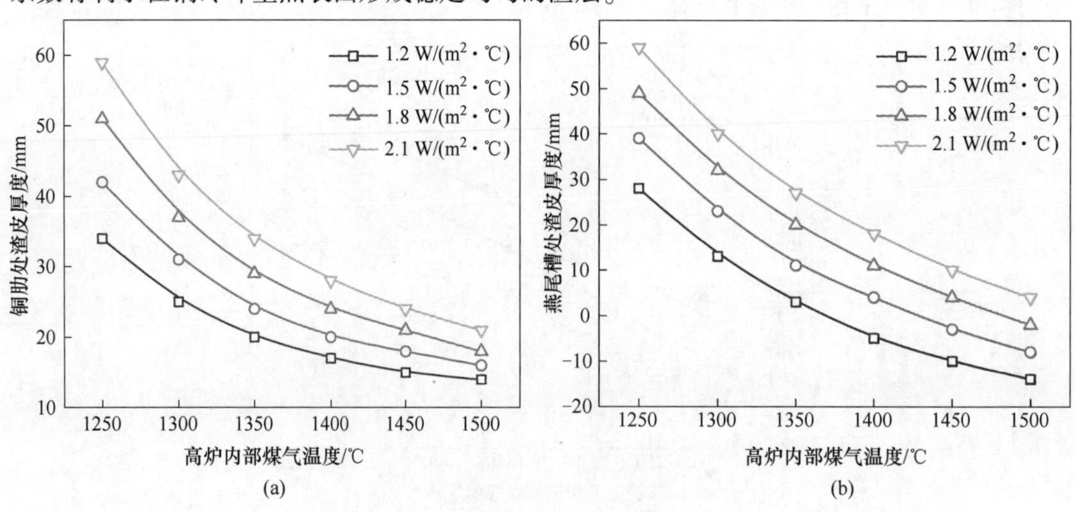

图 5-10　渣皮传热系数对渣皮厚度的影响

（a）铜肋处渣皮厚度；（b）燕尾槽处渣皮厚度

图 5-11 显示了在不同渣皮传热系数条件下，铜冷却壁热面渣皮分布的均匀性。可以看出随着煤气温度的升高，铜肋处与燕尾槽处渣皮厚度差值越大，渣皮分布越不均匀；此外，在同一煤气温度条件下铜肋处与燕尾槽处渣皮厚度差值随渣皮传热系数的增大而减小，表明较高的渣皮传热系数有利于渣皮分布均匀。稳定均匀的渣皮能够减少炉料对冷却壁壁体的冲刷侵蚀，有利于延长冷却壁工作寿命和炉况顺行。

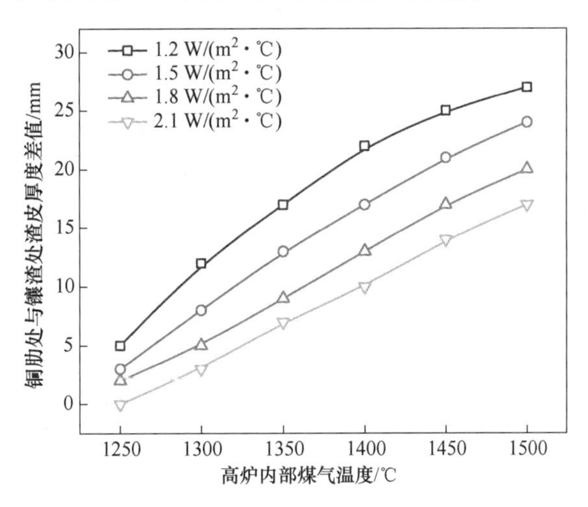

图 5-11 渣皮传热系数对渣皮均匀性的影响

5.3 数据与机理融合的渣皮厚度实时评价模型

5.3.1 模型的建立

5.2 节中通过控制变量法分析了不同边缘煤气温度、挂渣温度、渣皮传热系数对渣皮厚度的影响。由于控制变量方法的局限性，在其他因素不变的条件下分析特定因素对目标的规律，因此其拟合结果并不能完全反映多因素对目标的实际关系。本节对边缘煤气温度、挂渣温度、渣皮传热系数、冷却水流速进行交叉组合，设计多组混合模拟案例分析多因素对冷却壁渣皮厚度关系。为了减少模拟案例数量的同时获得尽量多的信息和精确的结果，采用正交试验法，并基于实际生产和专家经验对煤气温度、挂渣温度、渣皮传热系数以及冷却水流速进行约束，各因素水平见表 5-6，正交试验表见表 5-7。

表 5-6 因素水平的设定

因素名称	因素水平
边缘煤气温度/℃	1300, 1325, 1350, 1375, 1400, 1425, 1450, 1475, 1500
挂渣温度/℃	1050, 1075, 1100, 1125, 1150, 1175, 1200, 1225, 1250
渣皮传热系数/W·(m²·℃)$^{-1}$	1.2, 1.3, 1.4, 1.5, 1.6, 1.7, 1.8, 1.9, 2.0
冷却水流速/m·s^{-1}	1.5, 1.6, 1.7, 1.8, 1.9, 2.0, 2.1, 2.2, 2.3

表 5-7 正交试验表

编号	边缘煤气温度/℃	挂渣温度/℃	渣皮传热系数/W·$(m^2·℃)^{-1}$	冷却水流速/$m·s^{-1}$	编号	边缘煤气温度/℃	挂渣温度/℃	渣皮传热系数/W·$(m^2·℃)^{-1}$	冷却水流速/$m·s^{-1}$
1	1425	1075	2.0	2.3	42	1425	1150	1.5	2.2
2	1300	1225	1.9	1.7	43	1400	1100	1.9	1.8
3	1325	1150	1.9	1.5	44	1450	1225	1.3	1.6
4	1500	1075	1.7	2.1	45	1450	1175	2.0	1.5
5	1350	1175	1.5	1.9	46	1350	1225	2.0	2.0
6	1375	1100	2.0	2.1	47	1350	1150	1.8	2.1
7	1300	1100	1.4	2.3	48	1450	1150	1.9	2.3
8	1350	1200	1.9	1.6	49	1450	1050	1.5	1.7
9	1500	1100	1.5	1.6	50	1450	1150	1.4	2.0
10	1350	1050	1.3	1.8	51	1400	1150	1.6	1.6
11	1500	1225	1.4	1.9	52	1300	1150	1.6	2.1
12	1350	1125	1.6	2.3	53	1375	1200	1.5	2.3
13	1475	1075	1.5	1.5	54	1375	1050	1.8	1.6
14	1400	1175	1.2	1.9	55	1400	1225	1.5	2.1
15	1325	1200	2.0	1.9	56	1450	1125	1.8	1.9
16	1375	1125	1.2	1.8	57	1500	1200	1.3	1.5
17	1500	1050	1.6	2.0	58	1300	1125	1.5	2.0
18	1500	1150	1.2	2.3	59	1325	1100	1.3	2.0
19	1425	1175	1.2	2.0	60	1350	1100	1.2	1.7
20	1375	1150	1.3	2.2	61	1325	1125	1.7	1.7
21	1375	1150	1.7	1.9	62	1400	1200	1.7	2.0
22	1500	1150	2.0	1.7	63	1300	1050	1.2	1.5
23	1450	1100	1.7	2.2	64	1300	1075	1.3	1.9
24	1300	1150	2.0	1.8	65	1350	1150	1.7	1.5
25	1325	1075	1.2	1.6	66	1300	1200	1.8	2.2
26	1475	1225	1.2	2.2	67	1500	1175	1.8	1.8
27	1425	1125	1.3	2.1	68	1400	1050	2.0	2.2
28	1400	1175	1.3	2.3	69	1300	1175	1.7	1.6
29	1425	1200	1.6	1.7	70	1475	1050	1.7	2.3
30	1325	1175	1.6	2.2	71	1425	1150	1.4	1.6
31	1500	1125	1.9	2.2	72	1450	1200	1.2	2.1
32	1375	1175	1.4	1.7	73	1475	1200	1.4	1.8
33	1425	1050	1.9	1.9	74	1475	1125	2.0	1.6
34	1375	1225	1.6	1.5	75	1400	1075	1.8	1.7
35	1325	1050	1.4	2.1	76	1450	1075	1.6	1.8
36	1475	1150	1.3	1.7	77	1475	1100	1.6	1.9
37	1475	1150	1.8	2.0	78	1350	1075	1.4	2.2
38	1475	1175	1.9	2.1	79	1425	1100	1.8	1.5
39	1325	1150	1.5	1.8	80	1325	1225	1.8	2.3
40	1400	1125	1.4	1.5	81	1375	1075	1.9	2.0
41	1425	1225	1.7	1.8					

数据驱动与数值模拟融合过程如图 5-12 所示。首先按照正交试验设计表模拟计算出不同渣皮传热系数、挂渣温度、边缘煤气温度、冷却水流速下的渣皮厚度、热电偶温度、热流强度结果，生成算例数据集，如图 5-12（a）所示。然后将 81 组算例数据集按照 9∶1 的比例随机拆分成训练集和测试集，基于多元线性回归算法分别建立渣皮厚度回归模型（F_1）、壁体热电偶温度回归模型（F_2）、壁体热流强度回归模型（F_3），如图 5-12（b）所示。其中，渣皮传热系数和挂渣温度由渣皮的物化性质决定，可通过高炉检修渣皮采样或设计初渣实验检测化验的方式获取，将其设定为已知量；冷却水流速为生产中的已知监测参数；只有冷却壁边缘煤气温度没有可靠的方法获取。因此，设计了渣皮厚度求解过程，如图 5-12（c）所示。高炉生产过程中冷却壁热电偶温度与热流强度是实时可测的，渣皮传热系数、挂渣温度、冷却水流速是已知的，因此，可以基于壁体热电偶温度回归模型（F_2）、壁体热流强度回归模型（F_3）实现对冷却壁边缘煤气温度的反解，将反解得到的边缘煤气温度求均值作为当前时刻该位置处与冷却壁热面接触的实际边缘煤气温度，代入渣皮厚度回归模型（F_1）即可计算出当前时刻该位置处附着在冷却壁热面的渣皮厚度。

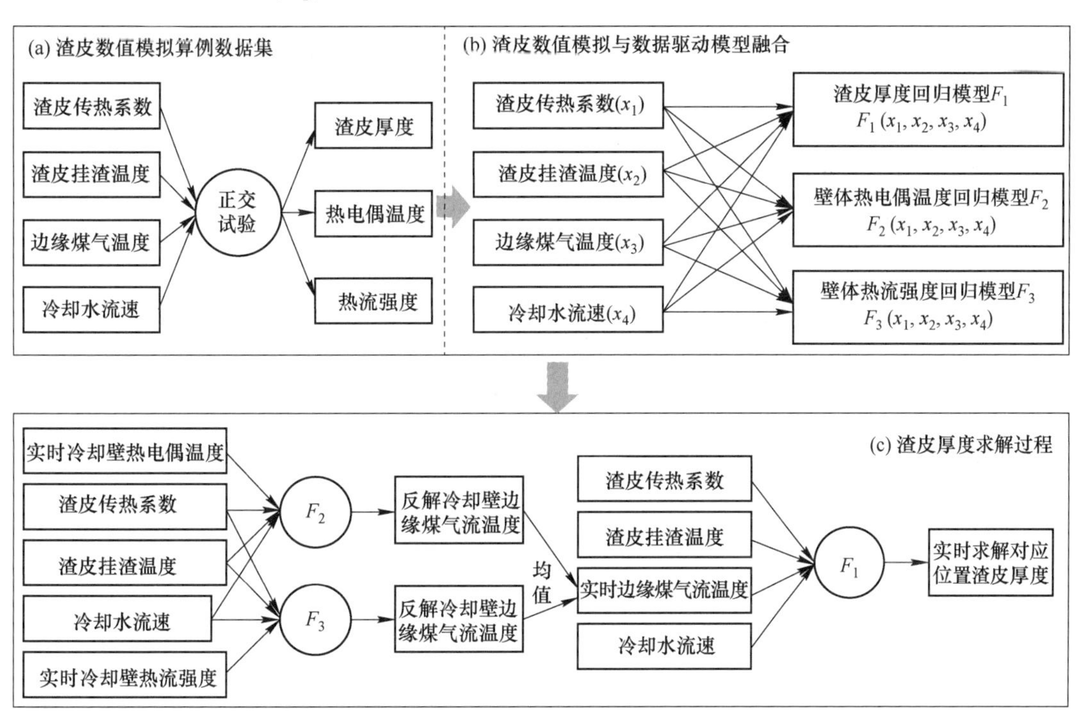

图 5-12　数据驱动与数值模拟融合的高炉渣皮厚度模型

5.3.2　结果分析

渣皮厚度回归模型、热电偶温度回归模型与壁体热流强度回归模型的测试结果如图 5-13 所示。由图可知，渣皮厚度、热电偶温度与热流强度三个指标的回归模型测试效果良好，模型回归值与有限元仿真值具有较高的吻合度，能够准确反映渣皮数值模拟的真实结果。

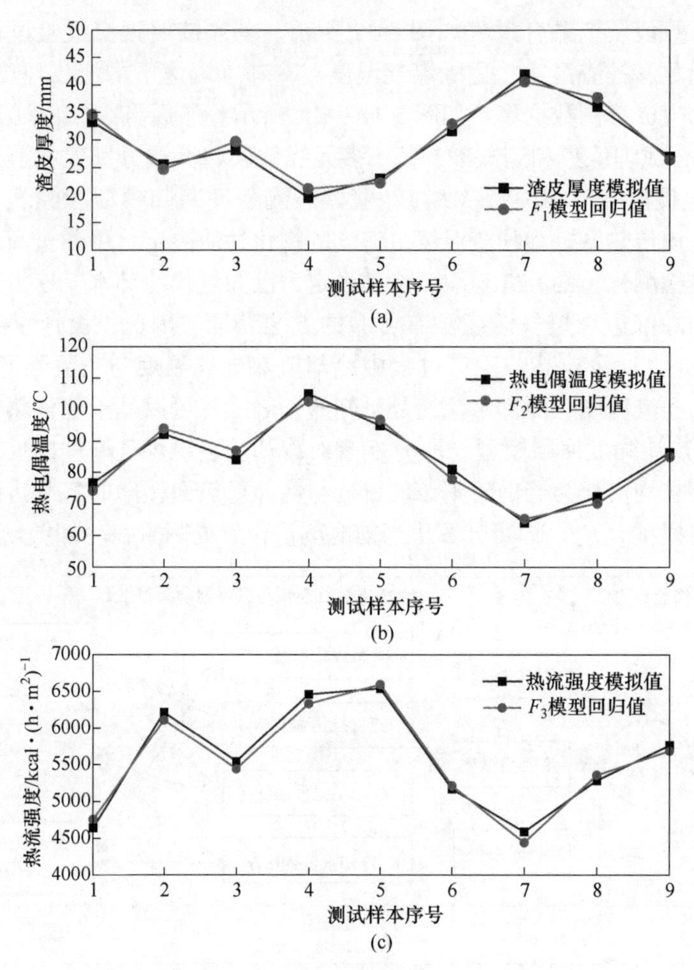

图 5-13 数据驱动与数值模拟融合的渣皮回归模型测试结果

(a) 渣皮厚度；(b) 热电偶温度；(c) 热流强度

本节构建的数据驱动与数值模拟融合的高炉渣皮计算方法有效克服了渣皮厚度数值模拟求解时间过长的问题，能够利用已知参数快速计算不同位置冷却壁渣皮厚度，有利于模型的在线应用。例如，已知冷却水流速为 1.7 m/s、渣皮传热系数为 1.4 W/(m^2·℃)、挂渣温度为 1120 ℃、圆周各方向壁体热电偶温度分别为 83.3 ℃、87.1 ℃、90.4 ℃、86.4 ℃、82.2 ℃、84.1 ℃、88.3 ℃、91.2 ℃，圆周各方向壁体热流强度分别为 5252.3 kcal/(h·m^2)①、5634.2 kcal/(h·m^2)、5924.6 kcal/(h·m^2)、5564.8 kcal/(h·m^2)、5171.5 kcal/(h·m^2)、5345.1 kcal/(h·m^2)、5694.9 kcal/(h·m^2)、6016.4 kcal/(h·m^2)，将数据代入壁体热电偶温度回归模型 $F2$ 与壁体热流强度回归模型 $F3$，计算得出边缘煤气温度均值为 1334 ℃，将已知参数与计算结果代入渣皮厚度回归模型 $F1$，即可计算出铜肋处与镶渣处渣皮厚度均值分别为 23.75 mm、13.87 mm。圆周方向渣皮厚度如图 5-14 所示。

① 1 kcal = 4.184 kJ。

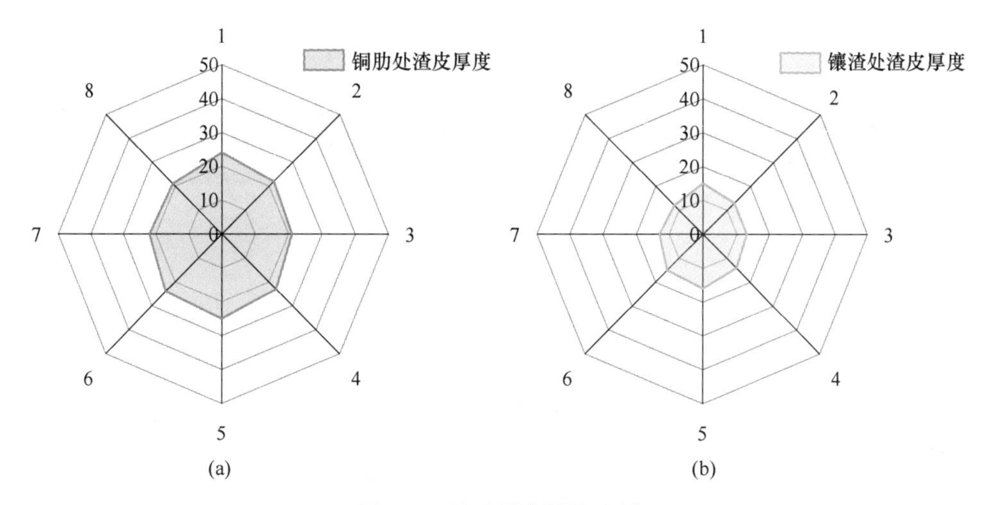

图 5-14 渣皮厚度计算示例

（a）铜肋处渣皮厚度；（b）镶渣处渣皮厚度

参 考 文 献

[1] 仝兴武 . 2000 m^3 高炉铸铁冷却壁温度控制 [J]. 冶金设备，2022（S1）：133-136.

[2] 陈高鹏 . 新型冷却壁在首钢长钢 8 号高炉的应用 [J]. 山西冶金，2021，44（3）：224-225.

[3] 赵建宇，仝兴武 . 津西钢铁 2000 m^3 高炉冷却壁温度超高控制实践 [J]. 中国钢铁业，2021，5：53-55.

[4] 郑俊平，卢正东，李承志，等 . 不同冷却壁与炭砖组合结构高炉炉缸的温度场分布 [J]. 武汉科技大学学报，2021，44（2）：93-99.

[5] 卢正东 . 高炉炉衬与冷却壁损毁机理及长寿化研究 [D]. 武汉：武汉科技大学，2021.

[6] 刘云彩 . 高炉渣皮脱落分析 [J]. 中国冶金，2014，24（12）：32-35.

[7] 李峰光，张建良 . 变渣皮厚度条件下铜冷却壁应力分布规律及挂渣稳定性 [J]. 工程科学学报，2017，39（3）：389-398.

[8] 李峰光，张建良 . 基于 ANSYS“生死单元”技术的铜冷却壁挂渣能力计算模型 [J]. 工程科学学报，2016，38（4）：546-554.

[9] 郑源斌，蒋朝辉 . 高炉铜冷却壁温度场数值模拟及其挂渣分析 [J]. 有色冶金设计与研究，2014，35（4）：1-3，11.

[10] 刘增勋，吕庆 . 高炉渣皮厚度的传热分析 [J]. 钢铁钒钛，2008（3）：51-54.

[11] Cheng S, Yang T, Yang W, et al. Analysis of heat transfer and temperature field of blast furnace copper stave [J]. Iron and Steel (China), 2001, 36 (2): 8-11.

[12] 郑建春，宗燕兵，苍大强 . 高炉铜冷却壁热态实验及温度场数值模拟 [J]. 北京科技大学学报，2008，8：938-941.

6 基于机器学习的高炉关键炉况参数预测

本章将先对高炉生产过程中的海量数据进行数据预处理，随后采用支持向量机[1]、随机森林[2]、梯度提升树[3]、XGBoost[4]、LightGBM[5]、人工神经网络[6]以及集成学习算法[7]对预测参数焦比、K值和热负荷进行预测和分析。

考虑到高炉不同时期的操作炉型、原燃料条件、设备运行状况等冶炼条件差异很大，采用不同时期数据进行炉况参数预测时，预测结果可能差异很大，而且高炉预测参数受近期冶炼条件的影响大于远期冶炼条件。为了解决这一矛盾，本节采取的方法是：先用全部有效数据进行预测得出 1 号预测结果，再用后一半有效数据预测得出 2 号预测结果，随后对预测结果进行综合分析。因此，预测目标参数有：焦比 1 号、K值 1 号、热负荷 1 号，焦比 2 号、K值 2 号和热负荷 2 号。高炉参数预测流程如图 6-1 所示。

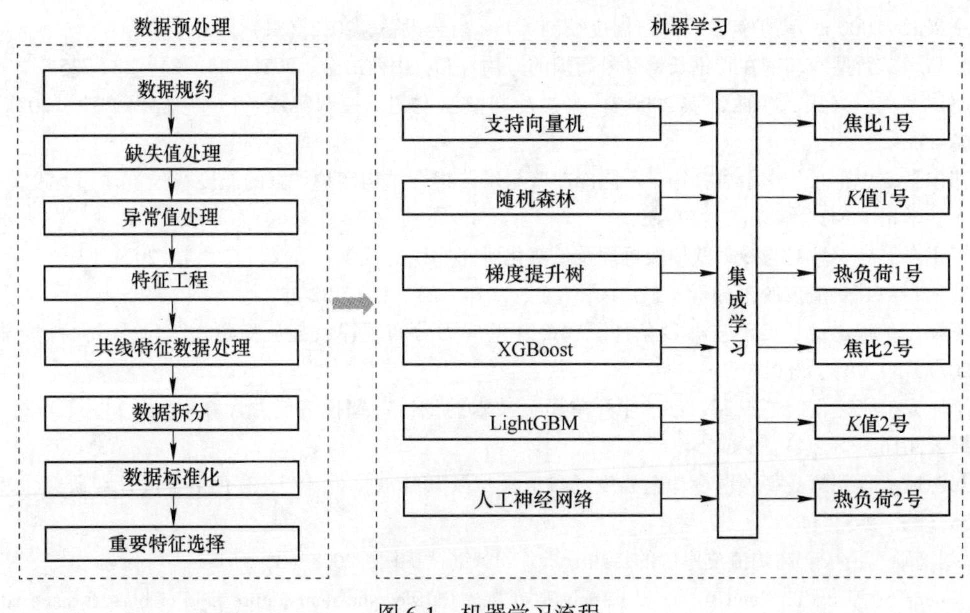

图 6-1　机器学习流程

6.1　炉况参数数据预处理

在进行机器学习之前，需要对原始数据进行预处理，使得数据满足模型输入要求，确保模型的可靠性。由于控制参数调整后未必立即影响预测参数，因此需要对预测参数进行加权处理，本节采用的加权方法是设定当日、1 天后、2 天后的权重分别为 0.4、0.4、0.2，然后进行加权求和。

数据规约、缺失值处理、异常值处理已在第 3 章详细介绍，本节主要介绍共线特征数据处理、数据拆分、数据标准化、重要特征选择以及特征工程。

6.1.1 共线特征数据处理

在建立高炉参数预测模型时，为提高模型的预测精度，保证模型的系统性，须尽可能多地利用生产过程中采集的工艺参数。然而，由于高炉参数之间关系复杂，耦合性强，因此数据库中的许多特征是冗余的。其中，高度相关的特征称为共线特征，这些变量之间存在冗余关系，它们并不能提高模型的精度，有时反而会降低模型的准确性；同时，变量过多会增加模型计算的复杂度。消除这些特征对其中的一个变量通常可以提高机器学习模型的泛化性能，并使之更易于解释。

有许多方法可以计算特征之间的共线性，本节使用相关系数 r 来识别和删除共线特征，如果参数之间的相关系数大于阈值（通常取值 0.5~0.7），将删除一对特征中的一个。r 的计算方法见式（6-1）。

$$r = \frac{\sum_{i=1}^{n}(x_i - \bar{x})(y_i - \bar{y})}{\sqrt{\sum_{i=1}^{n}(x_i - \bar{x})^2 \times \sum_{i=1}^{n}(y_i - \bar{y})^2}} \tag{6-1}$$

式中，r 为相关系数，取值在$-1 \sim 1$ 之间。

r 的绝对值越大，两属性之间的相关性越强；反之，相关性越弱。通常，$|r| \leqslant 0.3$ 为不存在线性相关，$0.3 < |r| \leqslant 0.5$ 为低度线性相关，$0.5 < |r| \leqslant 0.8$ 为显著线性相关，$|r| > 0.8$ 为高度线性相关。

6.1.2 数据拆分

在机器学习中，通常将数据划分为训练集和测试集。训练集用于机器学习模型的计算，目的是让模型学习特征与目标之间的映射。测试集用于验证和评估模型，并根据测试集的结果训练模型。本节用 80%的随机数据进行训练，其余的 20%用于测试。数据拆分后生成 4 个数据集：训练参数集 X_train、训练目标集 y_train，测试参数集 X_test 和测试目标集 y_test。

6.1.3 数据标准化

数据标准化是机器学习的基础工作，不同的参数指标往往具有不同的量纲，数值间的差别可能会很大，不进行处理可能会影响到数据分析的结果。为了消除参数指标之间的量纲和取值范围差异的影响，需要对训练数据进行标准化处理，便于建立有效的机器学习模型。

常见的数据标准化方法有：零-均值标准化和极值标准化。

（1）零-均值标准化计算公式：

$$x^* = \frac{x - \bar{x}}{\sigma} \tag{6-2}$$

式中，$\bar{x}$ 为原始数据的均值；σ 为原始数据的标准差。

（2）极值标准化也称最小-最大标准化，计算公式如下：

$$x^* = \frac{x - x_{\min}}{x_{\max} - x_{\min}} \tag{6-3}$$

式中，$x_{\max}$ 为样本数据的最大值；$x_{\min}$ 为样本数据的最小值。

式（6-3）把训练集和测试集的数据归一化到区间［0，1］内，这种标准化方式称为［0，1］区间标准化。

本节采用零-均值标准化方法，它的优点是不需要预先知道各项数据的最大值和最小值，而且可以显著地减少噪声点对标准化的影响，是目前最常用的数据标准化方法。

6.1.4 重要特征选择

通过特征选择技术来选取针对目标参数最重要的特征，可以减少数据量和数据的重复性，加快机器学习训练速度，最重要的是可以减小过拟合风险。LightGBM 模型中 feature_importances_ 函数可以高效地提取重要的特征参数[8]。本节各项预测参数的重要特征参数选取 50 项，见表 6-1。

表 6-1 各项预测参数的重要特征参数

序号	焦比 1 号	K 值 1 号	热负荷 1 号	焦比 2 号	K 值 2 号	热负荷 2 号
1	炼铁［Si］	烧结粒度波动	煤粉灰分波动	$L_{ore\_center\_to\_edge}$	烧结粒度波动	焦炭 M_{40}
2	焦炭 M_{40}	煤粉灰分波动	烧结 FeO	炼铁［Si］	煤粉灰分波动	烧结粒度波动
3	粒焦比	焦炭灰分	炉腹煤气量	大气湿度	烧结 FeO 波动	焦粉率
4	大气湿度	烧结 FeO	烧结粒度波动	焦炭［S］含量	烧结粒径	炉渣三元碱度
5	焦炭 M_{10}	炉渣三元碱度	四烧比例	焦炭灰分	焦炭灰分	烧结 FeO 波动
6	烧结 SiO_2	焦炭粒径	焦炭 M_{10}	焦炭 40~75 mm 比例	烧结 FeO	煤粉灰分波动
7	烧结 FeO	气温波动	铁水测温	烧结品位	焦粉率	焦炭粒径
8	$L_{ore\_center\_to\_edge}$	焦炭［S］含量	大气湿度	粒焦比	烧结强度	烧结强度
9	烧结强度	焦炭 M_{10}	焦粉率	烧结粒径	焦炭 M_{10}	烧结粒径
10	α_{coke_center}	烧结 FeO 波动	焦炭［S］含量	焦炭粒径	焦炭 M_{40}	焦炭灰分
11	$R_{coke\_load\_5}$	焦炭 M_{40}	煤粉硫	煤粉灰分波动	焦炭粒径	焦炭 40~75 mm 比例
12	烧结品位	大气湿度	炉渣三元碱度	四烧比例	炉渣碱度	焦炭 M_{10}
13	焦炭粒径	炼铁［Si］	焦炭 M_{40}	焦粉率	烧结品位	粒焦比
14	焦炭［S］含量	烧结 SiO_2	气温波动	焦炭 M_{10}	四烧比例	烧结 FeO
15	下料批数	烧结粒径	理论燃烧温度	烧结粒度波动	烧结碱度	炉腹煤气量
16	烧结粒度波动	铁水测温	焦炭粒径	下料批数	铁水测温	大气湿度
17	四烧比例	下料批数	焦炭灰分	烧结 FeO	焦炭 40~75 mm 比例	下料批数
18	烧结粒径	烧结碱度	煤粉灰分	焦炭 CSR	粒焦比	炼铁［Si］
19	煤粉灰分波动	四烧比例	烧结 FeO 波动	焦炭 M_{40}	L_{coke_edge}	四烧比例

续表 6-1

序号	焦比 1 号	K 值 1 号	热负荷 1 号	焦比 2 号	K 值 2 号	热负荷 2 号
20	煤粉灰分	焦丁比	烧结粒径	$R_{coke\_load\_10}$	气温波动	气温波动
21	焦炭 CRI	$R_{coke\_load\_8}$	粒焦比	α_{coke_center}	炉渣三元碱度	煤粉灰分
22	$R_{coke\_load\_8}$	综合品位	炼铁［Si］	烧结 FeO 波动	下料批数	α_{coke_edge}
23	铁水测温	中块焦比	顶压	煤粉灰分	$R_{coke\_load\_10}$	理论燃烧温度
24	烧结 FeO 波动	风温	烧结强度	峨球比例	大气湿度	顶压
25	$R_{coke\_load\_10}$	炉渣碱度	炉渣碱度	α_{coke_edge}	综合品位	煤粉硫
26	焦炭 CSR	烧结品位	烧结碱度	L_{coke_edge}	煤粉硫	$R_{coke\_load\_10}$
27	综合品位	焦粉率	综合品位	气温波动	炼铁［Si］	球团比例
28	煤粉硫	粒焦比	风温	烧结碱度	焦丁比	焦炭［S］含量
29	焦粉率	球团比例	$R_{coke\_load\_10}$	烧结强度	焦炭［S］含量	焦炭 CRI
30	$R_{coke\_load\_4}$	煤粉硫	峨球比例	$R_{coke\_load\_5}$	中块焦比	$L_{ore\_center\_to\_edge}$
31	H_{area_2}	$L_{edge\_coke\_to\_ore}$	焦炭 CRI	α_{ore_edge}	$R_{coke\_load\_9}$	风温
32	富氧量	烧结强度	球团比例	$R_{coke\_load\_8}$	$R_{coke\_load\_8}$	烧结品位
33	气温波动	峨球比例	富氧量	渣比	$L_{ore\_center\_to\_edge}$	峨球比例
34	焦炭灰分	$R_{coke\_load\_10}$	下料批数	中块焦比	$H_{area\_1/10}$	烧结碱度
35	球团比例	L_{coke_edge}	焦炭 CSR	富氧量	α_{coke_edge}	中块焦比
36	中块焦比	焦炭 CSR	烧结 SiO_2	矿石圈数	球团比例	$R_{coke\_load\_8}$
37	峨球比例	$H_{area\_1/10}$	烧结品位	焦炭 CRI	α_{ore_edge}	焦炭 CSR
38	L_{coke_edge}	$L_{ore\_center\_to\_edge}$	$R_{coke\_load\_8}$	$R_{coke\_load\_4}$	峨球比例	炉渣碱度
39	烧结碱度	L_{ore_edge}	矿石圈数	$R_{coke\_load\_9}$	焦炭 CSR	$R_{coke\_load\_9}$
40	$R_{coke\_load\_9}$	H_{area_2}	L_{coke_edge}	$H_{area\_1/10}$	$R_{coke\_load\_4}$	综合品位
41	矿石圈数	中心焦炭比例	H_{area_2}	综合品位	风温	$R_{coke\_load\_4}$
42	渣比	焦炭 CRI	$R_{coke\_load\_9}$	煤粉硫	渣比	渣比
43	α_{ore_edge}	$R_{coke\_load\_4}$	$H_{area\_1/10}$	球团比例	焦炭 CRI	L_{coke_center}
44	$R_{coke\_load\_6}$	矿石圈数	$L_{ore\_center\_to\_edge}$	漏斗深度	L_{coke_center}	$R_{coke\_load\_3}$
45	L_{ore_edge}	渣比	中块焦比	平台宽度	$R_{coke\_load\_3}$	$R_{coke\_load\_5}$
46	α_{coke_edge}	$R_{coke\_load\_9}$	α_{coke_center}	$R_{coke\_load\_2}$	$R_{coke\_load\_2}$	α_{ore_edge}
47	$L_{edge\_coke\_to\_ore}$	α_{ore_edge}	L_{ore_edge}	风口面积	矿石圈数	L_{coke_edge}
48	L_{coke_middle}	α_{coke_edge}	渣比	L_{coke_center}	漏斗深度	$R_{coke\_load\_6}$
49	$H_{area\_1/10}$	L_{coke_mean}	$R_{coke\_load\_4}$	$R_{coke\_load\_3}$	$R_{coke\_load\_6}$	α_{coke_center}
50	平台宽度	L_{coke_middle}	L_{coke_mean}	$R_{coke\_load\_6}$	$R_{coke\_load\_5}$	$H_{area\_1/10}$

6.2 机器学习算法优化

本节将依次采用支持向量机、随机森林、GBRT、XGBoost、LightGBM、人工神经网络6种机器学习算法对目标参数进行预测，具体实现方法是采用Scikit-Learn学习库的支持向量机回归函数SVR、随机森林回归函数RandomForestRegressor、梯度提升回归函数GradientBoostingRegressor，XGBoost学习库的回归函数XGBRegressor，LightGBM学习库的回归函数LGBMRegressor，Keras库中的多层感知神经网络模型分别进行机器学习训练。

评估机器学习预测模型优劣的主要指标有：平均绝对误差（Mean Absolute Error，MAE）、均方误差（Mean Square Error，MSE）、均方根误差（Root Mean Square Error，RMSE）、平均绝对百分比误差（Mean Absolute Percentage Error，MAPE）、决定系数（Coefficient of Determination，R^2）。由于本节预测参数的量纲和数量级不同，为了实现对预测结果的统一度量，采用决定系数 R^2 对预测值进行评价。

决定系数 R^2 的定义如下：

$$R^2 = 1 - \frac{\sum_{i=1}^{n}[h(x_i) - y_i]^2}{\sum_{i=1}^{n}(\bar{y} - y_i)^2} \tag{6-4}$$

式中，分子为真实值与预测值的平方差之和，分母为真实值与数据平均值的平方差之和。R^2 取值范围为［0，1］，如果结果为0，则表明模型拟合效果非常糟糕；如果结果为1，则表明该模型没有误差。一般来说，决定系数 R^2 越大，模型拟合效果越好。

6.2.1 特征工程

特征工程是使用专业背景知识和技巧对数据进行处理的过程，使得特征在机器学习算法中发挥更好的作用。为了提取更多有用的信息，挖掘更深层次的模式，并提高挖掘结果的准确性，需要从已有的属性集中构造出新的属性。数据和特征决定了机器学习的上限，而模型和算法只是逼近这个上限而已。如果未选取关键变量，会造成信息丢失，不能提取本质特征；如果选取了无关变量或大量弱相关变量，则会掩盖相关变量的作用，导致建立的模型偏离实际情况[9]。

由于高炉冶炼的复杂性，需要将原始检测数据整理加工为能够真实体现高炉实际生产情况的参数，这就需要使用高炉冶炼原理或过程仿真模型对数据进行加工，从而构造出新的参数。高炉的运行状态很大程度上受高炉装料制度的影响，而高炉布料仿真模型是联系高炉布料参数和炉况的纽带。高炉布料仿真模型是分析装料制度与炉况参数的一种重要工具，也是一项最重要的特征工程。

本节将利用高炉布料仿真模型计算得出的高炉区域焦炭负荷指数、炉料落点等特征参数进行机器学习，以提升机器学习模型的拟合性能。特征工程前、后机器学习的决定系数分别见表6-2和表6-3。

表 6-2 特征工程前机器学习的决定系数（R^2）

项目	SVM	RF	GBRT	XGBoost	LightGBM	ANN	Ensemble
焦比 1 号	0.5173	0.7927	0.7612	0.7390	0.7992	0.8552	0.8033
K 值 1 号	0.8533	0.9490	0.9334	0.9301	0.9546	0.9583	0.9500
热负荷 1 号	0.0165	0.8756	0.8524	0.8490	0.8846	0.9099	0.8572
焦比 2 号	0.3846	0.6651	0.6378	0.6393	0.7101	0.7603	0.6917
K 值 2 号	0.6130	0.7787	0.7560	0.7516	0.7935	0.7926	0.7883
热负荷 2 号	−0.0115	0.7118	0.7102	0.7111	0.7482	0.7733	0.7228
平均值	0.3955	0.7955	0.7752	0.7700	0.8150	0.8416	0.8022

表 6-3 特征工程后机器学习的决定系数（R^2）

项目	SVM	RF	GBRT	XGBoost	LightGBM	ANN	Ensemble
焦比 1 号	0.6143	0.8512	0.8278	0.8195	0.8700	0.8942	0.8581
K 值 1 号	0.9069	0.9539	0.9471	0.9416	0.9572	0.9673	0.9616
热负荷 1 号	0.0187	0.8759	0.8587	0.8609	0.8951	0.9231	0.8679
焦比 2 号	0.4841	0.7611	0.7463	0.7489	0.7553	0.8270	0.7716
K 值 2 号	0.6458	0.8204	0.7899	0.7813	0.8570	0.8513	0.8292
热负荷 2 号	−0.0099	0.7324	0.7188	0.7374	0.7865	0.8273	0.7470
平均值	0.4433	0.8325	0.8148	0.8149	0.8535	0.8817	0.8392

通过对比表 6-2 和表 6-3 可知，特征工程后机器学习的预测精度明显提升，决定系数由 0.8022 提升至 0.8392。

6.2.2 超参数调优

使用 Scikit-Learn、XGBoost、LightGBM 等机器学习库可以快速实现各种机器学习算法，直接调用实际上使用了算法的默认超参数。为了提升机器学习算法预测效果，有必要对其超参数进行调优。超参数的选择通常是一个组合优化问题[10]，很难通过传统的寻优方法自动学习。超参数优化是机器学习的一种经验性很强的技术，通常是经验设定或者通过一些搜索方法对超参数组合进行不断试错调整。

Scikit-Learn 的 Grid search 方法可以实现机器学习算法的超参数自动调优，Grid search 通过指定不同的超参数列表进行穷举搜索，计算每一个超参数组合对于模型性能的影响，并且采用 k 折交叉验证以减小过拟合风险，从而获取最优的超参数组合。针对本节的目标预测参数，超参数调优后机器学习的决定系数 R^2 见表 6-4。

表 6-4 超参数调优后机器学习的决定系数（R^2）

项目	SVM	RF	GBRT	XGBoost	LightGBM	ANN	Ensemble
焦比 1 号	0.8618	0.8460	0.8807	0.8699	0.8687	0.8830	0.8944
K 值 1 号	0.9134	0.9370	0.9420	0.9517	0.9402	0.9661	0.9594
热负荷 1 号	0.8863	0.8783	0.8997	0.8936	0.8954	0.9173	0.9117

续表 6-4

项目	SVM	RF	GBRT	XGBoost	LightGBM	ANN	Ensemble
焦比 2 号	0.8416	0.7278	0.7449	0.7823	0.7863	0.8346	0.8239
K 值 2 号	0.6413	0.8074	0.8524	0.8062	0.8381	0.8624	0.8409
热负荷 2 号	0.8330	0.7778	0.7971	0.8068	0.7989	0.8281	0.8357
平均值	0.8296	0.8290	0.8528	0.8517	0.8546	0.8819	0.8777

对比表 6-3 和表 6-4 可知，超参数调优可以提高算法的预测精度，其中 SVM 算法尤为明显；尽管个别算法的 R^2 有所降低，但通过超参数 k 折交叉验证后降低了算法的过拟合风险。

预测时各机器学习算法的主要超参数见表 6-5。

表 6-5　各机器学习算法的主要超参数

超参名称	焦比 1 号	K 值 1 号	热负荷 1 号	焦比 2 号	K 值 2 号	热负荷 2 号
SVM_C	150	3	3400	100	6	3400
SVM_gamma	0.0242	0.0047	0.0286	0.0201	0.0034	0.0417
RF_n_estimators	300	150	225	300	300	300
RF_max_depth	9	9	9	9	9	9
GBRT_n_estimators	350	350	350	350	350	350
GBRT_max_depth	5	5	5	5	6	5
GBRT_lr	0.09	0.06	0.09	0.09	0.03	0.09
XGBoost_n_estimators	399	399	399	395	391	399
XGBoost_max_depth	7	6	5	7	6	5
XGBoost_lr	0.08	0.05	0.05	0.05	0.05	0.08
LightGBM_n_estimators	494	395	400	307	400	385
LightGBM_max_depth	8	8	6	6	7	6
LightGBM_lr	0.09	0.12	0.09	0.15	0.09	0.15
ANN_epochs	2000	2000	2000	2000	2000	2000
ANN_batch_size	64	64	64	64	64	64
ANN_patience	100	100	100	100	100	100
ANN_Dropout	0.3	0.3	0.3	0.2	0.2	0.2
ANN_lr	0.0005	0.0005	0.0005	0.0003	0.0003	0.0003

利用 Keras 搭建多层感知神经网络与普通机器学习有一些区别，难点在于只有选择合理的模型架构和超参数设定才能训练出超过普通机器学习模型的预测水平。

本节搭建的 ANN 神经网络共 5 层，输入层为经过筛选后的重要参数，共 50 项，隐含层共 3 层，隐含神经元个数分别为 512、256、128，输出层（1 项）为目标预测参数。激活函数采用 Relu，函数表达式如下：

$$f(v)=\begin{cases} v & (v \geqslant 0) \\ 0 & (v < 0) \end{cases} \tag{6-5}$$

Relu 是近年来提出的一种激活函数，具有计算简单、训练速度快、应用效果显著等特点，是目前使用最为广泛的激活函数。

此外，本节还采用 Dropout 和 Early_stop 技术来降低过拟合风险。在模型训练过程中，Dropout 可以随机地让网络的某些节点不工作（输出置零），也不更新权重，但权重会保存下来，在下次训练时将使用，其他运算保持不变。Early_stop 技术是指当误差函数连续 N 次（N 由人工设定）不再下降时停止神经网络的训练。其中，误差函数是衡量实际输出向量与期望值向量之间误差的函数，通常采用 MSE 来评判。

6.2.3 集成算法调优

机器学习算法的学习能力是指算法学习目标数据中隐含的信息或规律的能力，泛化能力是指算法对不同样本的适应能力。一个机器学习系统的学习能力和泛化能力越高，该模型的价值就越大。对于机器学习来说，最重要的是确保模型对新样本预测的准确性，即提高模型的泛化性能。单一机器学习算法对不同数据集的预测效果非常不确定，集成学习可以对不同算法进行扬长避短，有效提高学习系统的泛化能力。集成学习在机器学习中起着重要作用，是机器学习的一个重要研究方向[3-4]。

本节将采用优化的集成学习方法来提升机器学习算法的学习能力和泛化能力。考虑到高炉参数控制是多目标规划，而且高炉参数具有多变性，预测方法必须具有很强的鲁棒性，也就是说，不管预测数据变化有多大，都能实现较好的预测精准度[5-7]。

为了达到这一目标，本节集成学习算法的思路是：根据各算法决定系数 R^2 大小，赋予算法不同的权重，R^2 越大赋予算法的权重越大，随后加权平均得出最终的预测值。具体计算方法如下：

将各算法 R^2 由大到小排序，对应权重系数依次为 $w_1 \sim w_6$。首先，排除预测性能最差的算法，以保证整体集成学习的预测性能，设定 $w_6=0$；其次，给予预测性能较好的算法以较大的权重，即 R^2 越大赋予算法的权重越大，设定权重系数满足如下条件：

$$\frac{w_1}{w_2}=\frac{w_2}{w_3}=\frac{w_3}{w_4}=\frac{w_4}{w_5}=\lambda \tag{6-6}$$

当权重系数满足式（6-6）条件时，不同 λ 值对应的权重系数计算见式（6-7），计算结果见表 6-6。

$$w_i=\lambda^{6-i}/(\lambda+\lambda^2+\lambda^3+\lambda^4+\lambda^5) \tag{6-7}$$

表 6-6 不同 λ 值的权重系数

λ	w_1	w_2	w_3	w_4	w_5
1.0	0.2000	0.2000	0.2000	0.2000	0.2000
1.2	0.2786	0.2322	0.1935	0.1613	0.1344
1.4	0.3509	0.2507	0.1791	0.1279	0.0914
1.6	0.4145	0.2591	0.1619	0.1012	0.0633
1.8	0.4693	0.2607	0.1448	0.0805	0.0447
2.0	0.5161	0.2581	0.1290	0.0645	0.0323

续表 6-6

λ	w_1	w_2	w_3	w_4	w_5
2.2	0.5564	0.2528	0.1149	0.0522	0.0237
2.4	0.5908	0.2461	0.1026	0.0427	0.0178
2.6	0.6206	0.2387	0.0918	0.0353	0.0136
2.8	0.6466	0.2309	0.0825	0.0295	0.0105
3.0	0.6694	0.2231	0.0744	0.0248	0.0083

依次计算不同 λ 值时集成学习的决定系数 R^2，结果见表 6-7。

表 6-7 不同 λ 值时集成学习的决定系数（R^2）

λ	1.0	1.2	1.4	1.6	1.8	2.0	2.2	2.4	2.6	2.8	3.0
焦比 1 号	0.8984	0.8990	0.8992	0.8992	0.8990	0.8987	0.8983	0.8978	0.8974	0.8969	0.8964
K 值 1 号	0.9593	0.9626	0.9650	0.9665	0.9675	0.9682	0.9686	0.9689	0.9690	0.9691	0.9691
热负荷 1 号	0.9147	0.9169	0.9188	0.9201	0.9211	0.9218	0.9222	0.9225	0.9227	0.9228	0.9228
焦比 2 号	0.8339	0.8427	0.8477	0.8503	0.8516	0.8520	0.8520	0.8518	0.8514	0.8510	0.8506
K 值 2 号	0.8559	0.8617	0.8657	0.8685	0.8703	0.8714	0.8721	0.8725	0.8726	0.8727	0.8726
热负荷 2 号	0.8432	0.8470	0.8485	0.8486	0.8482	0.8474	0.8465	0.8456	0.8448	0.8440	0.8433
平均值	0.8842	0.8883	0.8908	0.8922	0.8929	0.8932	0.8933	0.8932	0.8930	0.8927	0.8925

结果表明：$\lambda=2.2$ 时，预测效果最好，决定系数 R^2 为 0.8933；$\lambda<2.2$ 时，R^2 较大的算法赋予的权重不足，预测精准度降低；$\lambda>2.2$ 时，R^2 较大的算法赋予的权重过大，会增加过拟合风险，预测效果反而变差。因此，本节选取 $\lambda=2.2$。

采用上述特征工程、超参调优和集成算法调优后，预测结果的决定系数 R^2 的平均值由 0.8022 提高至 0.8933，机器学习模型的预测精度得到了大幅提升。

为了更加清晰地展示预测值和实际值的误差，统计了各机器学习的平均绝对误差和平均绝对百分比误差，分别见表 6-8 和表 6-9。

表 6-8 集成算法调优后机器学习的平均绝对误差

算法	SVM	RF	GBRT	XGBoost	LightGBM	ANN	Ensemble
焦比 1 号 /kg · t^{-1}	3.68	3.56	4.14	3.51	3.62	3.51	3.22
K 值 1 号	0.039	0.055	0.040	0.038	0.036	0.030	0.029
热负荷 1 号 /10MJ · h^{-1}	785.6	805.4	858.0	773.9	785.1	669.3	663.8
焦比 2 号 /kg · t^{-1}	3.47	3.10	3.79	3.52	3.38	3.06	2.94
K 值 2 号	0.033	0.051	0.036	0.032	0.034	0.028	0.028
热负荷 2 号 /10MJ · h^{-1}	814.8	733.7	874.9	814.4	807.2	746.3	702.3

表 6-9 集成算法调优后机器学习的平均绝对百分数误差 (%)

算法	SVM	RF	GBRT	XGBoost	LightGBM	ANN	Ensemble
焦比 1 号	1.05	1.01	1.18	0.99	1.03	1.00	0.91
K 值 1 号	1.47	2.10	1.53	1.42	1.34	1.15	1.09
热负荷 1 号	7.04	7.15	7.61	6.86	6.98	5.80	5.80
焦比 2 号	0.97	0.87	1.06	0.98	0.95	0.86	0.83
K 值 2 号	1.16	1.79	1.28	1.12	1.20	0.99	0.99
热负荷 2 号	5.74	5.17	6.23	5.82	5.70	5.31	4.95

6.3 基于机器学习的高炉参数预测及分析

采用优化后的机器学习预测方法分别对焦比 1 号、*K* 值 1 号、热负荷 1 号、焦比 2 号、*K* 值 2 号和热负荷 2 号进行预测，各项预测参数的预测值与实际值的折线图如图 6-2 所示（为了清晰地展示预测结果，仅选取前 100 组数据）。

概率密度图可以直观地显示各参数的分布情况，也可以直观地显示预测值与实际值的偏差分布，预测参数的预测值与实际值的概率密度图如图 6-3 所示[8-9]。

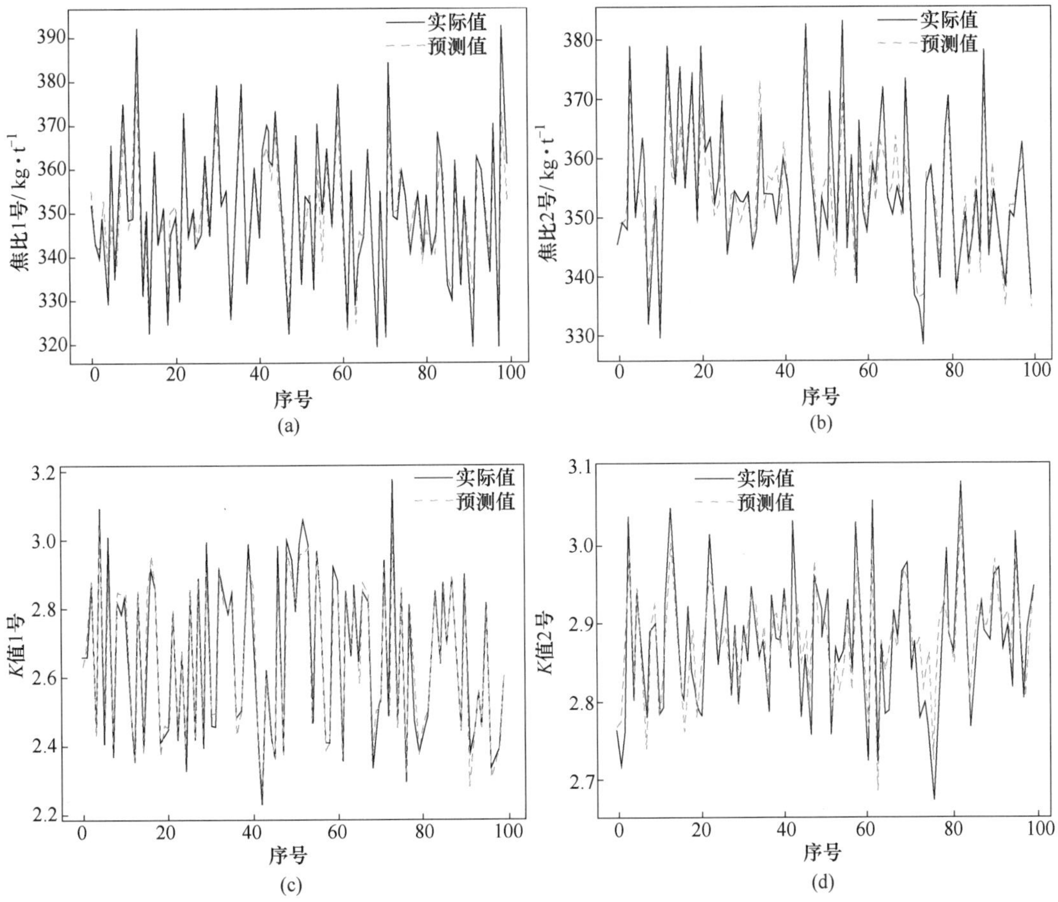

(a)

(b)

(c)

(d)

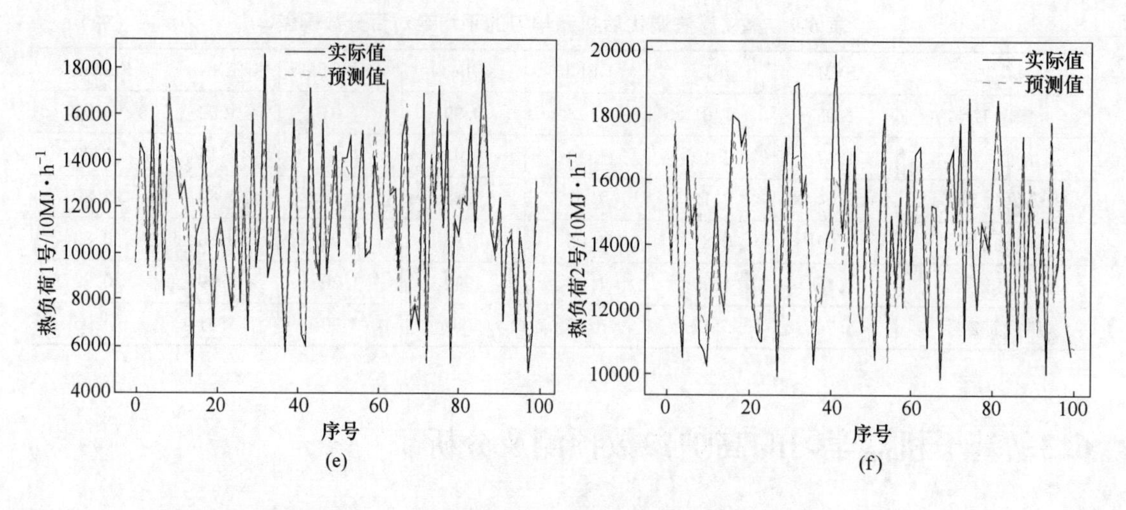

图 6-2 预测参数的预测值与实际值的折线图

(a) 焦比 1 号；(b) 焦比 2 号；(c) K 值 1 号；(d) K 值 2 号；(e) 热负荷 1 号；(f) 热负荷 2 号

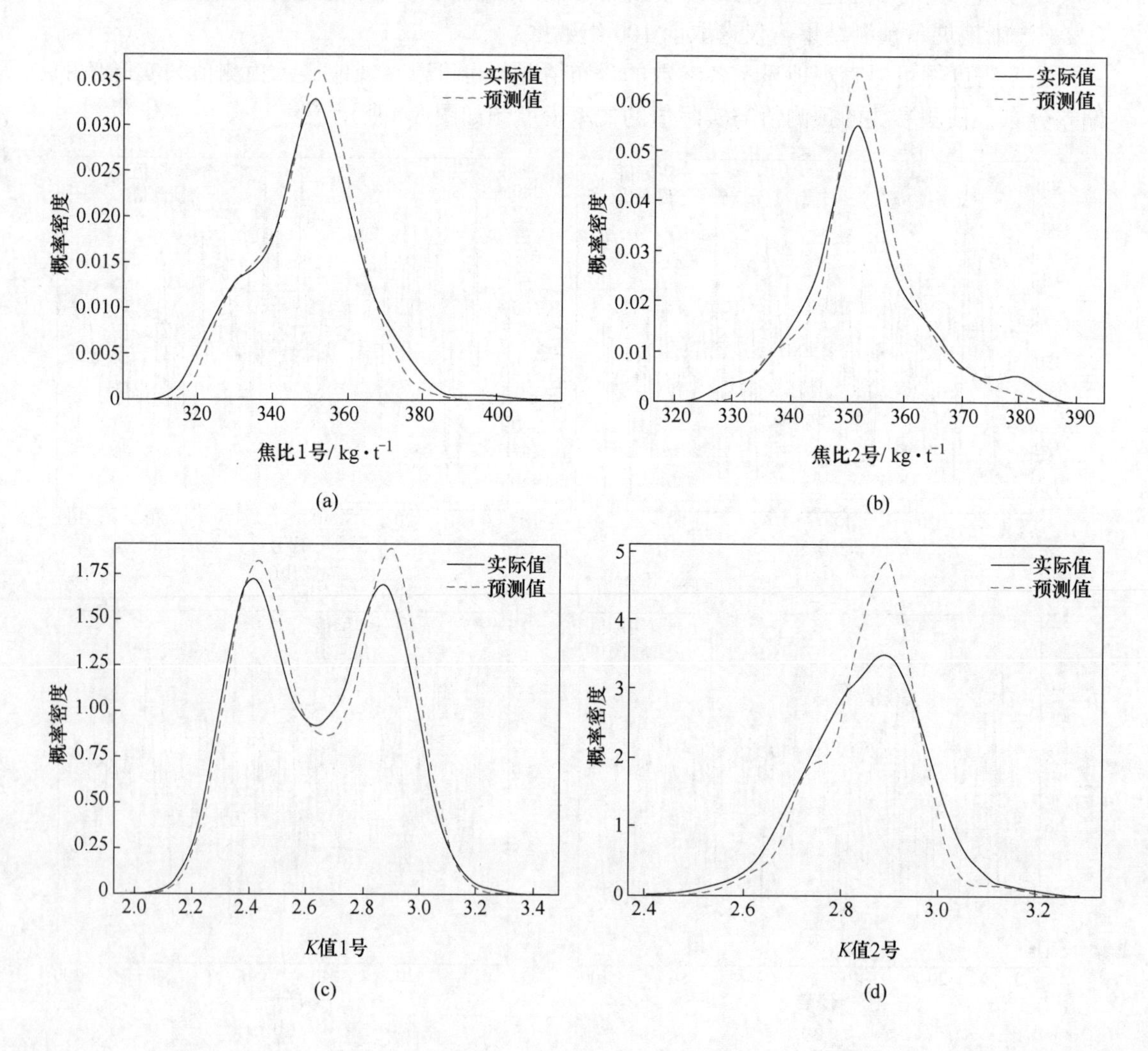

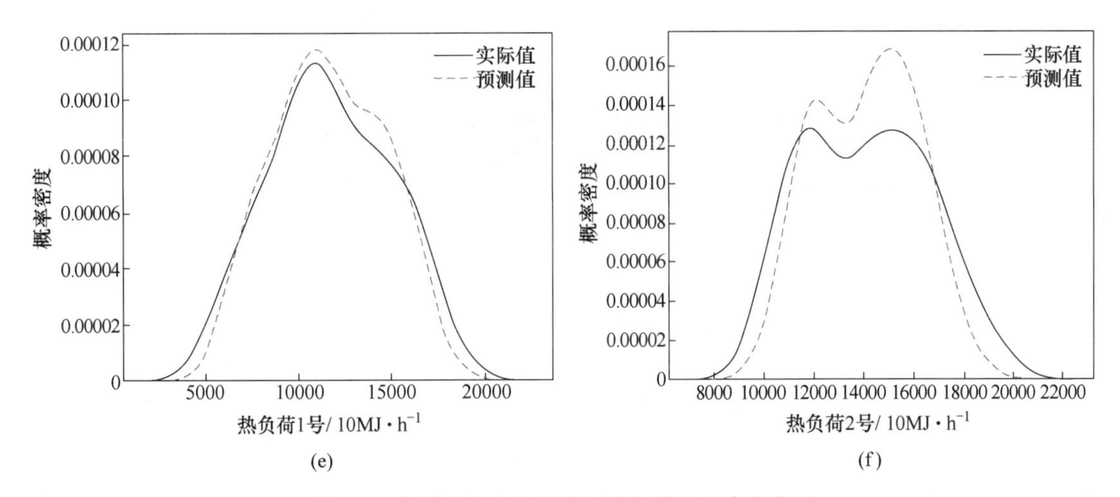

图 6-3 预测参数的预测值与实际值的概率密度图

（a）焦比 1 号；（b）焦比 2 号；（c）*K* 值 1 号；（d）*K* 值 2 号；（e）热负荷 1 号；（f）热负荷 2 号

由图 6-2 和图 6-3 可以看出，采用优化后的集成机器学习算法所得各参数的预测值与实际值的偏差很小，概率密度分布基本吻合，预测效果良好，有利于高炉操作者对炉况参数的精准控制，而且模型具有很好的鲁棒性[10-12]。此外，采用上述模型对燃料比、炉喉钢砖温度、压差等高炉参数进行了预测。预测值和真实值的决定系数 R^2 均能超过 0.8，可以实现多目标炉况参数精准预测，有效指导高炉操作。

参 考 文 献

［1］丁世飞，孙玉婷，梁志贞，等．弱监督场景下的支持向量机算法综述［J/OL］. 计算机学报，2024：1-25［2024-05-11］. http：//kns. cnki. net/kcms/detail/11. 1826. TP. 20240129. 1532. 002.

［2］李伟，刘化广，朱海丽．基于随机森林算法的薄煤层工作面开采效能预测研究［J/OL］. 中国矿业，2024：1-9［2024-05-11］. http：//kns. cnki. net/kcms/detail/11. 3033. TD. 20240116. 1039. 008.

［3］闵素芹．基于梯度提升树的 ALE 图特征解释效果分析［J］. 统计与决策，2024，40（3）：57-62.

［4］王天峥，汤健，夏恒，等．基于 XGBoost 串并联集成的数据驱动 MSWI 全流程模型［J/OL］. 计算机集成制造系统，2024：1-20［2024-05-11］. http：//kns. cnki. net/kcms/detail/11. 5946. TP. 20230920. 1143. 014.

［5］谢军飞，张海清，李代伟，等．基于 Lightgbm 和 XGBoost 的优化深度森林算法［J］. 南京大学学报（自然科学版），2023，59（5）：833-840.

［6］王久宁．基于人工神经网络预测主族合金带隙的通用模型［D］. 成都：四川师范大学，2023.

［7］徐成伟．集成学习算法在车险欺诈识别中的应用研究［J］. 电脑编程技巧与维护，2023（12）：101-104.

［8］李传辉，安铭，高征铠，等．高炉无料钟炉顶布料规律探索与实践［J］. 钢铁，2006，41（5）：6-10.

［9］李祥龙．基于数据驱动和机理分析的高炉布料决策系统研究与应用［D］. 秦皇岛：燕山大学，2017.

［10］李天禹．面向高维稀疏数据的超参数调优研究与实现［D］. 哈尔滨：哈尔滨工业大学，2020.

［11］Vapnik V N，Lerner A. Pattern recognition using generalized portrait method［J］. Automation and Remote Control，1963，24（6）：774-780.

［12］Dietterich T G. Ensemble methods in machine learning［C］. Proceedings of the 1st International Workshop on Multiple Classifier Systems（MCS），Cagliari，Italy. 2000：1-15.

7 高炉炉热状态的智能化预测与优化

在传统的高炉生产过程中，高炉操作人员通过观察铁水亮度、铁花形态和冷凝生铁样貌估计炉热水平，结合铁水测温的变化以及自身经验对炉热水平和炉况状态做出判断，但是其误差大小会因个人的经验而有所不同。另外，将铁水取样送至化验室分析铁水［Si］含量比较准确，但其结果需要 30 min 后才能得出，降低了对高炉现场生产的参考性，导致经常不能及时发现铁水［Si］含量超标现象，无法及时调整操作参数以纠正炉热，从而造成损失。如果能准确预测炉热水平，并根据预测结果反馈操作建议提前对高炉进行调整，这对保证高炉炉况顺行和提高经济效益具有重要意义。本章基于治理后的高炉生产数据深入研究了一种基于数据驱动与高炉工艺融合的炉热指标预测模型，对未来 1 h 的铁水温度和铁水［Si］含量进行预测。在此基础上，结合工艺知识建立了炉热指标反馈模型，在炉热指标波动超出理想区间时推送操作建议，最后开发了炉热预测与反馈在线模型，并在国内某座高炉上成功应用。

7.1 基于渣铁热量指数的炉热机理模型

高炉生产过程中对高炉炉热的影响因素很多，主要有：送风参数（风量、富氧量、煤量、湿度、风温等）、燃料消耗参数、煤气利用率、产量、原燃料检化验分析（焦炭、煤粉、烧结、球团）、热负荷、炉尘量等。在设计炉热预测与控制模型时，应选择合适的参数以确保可靠性，并避免使用精度较低的参数以确保模型的准确性，本节提出的炉热模型将考虑这些参数变化后带来炉热的变化。

基于渣铁热量指数的炉热预测与控制模型的主要步骤如下：

(1) 采集高炉近期运行数据，作为高炉运行的基准数据；

(2) 将高炉基准数据代入高炉碳-氧平衡方程，计算出基准状态下的理论燃料比，对理论燃料比和实际燃料比进行核算；

(3) 将高炉目标参数代入高炉高温区的热平衡和碳-氧平衡方程，计算渣铁热量指数，建立炉温与渣铁热量指数的关系式，对铁水测温和铁水［Si］含量进行预测；

(4) 将目标铁水测温对应的渣铁热量指数代入高炉高温区的热平衡和碳-氧平衡方程，计算得出煤比和需煤量，进行炉热控制。

基于渣铁热量指数的炉热预测与控制模型流程如图 7-1 所示。

7.1.1 根据物料平衡核算燃料比

统计可以代表近期高炉运行状态的数据作为基准参数，基准参数见表 7-1。

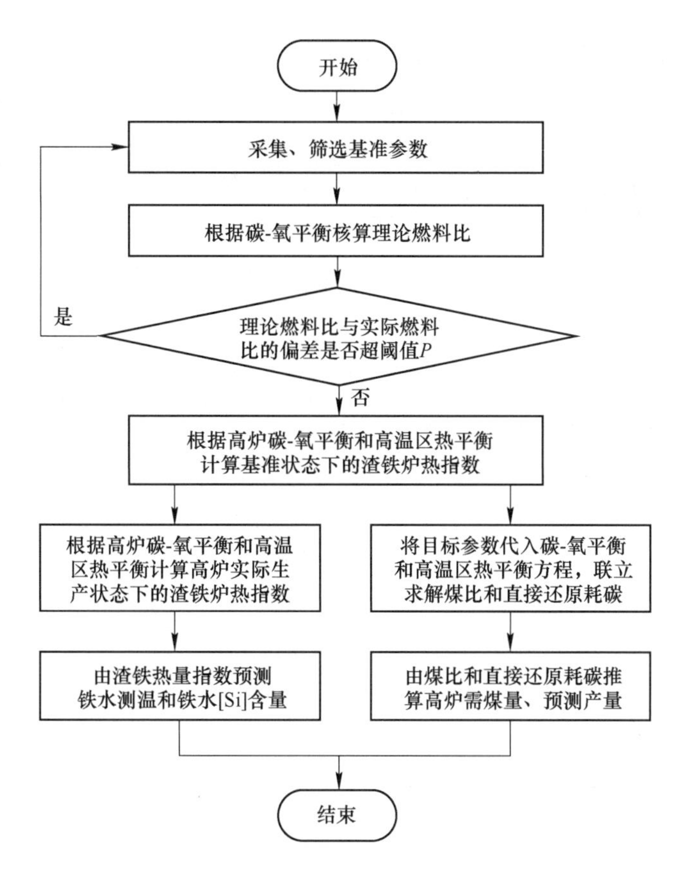

图 7-1 基于渣铁热量指数的炉热预测与控制模型流程

表 7-1 高炉运行基准参数

参数	符号	基准参数
风机风量/$m^3 \cdot min^{-1}$（标态）	$V_{风机}$	6096.00
富氧流量/$m^3 \cdot h^{-1}$（标态）	$V_{富氧}$	15929.00
大气湿度/$g \cdot m^{-3}$	$H_{大气}$	3.00
加湿量/$t \cdot h^{-1}$	$H_{加湿}$	0.10
风温/℃	BT	1267.00
煤气利用率/%	η_{CO}	49.51
铁水温度/℃	PT	1515.00
Si 含量/%	[Si]	0.42
焦比/$kg \cdot t^{-1}$	K	326.56
煤比（干）/$kg \cdot t^{-1}$	M	190.60
日产量/$t \cdot d^{-1}$	P	9458.72

续表 7-1

参数	符号	基准参数
热负荷/10MJ · h^{-1}	$Q_{热负荷}$	8453.00
焦炭中固定碳/%	$w(C_{焦})$	87.29
焦炭中灰分/%	$w(A_{焦})$	11.67
煤粉中固定碳/%	$w(C_{煤})$	69.97
煤粉中灰分/%	$w(A_{煤})$	10.86
吨铁烧结用量/kg · t^{-1}	$m_{烧结}$	1213.30
吨铁球团用量/kg · t^{-1}	$m_{球团}$	391.11
Fe 含量/%	[Fe]	94.72
C 含量/%	[C]	4.70
Mn 含量/%	[Mn]	0.04
P 含量/%	[P]	0.07
Ti 含量/%	[Ti]	0.03
渣比/kg · t^{-1}	$m_{渣}$	305.00
煤粉水分/%	$w(H_2O_{煤})$	1.32
煤粉中 O 含量/%	$w(O_{煤})$	8.21
烧结中 Fe_2O_3 含量/%	$w(Fe_2O_{3烧结})$	72.44
烧结中 FeO 含量/%	$w(FeO_{烧结})$	9.59
球团中 Fe_2O_3 含量/%	$w(Fe_2O_{3球团})$	90.88
球团中 FeO 含量/%	$w(FeO_{球团})$	0.66
炉渣中 FeO 含量/%	(FeO)	0.04
炉渣中 S 含量/%	(S)	1.02
吨铁炉尘量/kg · t^{-1}	$m_{炉尘}$	17.00
炉尘中 Fe_2O_3 含量/%	$w(Fe_2O_{3炉尘})$	48.12
炉尘中 FeO 含量/%	$w(FeO_{炉尘})$	6.82
炉尘中 C 含量/%	$w(C_{炉尘})$	20.25
焦炭中 O 含量/%	$w(O_{焦})$	0.70
喷煤风量/m^3 · min^{-1}（标态）	$V_{喷煤}$	2873.00
喷煤氮气量/m^3 · h^{-1}（标态）	$V_{喷煤N_2}$	4000.00
氢的利用率/%	η_{H_2}	40.00

为了区分基准参数和目标控制参数，下文中右上角标有“0”的符号表示基准参数。

大气湿分f^0（%）：

$$f^0 = \frac{22.4 \times H^0_{大气}}{1000 \times 18} \tag{7-1}$$

入炉O_2量（m^3/min，标态）：

$$V^0_{O_2\_风} = [0.21 \times (1 - f^0) + 0.5 \times f^0] \times \left(V^0_{风机} + \frac{V^0_{喷煤}}{60}\right) + \frac{\lambda_{富氧} \times V^0_{富氧}}{60} + \frac{1000 \times 22.4 \times H^0_{加湿}}{2 \times 18 \times 60} \tag{7-2}$$

式中，$\lambda_{富氧}$为富氧中O_2的质量分数，本节取值为99.7%。

铁风口燃烧耗氧量（m^3/t，标态）：

$$O^0_{燃} = \frac{1440 \times V^0_{O_2\_风}}{P^0} \tag{7-3}$$

铁风口燃烧碳量（kg/t）：

$$C^0_{燃} = O^0_{燃} \times \frac{24}{22.4} \tag{7-4}$$

正常情况下，未燃煤粉进入炉尘中的比例较少，对高温区的碳-氧平衡和热平衡计算影响不大；但当煤比提高后，炉尘中未燃煤粉明显增多时，M^0取值为在炉内发生反应的煤量，即入炉总煤量扣除炉尘中增加的煤量。假设煤粉在风口全部燃烧，则铁风口燃烧焦炭的碳量（kg/t）：

$$C^0_{燃\_焦} = C^0_{燃} - M^0 \times \frac{w^0(C_{煤})}{100} \tag{7-5}$$

铁焦炭气化量（kg/t）：

$$C^0_{气\_焦} = K^0 \times \frac{w^0(C_{焦})}{100} - C^0_{渗} - C^0_{灰} \tag{7-6}$$

铁直接还原耗碳量（kg/t）：

$$C^0_{dFe} = C^0_{气\_焦} - C^0_{燃\_焦} - C^0_{da} \tag{7-7}$$

式中，C^0_{da}为除铁元素外的其他元素还原耗碳量，kg/t；$C^0_{渗}$为生铁渗碳量，kg/t；$C^0_{灰}$为除尘灰中含碳量，kg/t。

炉料带入煤气的总氧量（kg/t）：

$$O^0_{料} = m^0_{烧结} \times \left[\frac{w^0(Fe_2O_{3烧结})}{100} \times \frac{48}{160} + \frac{w^0(FeO_{烧结})}{100} \times \frac{16}{72}\right] + m^0_{球团} \times \left[\frac{w^0(Fe_2O_{3球团})}{100} \times \frac{48}{160} + \frac{w^0(FeO_{球团})}{100} \times \frac{16}{72}\right] - m^0_{炉尘} \times \left[\frac{w^0(Fe_2O_{3炉尘})}{100} \times \frac{48}{160} + \frac{w^0(FeO_{炉尘})}{100} \times \frac{16}{72}\right] + M^0 \times \left[\frac{\frac{w^0(H_2O_{煤})}{100}}{1 - \frac{w^0(H_2O_{煤})}{100}} \times \frac{16}{18} + \frac{w^0(O_{煤})}{100}\right] + K^0 \times \frac{w^0(O_{焦})}{100} +$$

$$10 \times \left(w[\mathrm{Si}]^0 \times \frac{32}{18} + w[\mathrm{Mn}]^0 \times \frac{16}{55} + w[\mathrm{P}]^0 \times \frac{80}{62}\right) -$$

$$m^0_{炉渣} \times \frac{w^0(\mathrm{FeO})}{100} \times \frac{16}{72} + m^0_{炉渣} \times \frac{w(\mathrm{S})^0}{100} \times \frac{16}{31} \tag{7-8}$$

煤粉中含 H 的物质的量（kmol/kg）：

$$n^0(\mathrm{H}_{煤}) = \frac{\frac{w^0(\mathrm{H}_{煤})}{100}}{2} + \frac{\frac{w^0(\mathrm{H_2O}_{煤})}{100}}{1 - \frac{w^0(\mathrm{H_2O}_{煤})}{100}} \times \frac{1}{18} \tag{7-9}$$

将以上计算结果代入碳-氧平衡方程：

$$\eta^0_{\mathrm{CO}} = \frac{\frac{\mathrm{O}^0_{料}}{16} - \frac{\mathrm{C}^0_{\mathrm{dFe}}}{12} - \eta_{\mathrm{H_2}} \times \left(v^0_{\mathrm{H_2O\_风}} \times \frac{\mathrm{C}^0_{燃}}{22.4} + M^0 \times n^0(\mathrm{H}_{煤})\right)}{\frac{M^0 \times \frac{w^0(\mathrm{C}_{煤})}{100} + \mathrm{C}^0_{气\_焦}}{12}} \tag{7-10}$$

式（7-10）中分母表示煤气中总气化碳的物质的量，分子表示煤气中总 CO_2 的物质的量，其总量等于风口燃烧生成的 CO 与原燃料中的 O 反应生成的 CO_2 总物质的量，减去直接还原过程中 C 与 FeO 生成的 CO 物质的量，再减去 H 还原过程中 H 与 O 生成 H_2O 的物质的量。η_{H_2}表示高温区氢的利用率，一般取值为 30%~50%。

由式（7-10）变换可得：

$$M^0 = \frac{\frac{\mathrm{O}^0_{料} \times 12}{16} + \mathrm{C}^0_{燃} + \mathrm{C}^0_{\mathrm{da}} - (\eta^0_{\mathrm{CO}} + 1) \times \mathrm{C}^0_{气\_焦} - \frac{12 \times \eta_{\mathrm{H_2}} \times v^0_{\mathrm{H_2O\_风}} \times \mathrm{C}^0_{燃}}{22.4}}{(\eta^0_{\mathrm{CO}} + 1) \times \frac{w^0(\mathrm{C}_{煤})}{100} + 12 \times n^0(\mathrm{H}_{煤})} \tag{7-11}$$

将 M^0代入式（7-5）和式（7-7），可得 $\mathrm{C}^0_{燃_焦}$和 $\mathrm{C}^0_{\mathrm{dFe}}$。

理论燃料比：$FR^0 = M^0 + K^0$。

将计算得出的理论燃料比和实际燃料比进行比较验算，如果偏差不大，则可直接进行下一步计算；反之，则需检查计算数据是否有误或运行参数是否失真。下文计算高炉需煤量时，需根据理论燃料比和实际燃料比的偏差对结果进行校正，以保证计算结果准确。

7.1.2 基于热平衡和物料平衡的渣铁热量指数

炉热指数[1-4]已有较多的研究，本节的渣铁热量指数为每吨铁对应的渣铁热量，可以代表炉热水平，即渣铁热量指数越高，炉热水平越高。

热风总体积（m^3/min，标态）：

$$V^0_{风} = V^0_{风机} + \frac{V^0_{富氧}}{60} + \frac{V^0_{喷煤}}{60} + \frac{V^0_{喷煤\mathrm{N_2}}}{60} + \frac{H^0_{加} \times 1000 \times 22.4}{18 \times 60} \tag{7-12}$$

热风中含 H_2O 比例：

$$\varphi^0(\mathrm{H_2O}) = \left[\frac{H^0_{加} \times 1000000}{60} + \left(V^0_{风机} + \frac{V^0_{喷煤}}{60}\right) \times H^0_{大气}\right] \times \frac{22.4}{V^0_{风} \times 18 \times 1000} \tag{7-13}$$

热风中 H_2O 分解后 O_2 比例：

$$\varphi_1^0(O_2)=\frac{\left(0.21+\frac{0.29\times H_{大气}^0\times 22.4}{18\times 1000}\right)+\frac{V_{喷煤}^0}{60}+\frac{V_{富氧}^0\times\lambda_{富氧}}{60}+\frac{H_{加}^0\times 1000\times 22.4}{18\times 2\times 60}}{V_{风}^0} \tag{7-14}$$

热风中 H_2O 分解前 O_2 比例：

$$\varphi_2^0(O_2)=\frac{\varphi_1^0(O_2)-\varphi^0(H_2O)}{2} \tag{7-15}$$

热风中含 N_2 比例：

$$\varphi^0(N_2)=1-\varphi_2^0(O_2)-\varphi^0(H_2O) \tag{7-16}$$

燃烧 C 需要热风的体积（m^3/kg，标态）：

$$v_{风}^0=\frac{22.4}{24\times\varphi_1^0(O_2)} \tag{7-17}$$

燃烧 C 热风带入 H_2O 体积（m^3/kg，标态）：

$$v_{H_2O\_风}^0=v_{风}^0\times\varphi^0(H_2O) \tag{7-18}$$

燃烧 C 热风带入 O_2 体积（m^3/kg，标态）：

$$v_{O_2\_风}^0=v_{风}^0\times\varphi_2^0(O_2) \tag{7-19}$$

燃烧 C 热风带入 N_2 体积（m^3/kg，标态）：

$$v_{N_2\_风}^0=v_{风}^0\times\varphi^0(N_2) \tag{7-20}$$

燃烧 C 生成 CO 体积（m^3/kg，标态）：

$$v_{CO\_煤气}^0=\frac{22.4}{12} \tag{7-21}$$

燃烧 C 生成 N_2 体积（m^3/kg，标态）：

$$v_{N_2\_煤气}^0=v_{N_2\_风}^0 \tag{7-22}$$

燃烧 C 生成 H_2 体积（m^3/kg，标态）：

$$v_{H_2\_煤气}^0=\frac{22.4}{24\times\varphi_1^0(O_2)}\times\varphi^0(H_2O)\times(1-\eta_{H_2}) \tag{7-23}$$

燃烧 C 生成 H_2O 体积（m^3/kg，标态）：

$$v_{H_2O\_煤气}^0=\frac{22.4}{24\times\varphi_1^0(O_2)}\times\varphi^0(H_2O)\times\eta_{H_2} \tag{7-24}$$

燃烧 C 高温区热收入（kJ/kg）：

$$\begin{aligned}q_{C\_燃}^0=&\ 9800+(q_{O_2\_风}^0\times v_{O_2\_风}^0+q_{N_2\_风}^0\times v_{N_2\_风}^0+q_{H_2O\_风}^0\times v_{H_2O\_风}^0)-\\&10785\times v_{H_2O\_风}^0-q_{H\_还原}\times\eta_{H_2}\times v_{H_2O\_风}^0-\\&(q_{CO\_煤气}^0\times v_{CO\_煤气}^0+q_{N_2\_煤气}^0\times v_{N_2\_煤气}^0+q_{H_2O\_煤气}^0\times v_{H_2O\_煤气}^0+q_{H_2\_煤气}^0\times v_{H_2\_煤气}^0)\end{aligned} \tag{7-25}$$

式中，$q_{x\_风}^0$ 为 x 气体在热风温度时的热焓；$q_{x\_煤气}^0$ 为 x 气体在界限温度（950 ℃）的热焓，热焓计算采用文献［5］-［6］中提到的方法；$q_{H\_还原}$ 为每还原 1 kmol 氢耗热量。

燃烧焦炭时 C 带入热量（kJ/kg）：

$$q^0_{C\_燃焦} = q^0_{C\_燃} - \overline{C}_{焦} \times \frac{w^0(A_{焦})}{w^0(C_{焦})} \times (t_{渣} - t_{界线}) \tag{7-26}$$

燃烧煤粉带入热量（kJ/kg）：

$$q^0_{煤} = q^0_{C\_燃} \times \frac{w^0(C_{煤})}{100} - q_{H\_还原} \times \eta_{H_2} \times n^0(H_{煤}) - q_{分解} \tag{7-27}$$

C 直接还原耗热（kJ/kg）：

$$q^0_{dFe} = q^0_{dFe\_还原} + \overline{C}_{焦} \times \frac{w^0(A_{焦})}{w^0(C_{焦})} \times (t_{渣} - t_{界线}) \tag{7-28}$$

铁热损失（kJ/t）：

$$Q^0_{损} = \lambda_{热} \times Q_{热负荷} \times \frac{24}{P^0} \times 10000 \tag{7-29}$$

将以上计算结果代入高温区热平衡方程，即可得到渣铁热量指数（kJ/t）：

$$Q^0_{热} = q^0_{C\_燃} \times C^0_{燃\_焦} + q^0_{煤} \times M^0 - q^0_{dFe} \times C^0_{dFe} - Q^0_{损} \tag{7-30}$$

7.1.3 基于渣铁热量指数的炉热计算

将目标参数（或实际运行参数）代入热平衡方程：

$$\lambda_{热} \times Q^0_{热} = q_{C\_燃} \times C_{燃\_焦} + q_{煤} \times M - q_{dFe} \times C_{dFe} - Q_{损} \tag{7-31}$$

$$\eta_{CO} = \frac{\frac{O_{料}}{16} - \frac{C_{dFe}}{12} - \eta_{H_2} \times \left[v_{H_2O\_风} \times \frac{C_{燃}}{22.4} + M \times n(H_{煤}) \right]}{\frac{M \times \frac{w(C_{煤})}{100} + C_{气\_焦}}{12}} \tag{7-32}$$

其中，

$$C_{气\_焦} = K \times \frac{w(C_{焦})}{100} - C_{渗} - C_{灰} \tag{7-33}$$

$$C_{燃\_焦} = C_{气\_焦} - C_{dFe} - C_{da} \tag{7-34}$$

$$C_{燃} = C_{燃\_焦} + M \times \frac{w(C_{煤})}{100} \tag{7-35}$$

$$C_{燃} = C_{气\_焦} - C_{dFe} - C_{da} + M \times \frac{w(C_{煤})}{100} \tag{7-36}$$

$O_{料}$、C_{da}、$C_{渗}$、$C_{灰}$、$n(H_{煤})$、$q_{C\_燃}$、$q_{煤}$、q_{dFe} 计算方法与 $O^0_{料}$、C^0_{da}、$C^0_{渗}$、$C^0_{灰}$、$n^0(H_{煤})$、$q^0_{C\_燃}$、$q^0_{煤}$、q^0_{dFe} 计算方法相同；$Q_{热} = \lambda_{热} \times Q^0_{热}$，$\lambda_{热}$ 为热量系数，当 $\lambda_{热} = 1$ 时，可认为此时炉热水平等同于基准炉热。

预测铁水测温公式为：

$$T_{测温} = [1 + \alpha \times (\lambda_{热} - 1)] \times T^0_{测温} \tag{7-37}$$

式中，α 为铁水测温与渣铁热量指数的相关系数。

将计算得出的参数代入式（7-38）和式（7-39），方程中只有 M 和 C_{dFe} 两个未知量：

$$q_{煤} \times M + (q_{dFe} - q_{C\_燃}) \times C_{dFe} = \lambda_{热} \times Q_{热}^{0} - q_{C\_燃} \times (C_{气\_焦} - C_{da}) + Q_{损} \tag{7-38}$$

$$\left\{\frac{\eta_{CO} \times \frac{w(C_{煤})}{100}}{12} + \eta_{H_2} \times \left[\frac{v_{H_2O\_风} \times \frac{w(C_{煤})}{100}}{22.4} + n(H_{煤})\right]\right\} \times M + \left(\frac{1}{12} + \frac{\eta_{H_2} \times v_{H_2O\_风}}{22.4}\right) \times C_{dFe}$$

$$= \frac{O_{料}}{16} - \frac{\eta_{H_2} \times v_{H_2O\_风} \times (C_{气\_焦} - C_{da})}{22.4} - \frac{\eta_{CO} \times C_{气\_焦}}{12} \tag{7-39}$$

解方程可得出 M 和 C_{dFe}，将计算结果代入式（7-34）和式（7-35）可计算出 $C_{燃\_焦}$ 和 $C_{燃}$。

预计产量（t/d）：

$$P = \frac{1440 \times v_{O_2\_风}}{C_{燃} \times \frac{22.4}{24}} \tag{7-40}$$

需煤量（t/h）：

$$m_{煤} = \frac{P \times \frac{M + (M^{实} - M^{0})}{1 - \frac{w(H_2O_{煤})}{100}}}{1000 \times 24} \tag{7-41}$$

将表 7-1 中的高炉基准参数代入以上计算公式，计算结果见表 7-2。

表 7-2 高炉炉热计算结果

名 称	符号	计算结果
大气湿分/%	f	0.37
热风中含 O_2 量/$m^3 \cdot min^{-1}$（标态）	$O_{2\_风}$	1562.59
风口燃烧耗氧量/$m^3 \cdot t^{-1}$（标态）	$O_{燃}$	237.89
风口燃烧碳量/$kg \cdot t^{-1}$	$C_{燃}$	254.88
焦炭气化量/$kg \cdot t^{-1}$	$C_{气\_焦}$	234.60
炉料进入煤气的总氧量/$kg \cdot t^{-1}$	$O_{料}$	421.52
煤粉含 H 的物质的量/$kmol \cdot kg^{-1}$	$n(H_{煤})$	0.018
煤比/$kg \cdot t^{-1}$	M	184.72
风口燃烧焦炭的碳量/$kg \cdot t^{-1}$	$C_{燃\_焦}$	123.35
直接还原耗碳量/$kg \cdot t^{-1}$	C_{dFe}	105.65
热风总体积/$m^3 \cdot min^{-1}$（标态）	$V_{风}$	6748.11
热风中含 H_2O 比例/%	$\varphi(H_2O)$	0.39
热风中 H_2O 分解后 O_2 比例/%	$\varphi_1(O_2)$	24.12
热风中 H_2O 分解前 O_2 比例/%	$\varphi_2(O_2)$	23.93

续表 7-2

名 称	符号	计算结果
热风中含 N_2 比例/%	$\varphi(N_2)$	75.69
燃烧 C 需要风/$m^3 \cdot kg^{-1}$（标态）	$v_{风}$	3.87
燃烧 C 风中代入 H_2O 体积/$m^3 \cdot kg^{-1}$（标态）	$v_{H_2O\_风}$	0.015
燃烧 C 风中代入 O_2 体积/$m^3 \cdot kg^{-1}$（标态）	$v_{O_2\_风}$	0.93
燃烧 C 风中代入 N_2 体积/$m^3 \cdot kg^{-1}$（标态）	$v_{N_2\_风}$	2.93
燃烧 C 生成 CO 体积/$m^3 \cdot kg^{-1}$（标态）	$v_{CO\_煤气}$	1.87
燃烧 C 生成 N_2 体积/$m^3 \cdot kg^{-1}$（标态）	$v_{N_2\_煤气}$	2.93
燃烧 C 生成 H_2 体积/$m^3 \cdot kg^{-1}$（标态）	$v_{H_2\_煤气}$	0.009
燃烧 C 生成 H_2O 体积/$m^3 \cdot kg^{-1}$（标态）	$v_{H_2O\_煤气}$	0.006
燃烧 C 高温区热收入/$kJ \cdot kg^{-1}$	$q_{C\_燃}$	10308.33
燃烧焦炭时 C 带入热量/$kJ \cdot kg^{-1}$	$q_{C\_燃焦}$	10223.32
燃烧煤粉带入热量/$kJ \cdot kg^{-1}$	$q_{煤}$	6561.37
C 直接还原耗热/$kJ \cdot kg^{-1}$	q_{dFe}	12746.92
铁热损失/$kJ \cdot t^{-1}$	$Q_{损}$	214481.47
渣铁热量指数/$kJ \cdot t^{-1}$	$Q_{热}$	720564

根据上文计算方法，当高炉操作参数变化时，为了维持炉温不变，即维持渣铁热量指数不变，可以计算出需煤量和其他控制参数，见表 7-3。

表 7-3 高炉操作参数变化时需要调整的喷煤量

名 称	参数变化量	调整煤量/$t \cdot h^{-1}$
风机风量/$m^3 \cdot min^{-1}$（标态）	+100	+1.03
富氧流量/$m^3 \cdot h^{-1}$（标态）	+1000	+0.82
大气湿度/$g \cdot m^{-3}$	+10	+0.50
加湿量/$t \cdot h^{-1}$	+1	+0.35
焦比/$kg \cdot t^{-1}$	+10	−4.27

注：表中结果是在表 7-1 的操作参数基准上计算得出的结果，在不同的基准参数下计算得出的结果不同；另外，假设调整操作参数后 η_{CO} 不变。

在实际生产中，为了稳定炉况和炉温，经常维持操作参数不变，但 η_{CO} 变化较频繁，通过 7.1.2 节计算方法可以得出不同 η_{CO} 时高炉预计燃料比和需煤量，计算结果如图 7-2 所示。

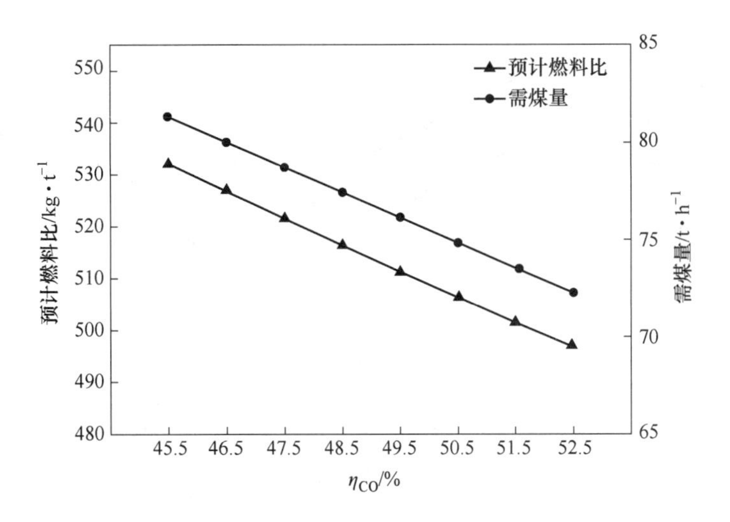

图 7-2 不同 η_{CO}时的预计燃料比和需煤量

当高炉需要调整炉温时，假设仅调整煤量，其他操作参数维持不变，同时直接还原耗热量不变，联立式（7-37）~式（7-39），可得到不同炉温下的预计燃料比、需煤量、产量和 η_{CO}，计算结果如图 7-3 和图 7-4 所示。

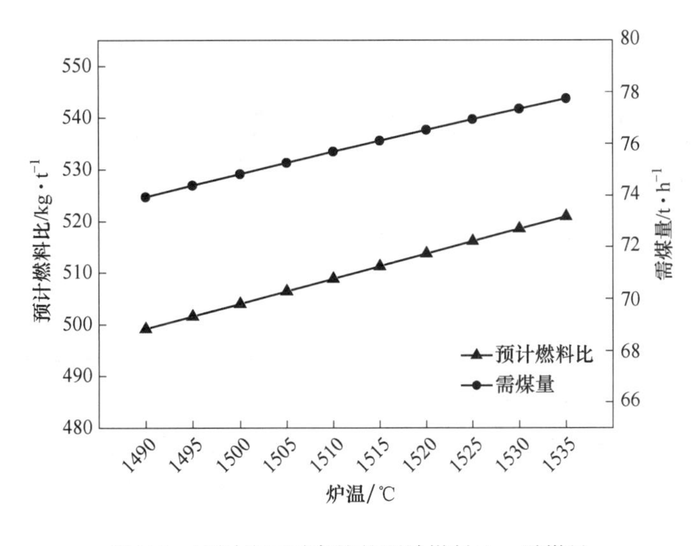

图 7-3 不同炉温时高炉的预计燃料比、需煤量

利用渣铁热量指数模型，可以计算出当风量、η_{CO}、运行产量等高炉操作参数同时变化后的炉温水平。比如，下列条件时：风机风量（标态）：6196 m^3/min、富氧流量（标态）：16929 m^3/min、大气湿度：13.00 g/m^3、加湿量：1.10 t/h、η_{CO}：50.51%、焦比：336.56 kg/t、运行产量：9558.72 t/d，计算可得渣铁热量指数：693976 kJ/t、预计铁水测温：1507 ℃。

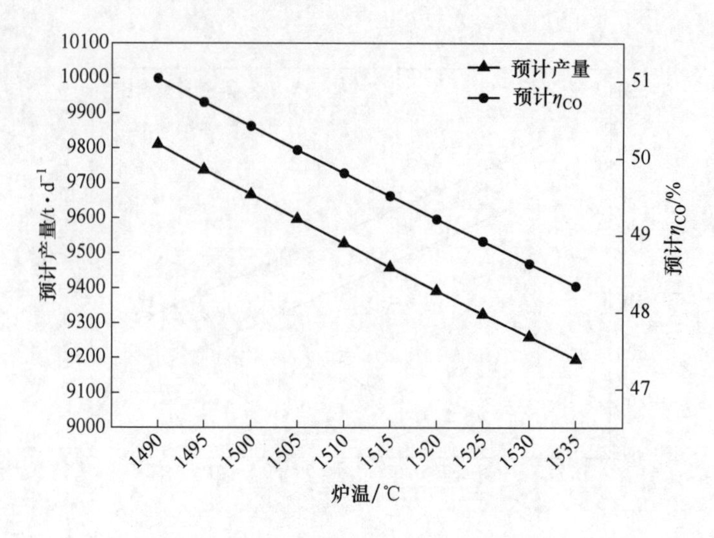

图 7-4 不同炉温时高炉的预计产量和 η_{CO}

7.2 基于深度学习的高炉炉热预测模型

为了探索更多适用于高炉炉况指标预测的方法，本节将高炉参数间的时滞信息进行提取作为炉热预测模型的衍生输入特征，采用集成学习提前 1 h 对铁水［Si］含量和铁水温度进行预测。

7.2.1 基于时滞信息与遗传算法的模型输入特征选择

为了保证炉热预测模型的准确性，本节从高炉参数降维、构造衍生特征、特征选择三个方面对炉热预测模型的输入特征进行约束。

7.2.1.1 高炉参数降维

采用共线性检验、同类型参数整合和相关性分析对高炉数据进行降维处理，达到对炉热模型输入变量进行初步过滤的目的。例如，剔除高炉参数之间共线性高的参数；对同一高度圆周方向的冷却器温度计算均值、极差、标准差替代原测点温度参数；通过最大信息系数法 MIC 剔除一些与炉热指标无关或弱相关的变量。高炉参数经初步过滤后，由初始的 171 个变量减少至 57 个。

7.2.1.2 构造衍生特征

高炉冶炼过程复杂，有限的监测和检测手段并不能完全反映高炉的生产情况，而基于冶金机理的理论计算模型则可以在一定程度上弥补生产中监测手段的不足。基于热量平衡方程和碳-氧平衡方程的炉热指数[7-9]常用于衡量高炉内部热状态水平，可以实现对炉热指标的理论计算。因此，本节在炉热指数模型的基础上，将渣铁热量指数、直接还原度和燃料比偏差等理论计算变量作为炉热指标预测模型的输入变量，利用机理模型提供的数据信息，进一步提高炉热预测模型的预测能力。

炉热指标与相关变量之间存在不同程度时滞性关系，即当高炉操作者为调剂炉热采取某项操作措施时，该措施可能滞后一段时间才能发挥作用，并且，在不同炉况条件下相关变量对炉热指标的滞后时间和影响程度并不是固定不变的，而是在一定范围内变化的。为了确定高炉相关变量对炉热指标的滞后时间，本节基于 2.2.5 节中提出的高炉参数时滞性分析方法对各相关变量与炉热指标的时滞性关系进行分析。时滞性分析过程已在 2.2.5 节中进行了详细的介绍，本节不再赘述。

由于初步过滤后的变量数量仍较多，因此以冷风流量为例对时滞性分析结果进行介绍。如图 7-5 和图 7-6 所示，将当前时刻（0 h）的冷风流量（CBF）取值作为参照值，分

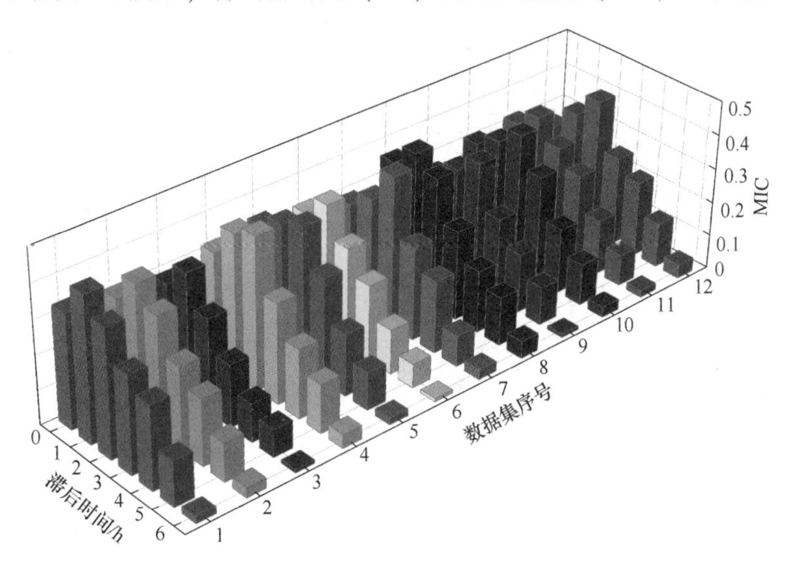

图 7-5 冷风流量对铁水温度的时滞性分析

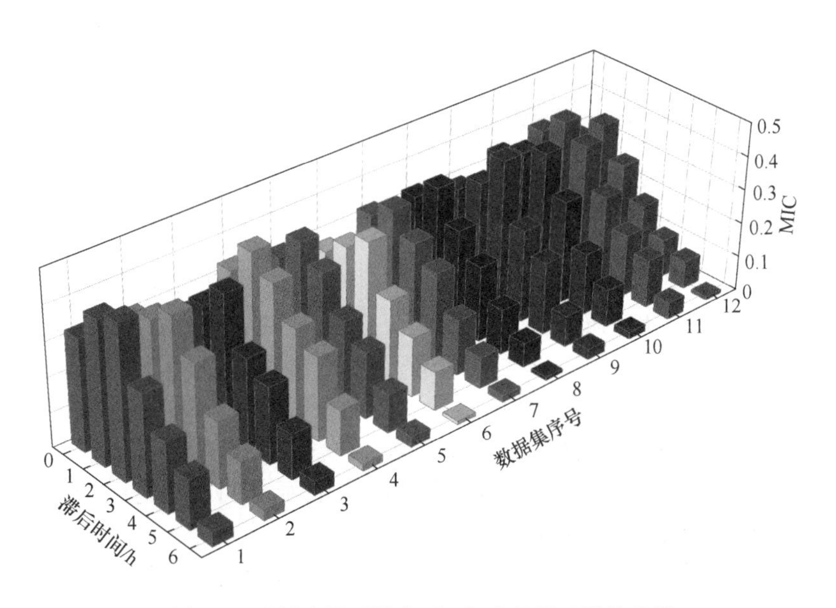

图 7-6 冷风流量对铁水［Si］含量的时滞性分析

别分析了滞后 1~6 h 冷风流量对铁水温度与铁水［Si］含量的最大信息系数变化情况。可以看出，每个时期冷风流量对炉热指标的作用均呈现先升高后降低的规律，说明冷风流量对炉热指标的作用存在滞后性；并且，滞后时间为 1~2 h 时，冷风流量对炉热指标的作用明显高于其他时刻。因此，将冷风流量的滞后时间范围设置为 1~2 h，并将 CBF^{-1} 和 CBF^{-2} 添加为炉热预测模型的输入变量。其余相关变量时滞性分析结果见表 7-4，由于变量数量较多，对部分结果进行了列举。最终经过时滞性分析提取了 42 个变量作为预测模型输入的候选变量。

表 7-4 相关变量时滞性分析结果

参数名称	缩写	滞后时间
冷风流量	CBF	CBF^{-1}，CBF^{-2}
热风温度	HBT	HBT^{-1}
热风压力	HBP	HBP^{-1}，HBP^{-2}
全压差	PD	PD^{-1}，PD^{-2}
透气性	GP	GP^{-1}，GP^{-2}
炉顶温度	TBT	TBT^{-1}
炉顶压力	TBP	TBP^{-1}
富氧流量	OEF	OEF^{-1}，OEF^{-2}
理论燃烧温度	TCT	TCT^{-1}，TCT^{-2}
炉腹煤气量	BGV	BGV^{-1}，BGV^{-2}
煤粉喷吹量	PCI	PCI^{-1}，PCI^{-2}，PCI^{-3}
焦炭消耗量	CC	CC^{-1}，CC^{-2}，CC^{-3}
烧结矿碱度	SB	SB^{-1}，SB^{-2}，SB^{-3}
⋮	⋮	⋮

7.2.1.3 特征选择

基于相关性分析初始过滤的变量、基于滞后时间新创建的变量和基于炉热指数模型的衍生变量组成了炉热指标预测模型的初始输入变量集，但是，并不是所有的变量都是模型所需要的。本节采用遗传算法进一步对初始输入变量进行降维，筛选出炉热指标预测模型精度最高时的最优特征组合，步骤如图 7-7 所示。遗传算法是一种有效的特征选择方法，可以在大量特征的情况下筛选出最优的特征组合，提高模型的性能[10-13]。

第 1 步，随机生成 50 组特征组合作为种群，将特征空间映射为一个二进制字符串，其中 1 代表该特征被选择，0 代表未被选择。

第 2 步，将炉热指标预测模型的准确率作为适应度函数，并对每个个体进行适应度评估。

第 3 步，使用轮盘赌算法[14]选择一些特征组合进入下一代。

第 4 步，对选中的特征组合进行交叉和变异，产生新的特征组合以增加种群的多样性。

第 5 步，对新生成的特征组合进行适应度评估。

第 6 步，当达到规定的迭代次数或达到最大适应度值时，停止遗传算法；否则，返回第 3 步。

第 7 步，返回最终选定的特征子集。

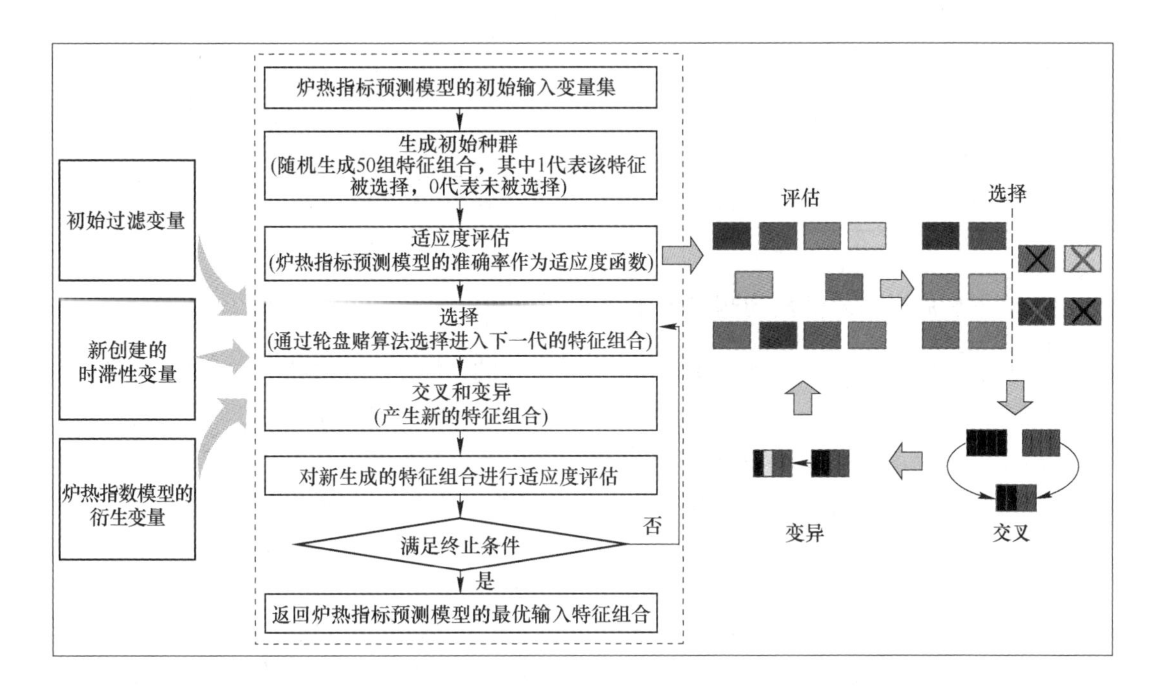

图 7-7 基于遗传算法的炉热特征选取

相关性分析、时滞性分析和渣铁热量指数分析为炉热预测模型提供了大量的输入变量。本节采用上述方法进一步对初始输入变量进行降维，最终确定表 7-5 中的变量作为模型的输入。由于高炉冶炼过程具有连续不间断的特点，上一炉次的炉热水平对下一炉次炉热水平有一定程度的影响，因此模型输入加入了历史铁水温度和铁水［Si］含量指标。

表 7-5 炉热预测模型最优特征组合

特征名称	缩写	特征名称	缩写
铁水温度	HMT，HMT^{-1}	烧结矿 SiO_2 含量	SSi^{-2}
铁水［Si］含量	［Si］，$[Si]^{-1}$	焦炭固定碳	CFC1
热风压力	HBP，HBP^{-1}，HBP^{-2}	煤粉固定碳	CFC2
透气性	GP	煤气利用率	GUR
热流强度	HFS	理论焦比	TCR1

续表 7-5

特征名称	缩写	特征名称	缩写
炉顶温度	TBT, TBT^{-1}	理论煤比	TCR2
富氧流量	OEF, OEF^{-1}, OEF^{-2}	料速	BDS
理论燃烧温度	TCT^{-1}	渣铁热量指数	$SIHI^{-1}$, $SIHI^{-2}$
炉腹煤气量	BGV^{-1}	直接还原度	DRD, DRD^{-2}
煤粉喷吹量	PCI, PCI^{-1}, PCI^{-2}	燃料比偏差	FRD, FRD^{-1}
焦炭消耗量	CC, CC^{-1}, CC^{-2}	炉渣碱度	SB2
冷风流量	CBF^{-1}	渣量	SA
烧结矿碱度	$SB1^{-2}$	理论铁量	TIQ

7.2.2 基于集成学习的炉热预测模型建立

预测器选择的好坏对于模型的性能有着至关重要的作用。为了实现炉热指标的精准预测，本节采用了一种基于 Stacking 框架的集成学习策略来建立高炉炉热指标预测模型，如图 7-8 所示。Stacking 框架集成了不同的算法，充分利用不同算法从不同的数据空间角度和数据结构角度对数据进行不同观测，取长补短优化结果[15-17]，最终选取 SVM（Support Vector Machines）、XGB（eXtreme Gradient Boosting）、RF（Random Forest）、GBDT（Gradient Boosting Decision Tree）、DNN（Deep Neural Networks）5 个基学习器（base learners）作为第一层模型。为了降低过拟合风险，选取简单的线性回归 LR（Linear Regression）作为第二层的模型进行建模预测。伪代码过程 1~3 代表训练出来的个体学习器；过程 5~9 代表使用训练出来的个体学习器预测的结果，这个预测的结果当作次级学习器的训练集；过程 11 代表用初级学习器预测的结果训练出次级学习器，得到最后训练的模型。如果想要预测一个数据的输出，只需要把这条数据用初级学习器预测，然后将预测后的结果用次级学习器预测便可。

为了降低过拟合风险，本节将训练数据划为五折，标记为 train1 ~ train5。每次使用四折训练、一折验证，训练得到基学习器。例如，从 train1 开始作为预测集，使用 train2 ~ train5 建模，然后预测 train1，预测结果为 predict1。依次对 train1 ~ train5 各预测一遍，然后将 predict1 ~ predict5 进行拼接，便完成了第一个基模型在训练集上的 stacking 转换。每个基模型训练完后，就生成了一列与训练集样本量相同的新数据集，并将这个新数据集作为一列超特征。本节选取了 5 个基模型，因此生成了 5 列超特征并将其作为第二层训练模型的输入。训练模型的输出是原训练集的输出 Label，即铁水温度和铁水［Si］含量的真实值。针对测试集，在基学习器每次交叉验证的过程中，测试集都会被预测一遍，结果标记为 predict。将 5 次交叉验证的测试集的预测结果的均值作为第二层模型测试集的输入。最后使用线性回归模型，对这些超特征再进行训练，得到一个从新特征到真实值的模型。

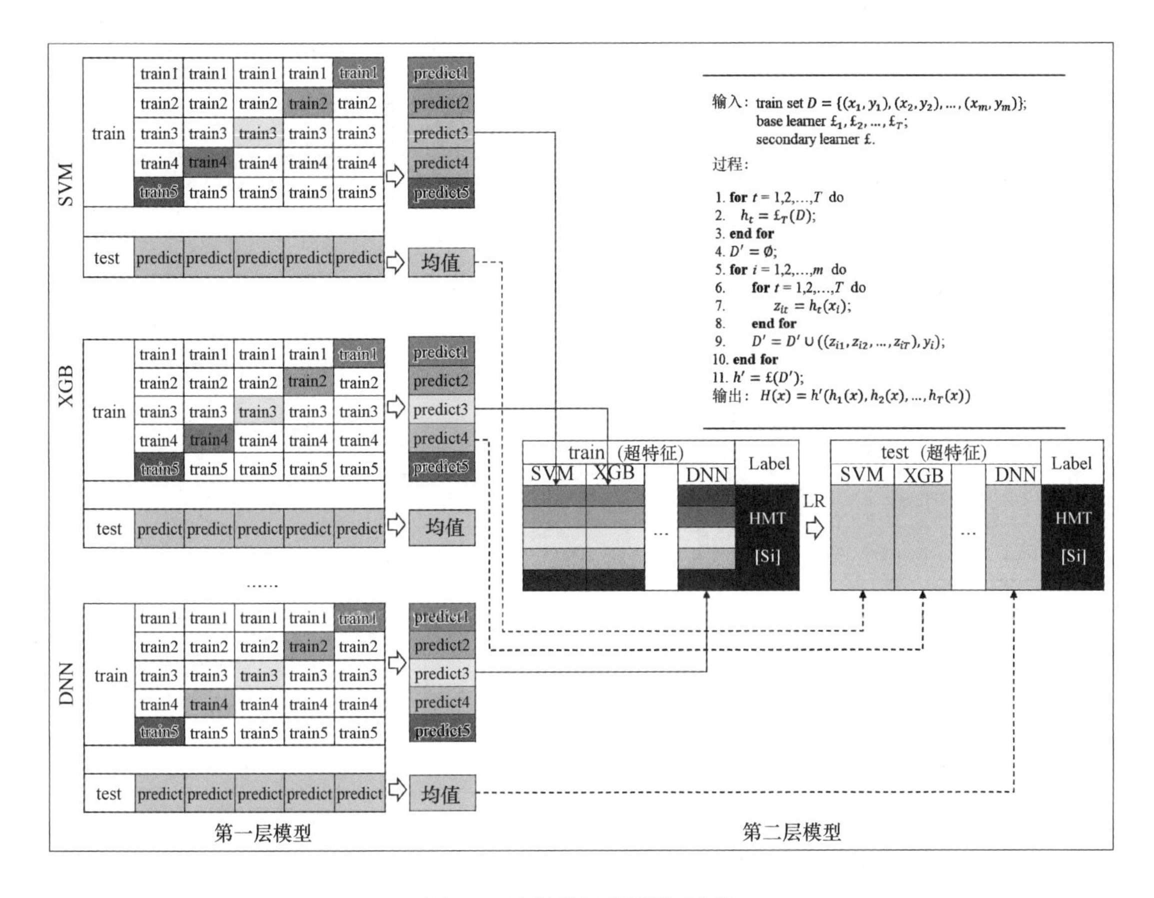

图 7-8 炉热指标预测模型框架

SVM、XGB、RF、GBDT、DNN 算法均可以在 python 对应的学习库中进行调用，为了提高模型的预测精度，需要对模型的超参数进行调优。本节将使用 Sklearn 中的 Grid searchCV 方法实现机器学习模型的超参数自动调优，其原理是：将模型需要调优的超参数进行组合，通过穷举搜索遍历每组超参数组合的可能情况，代入机器学习模型进行运算，并采用 k 折交叉验证的方法尽可能地减少过拟合，最终获得模型的最优超参数组合。由于已经将时滞信息进行了提取，并作为炉热指标预测模型的新特征，因此可以使用交叉验证的方法。各机器学习算法的主要超参数见表 7-6。

表 7-6 各机器学习算法的主要超参数

超参数名称	铁水温度预测	铁水［Si］含量预测
SVM_C	32	64
SVM_gamma	0.06	0.04
SVM_kernel	rbf	rbf
XGB_n_estimators	250	300
XGB_max_depth	7	6

续表 7-6

超参数名称	铁水温度预测	铁水［Si］含量预测
XGB_min_child_weight	12	12
XGB_learning rate	0.08	0.05
RF_n_estimators	300	300
RF_max_depth	8	7
RF_min_samples_leaf	4	5
GBDT_n_estimators	300	400
GBDT_max_depth	6	7
GBDT_lr	0.03	0.04
DNN_epochs	2000	2000
DNN_batch_size	64	128
DNN_optimizer	Adam	Adam
DNN_Dropout	0.3	0.3
DNN_lr	0.0005	0.001

7.2.3 高炉炉热预测模型结果分析

7.2.3.1 数据集拆分

本节的目的是对未来 1 h 内铁水［Si］含量和铁水测温进行预测。由于时间序列预测不能同回归分析预测一样随机划分训练集和测试集，因此应该按照数据的时间先后顺序进行划分。由于随机划分的训练集和测试集的数据分布近似，会造成预测模型的精度虚高，因此，本节将 2020 年 12 月至 2021 年 12 月共 9223 组的小时频次数据集分为两组，将前 9055 组数据作为训练集，后 168 组数据（最后一周的数据）作为测试集。铁水温度和铁水［Si］含量的时间序列如图 7-9 所示，红线的左半部分用于训练模型，红线的右半部分用于测试模型。考虑到算法存在的一些不确定性，以下所有的模拟都进行了 20 次，随后求取平均值。

7.2.3.2 炉热指标预测结果

基于高炉实际生产情况与首席专家建议，确定铁水温度误差以±10 ℃，铁水［Si］含量误差以±0.1%作为炉热预测模型准确率的考核标准。

铁水温度测试结果如图 7-10（a）为模型预测值与测试值的对比，图中实线代表铁水温度的实测值，虚线代表铁水温度预测模型的预测值。可以看出，铁水温度实测值与预测值趋势基本保持一致，除出现大幅升降的情况，铁水温度实测值与预测值曲

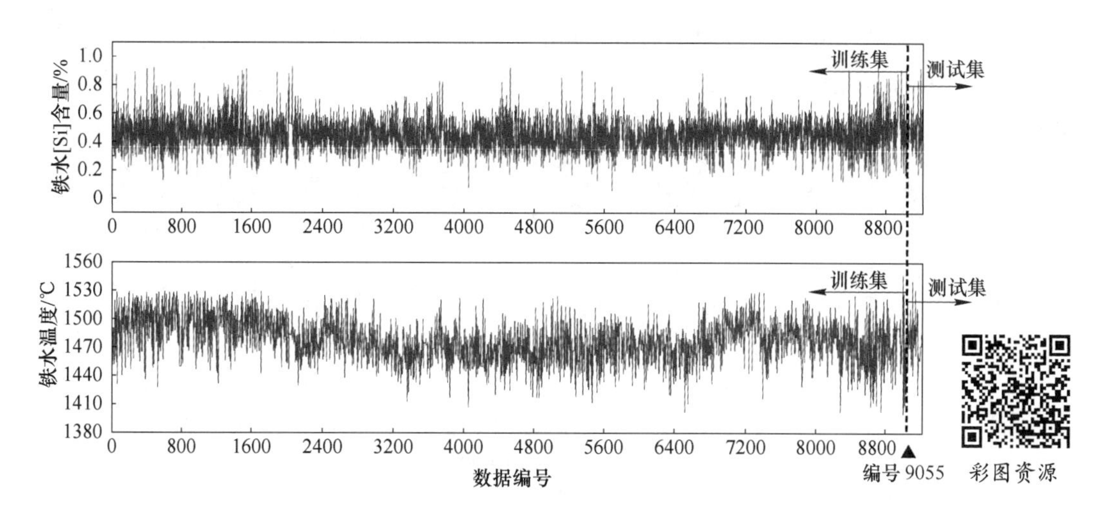

图 7-9 炉热指标时间序列和数据集拆分

线重合度很高。图 7-10（b）为模型的预测误差，图中圆点代表铁水温度实测值与预测值之间的差值，可以看出铁水温度预测误差分布范围小且集中，主要分布于-10～+10 ℃之间，在此区间铁水温度预测命中率为 92.26%，达到了模型考核标准。

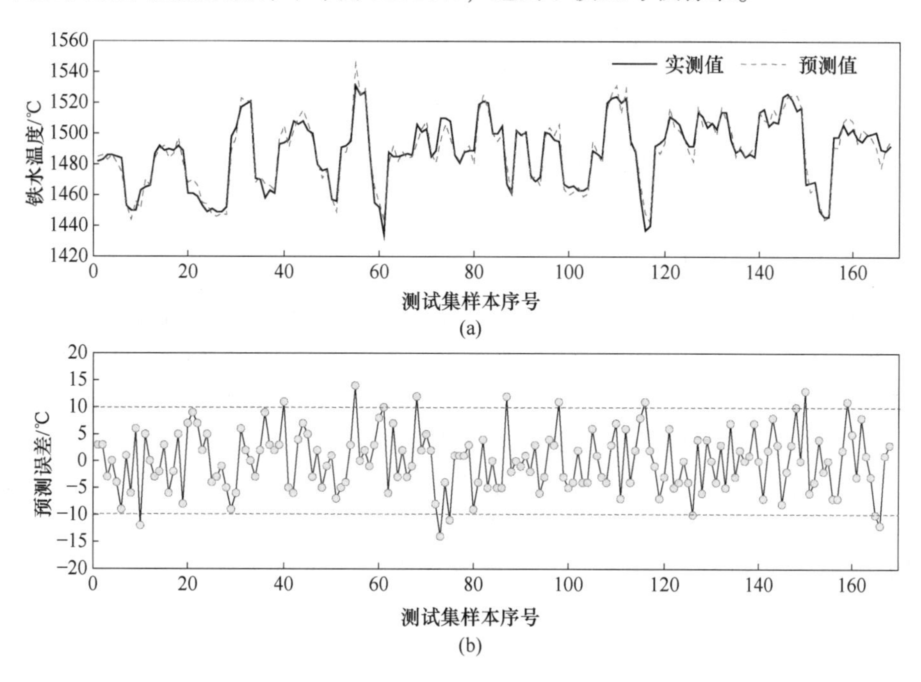

图 7-10 铁水温度预测结果（a）与预测误差（b）

铁水［Si］含量测试结果如图 7-11 所示。图 7-11（a）为模型预测值与测试值的对比，图中实线代表铁水［Si］含量的实测值，虚线代表铁水［Si］含量预测模型的预测值。可以看出，铁水［Si］含量实测值与预测值趋势基本保持一致，除出现大幅升降的情况，铁水［Si］含量实测值与预测值曲线重合度很高。图 7-11（b）为模型的预测误差，图中圆点代表铁水［Si］含量实测值与预测值之间的差值，可以看出铁水［Si］含量预测误差分布范围小且集中，主要分布于-0.1%~+0.1%之间，在此区间铁水［Si］含量预测命中率为93.45%，达到了模型准确率的考核标准。

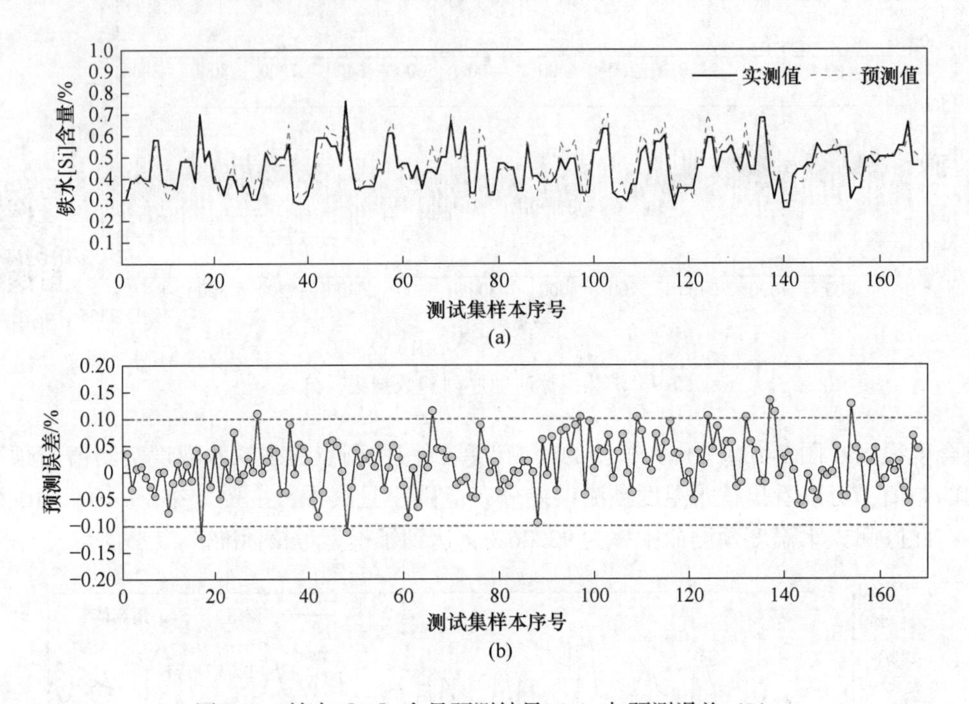

图 7-11 铁水［Si］含量预测结果（a）与预测误差（b）

7.2.3.3 不同算法性能对比

为了说明本节方法的优势，图 7-12 给出了 SVM、XGB、RF、GBDT、DNN 5 种基模型与本节所提方法下铁水温度测试结果的对比。图 7-12（a）为本节铁水温度预测模型与其他 5 种基模型预测结果的对比，可以看出，本节方法在铁水温度的预测中性能均表现最好，与铁水温度实测值的重合度最高。更明显的对比如图 7-12（b）所示，图中对比了与其他 5 种基模型铁水温度预测误差的概率密度函数曲线，结果表明，本节算法铁水温度的估计误差分布范围更小且更集中。图 7-12（c）统计了不同算法下铁水温度在±10 ℃误差范围内的命中率，其中本节算法的准确率为 92.26%，明显优于其他基模型。

图 7-13 对比了不同算法下铁水［Si］含量测试结果。图 7-13（a）为本节铁水［Si］含量预测模型与其他 5 种基模型预测结果的对比，可以看出，本节方法在铁水［Si］含量的预测中性能均表现最好，与铁水［Si］含量实测值的重合度最高。更明显的对比如图 7-13（b）所示，对比了与其他 5 种基模型预测误差的概率密度函数曲线，结果表明，本节算法铁水［Si］含量的估计误差分布范围更小且更集中。图 7-13（c）统计了不同算法下铁水［Si］含量在±0.1%误差范围内的命中率，本节算法的准确率为 93.45%，明显优于其他基模型。

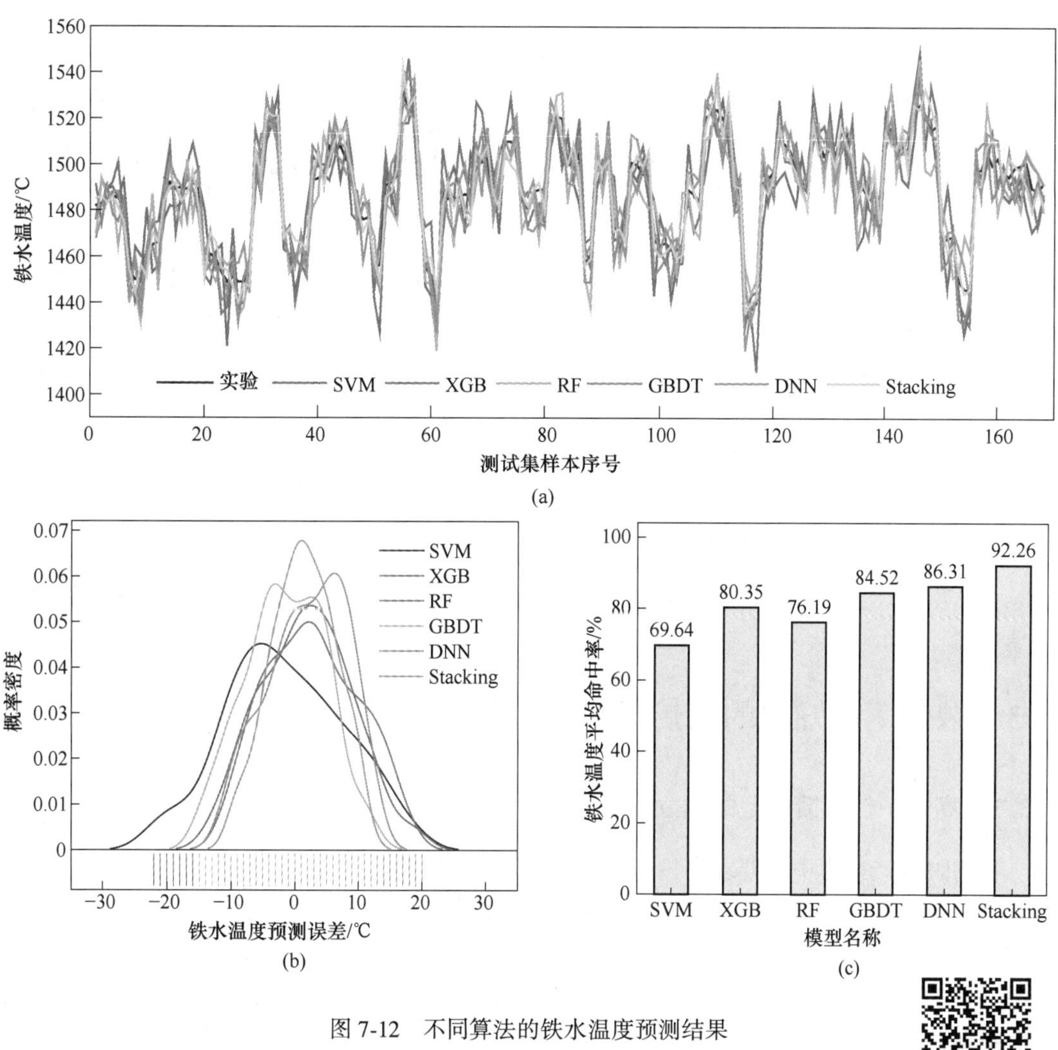

彩图资源

图 7-12　不同算法的铁水温度预测结果

（a）铁水温度预测结果对比曲线图；（b）铁水温度预测误差概率密度图；（c）铁水温度预测命中准确率

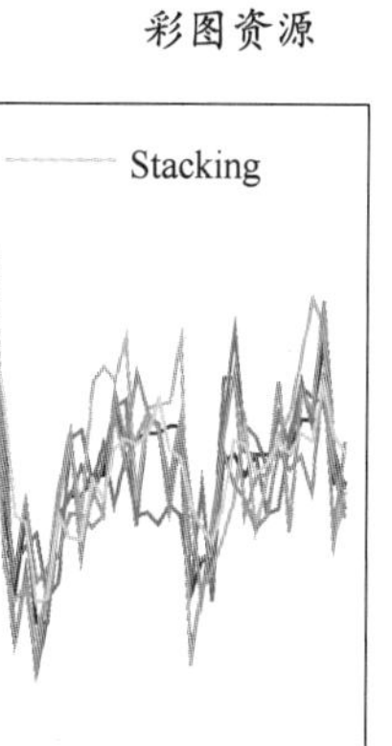

(a)

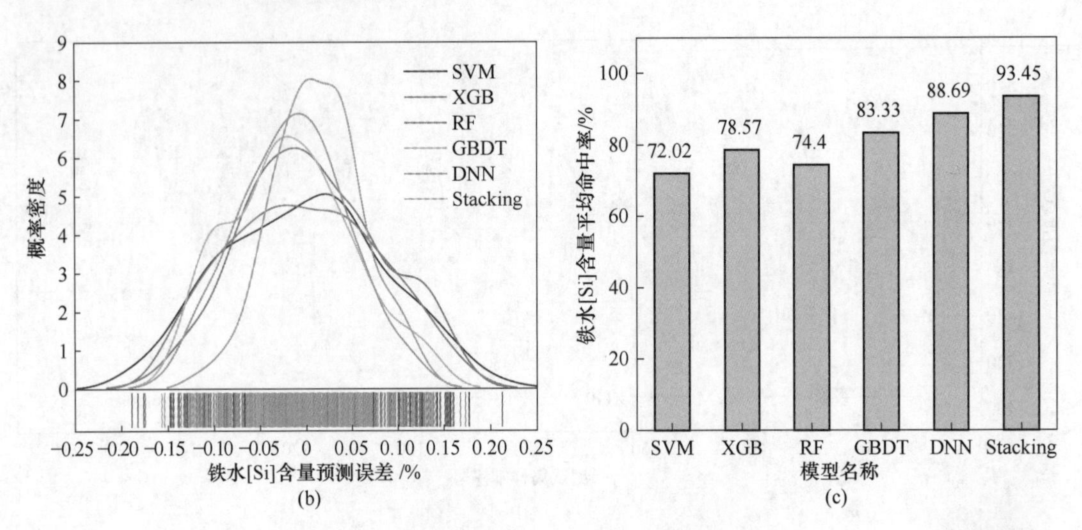

图 7-13 不同算法的铁水［Si］含量预测结果

（a）铁水［Si］含量预测结果对比曲线图；（b）铁水［Si］含量预测误差概率密度图；（c）铁水［Si］含量预测命中准确率对比图

彩图资源

7.3 融合工艺知识的高炉炉热反馈模型

7.3.1 高炉炉热反馈模型的建立

在高炉生产过程中，要求高炉操作者能够通过相关炉况参数的变化对炉热做出准确的预判，并及时采取合理的调剂措施，对于减少炉况波动、提高铁水质量都非常有利。本节在炉热指标预测模型的基础上建立了能够快速响应的高炉炉热操作反馈模型，如图 7-14 所示。预测与反馈过程的总时间在 5 min 内完成，为工长操炉留有足够的时间。当下一时刻炉热指标预测结果达到反馈触发条件时，运行高炉炉热反馈模型，为操作者推送操作调整方案，有利于改善高炉炉热状态和高炉稳定生产。

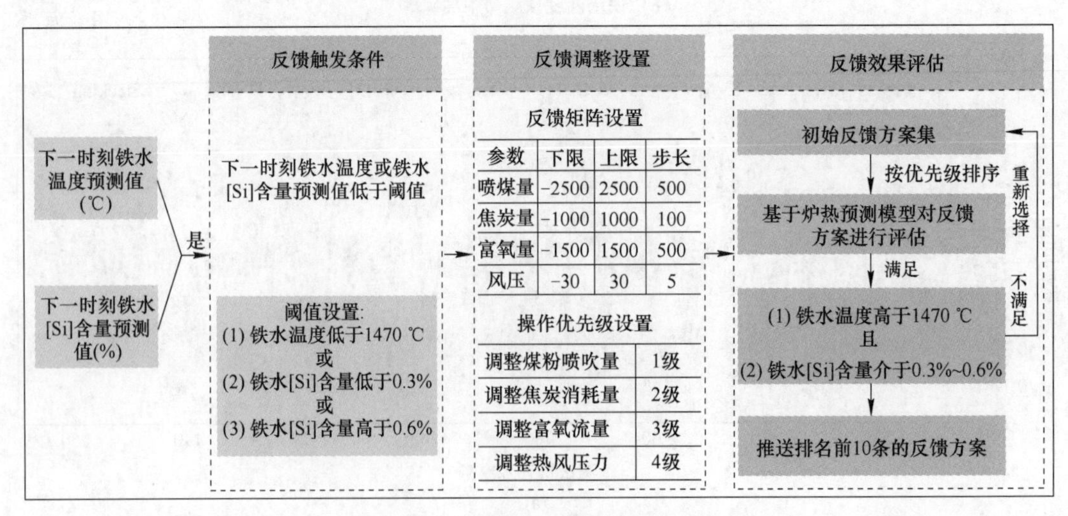

图 7-14 高炉炉热操作反馈模型

高炉炉热操作反馈模型主要分为以下三部分。

第一部分，设定反馈触发条件，结合现场实际生产情况为高炉炉热指标设定阈值。铁水温度低于 1470 ℃，铁水［Si］含量低于 0.3%，或高于 0.6%。当下一时刻炉热指标预测结果满足其中一个条件便会触发反馈。

第二部分，设定反馈调整约束条件，基于现场生产条件与高炉责任工程师建议确定可调控参数以及可调控参数的调整范围和调整步长。由于焦炭资源市场价格高于煤粉，并且富氧流量和热风压力的调整会对铁水产量造成影响，鉴于操作成本和专家建议，最终确定可调控参数按照优先级排序分别为小时煤粉喷吹量（PCI）、小时焦炭消耗量（CC）、小时富氧流量（PCI）和小时热风压力（HBP）。小时煤粉喷吹量的调整规则为（-2500 kg，2500 kg，500 kg），-2500 kg 是煤粉喷吹量的减少量上限、2500 kg 是煤粉喷吹量的增加量上限、500 kg 是每次减少或增加量的步长。同理，小时焦炭消耗量的调整规则为（-1000 kg，1000 kg，100 kg），小时富氧流量的调整规则为（-1500 m^3/h、1500 m^3/h、500 m^3/h）。小时热风压力的调整规则为（-30 kPa、30 kPa、5 kPa）。

第三部分，设定反馈方案推送规则，基于调整规则建立初始反馈方案集（见表 7-7）。例如，小时焦炭消耗量调整规则为（-1000 kg，1000 kg，100 kg），基于调整范围和步长对可生成［-1000，-900，-800，-700，-600，-500，-400，-300，-200，-100，0，100，200，300，400，500，600，700，800，900，1000］21 种方案。小时煤粉喷吹量、小时焦炭消耗量、小时富氧流量和小时热风压力相互组合总共可生成 21020 种方案。基于高炉稳定顺行条件和专家经验，设定炉热指标的优化目标为铁水温度高于 1470 ℃，铁水［Si］含量高于 0.3%且低于 0.6%。

表 7-7 初始反馈方案集

序号	喷煤量 /kg	焦炭消耗量 /kg	富氧流量 /$m^3 \cdot h^{-1}$	热风压力 /kPa
1	-500	0	0	0
2	500	0	0	0
3	-1000	0	0	0
4	1000	0	0	0
5	-1500	0	0	0
⋮	⋮	⋮	⋮	⋮
10001	-1500	600	1000	-15
10002	-1500	600	1000	15
10003	1500	-600	-1000	-15

续表 7-7

序号	喷煤量 /kg	焦炭消耗量 /kg	富氧流量 /$m^3 \cdot h^{-1}$	热风压力 /kPa
10004	1500	-600	-1000	15
10005	1500	-600	1000	-15
⋮	⋮	⋮	⋮	⋮
21016	2500	-1000	1500	30
21017	2500	1000	-1500	-30
21018	2500	1000	-1500	30
21019	2500	1000	1500	-30
21020	2500	1000	1500	30

基于上述高炉炉热指标预测模型，按照优先级排序对初始反馈方案的优化效果进行评估，筛选出满足炉热指标的优化目标的前 10 条反馈方案进行推送。

7.3.2 高炉炉热反馈模型结果分析

高炉正常生产的前提是炉况稳定顺行，因此相比正常炉况，炉热模型触发反馈的情况并不多。以模型在线运行期间某一次炉热指标反馈为例进行介绍，时间编号 2022.03.16 11：00：00，铁水温度和铁水［Si］含量分别为 1464 ℃和 0.26%，模型下一时刻预测值分别为 1466 ℃和 0.28%。基于炉热预测模型对初始反馈方案集进行搜索，筛选出评估结果满足铁水温度高于 1470 ℃和铁水［Si］含量介于 0.3%~0.6%的前 10 条操作建议进行推送。炉热模型反馈结果见表 7-8。由于铁水温度与铁水［Si］含量均低于炉热指标的要求范围，说明此时的炉热状态较正常时有所降低，因此需要为高炉内补充热量以达到提高炉热水平的目的。可以看出，筛选出的操作建议以增加燃料消耗为主与补充热量的目的是一致的，这一点是符合高炉冶炼理论的；同时，实现了操作建议的定量推送，这对高炉操作者恢复炉热水平和稳定炉况是非常有意义的。

表 7-8 炉热模型反馈调整方案及预测结果

序号	喷煤量 /kg	焦炭消耗量 /kg	富氧流量 /$m^3 \cdot h^{-1}$	热风压力 /kPa	铁水温度预测 /℃	铁水［Si］含量预测/%
1	1000	200	0	0	1472.40	0.35
2	1000	200	500	0	1478.42	0.38

续表 7-8

序号	喷煤量 /kg	焦炭消耗量 /kg	富氧流量 /$m^3 \cdot h^{-1}$	热风压力 /kPa	铁水温度预测 /℃	铁水［Si］含量预测/%
3	500	300	0	0	1471.12	0.39
4	500	300	500	0	1476.87	0.41
5	0	400	500	0	1481.00	0.46
6	-500	400	500	-5	1478.49	0.47
7	-500	400	0	-5	1480.87	0.41
8	-500	500	500	-5	1472.24	0.43
9	-1000	500	1000	-5	1473.62	0.44
10	-1000	500	1000	-5	1472.10	0.41

7.4 高炉炉热状态的智能化预测与优化模型应用

7.4.1 基于自适应更新的高炉炉热预测在线模型

高炉炉热水平的发展受原料条件的变化和近期炉况状态的影响很明显，而历史数据训练的模型具有时效性，因此有必要根据最新的过程数据对模型的参数进行自适应更新。本节采取了一种自适应更新的措施（见图 7-15），以保证模型稳定的性能，并通过在线应用验证了所提方法的优越性和实用性。

第一种措施是在模型输入特征、超参数不变的基础上，每次预测前实时更新训练集，使用最新的数据对模型进行训练，实现模型在线自适应更新。其优点在于可以满足在线应用的响应速度，并且可以在一定程度上延长模型的时效性。

第二种措施是周期性自适应更新。当模型在一周内的平均命中率低于 85%时，根据最新积累的历史数据重新对模型输入特征以及模型超参数进行完整的更新，以保证模型稳定的性能。此过程消耗时间较长，是在一条新进程中完成，并不会对模型在线运行造成影响。

炉热模型上线至今完整的自更新总计 6 次（见图 7-16），三角形标记代表更新前铁水温度与铁水［Si］含量的平均预测命中率（小于 85%），圆形标记代表更新后预测模型的命中率。可以看出，模型准确率会随着时间推移逐渐呈下降趋势，不过每次自更新后炉热模型准确率会得到明显改善，这是我们想要得到的结果。

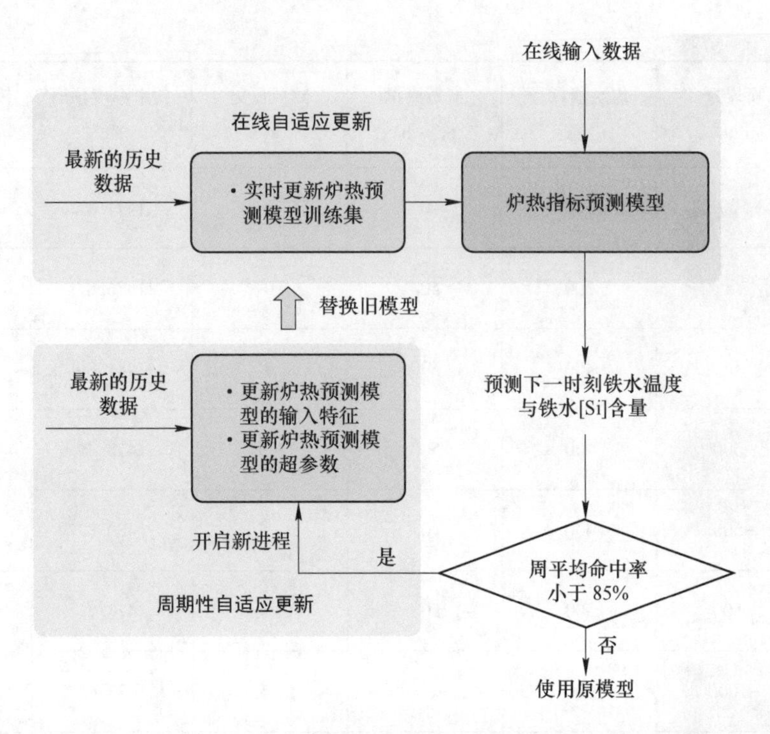

图 7-15 炉热预测自适应更新过程

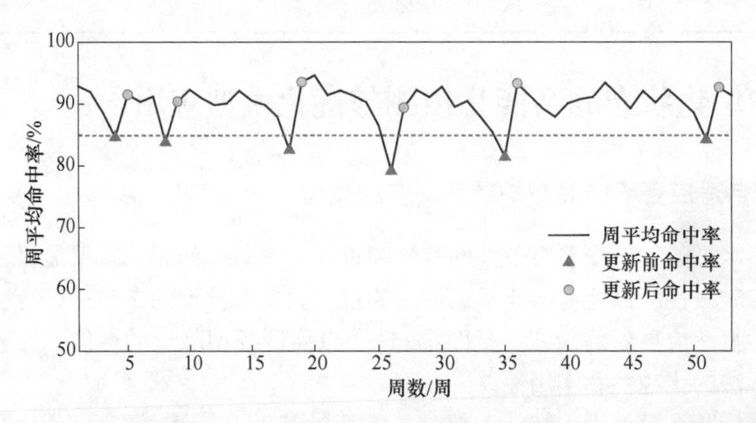

图 7-16 炉热预测模型自适应更新结果统计

7.4.2 高炉炉热预测与反馈模型在线应用效果

基于本节结果开发了高炉炉热预测与反馈系统，并成功在线应用于国内某座高炉。高炉炉热预测与反馈系统包括模型输入数据跟踪（见图 7-17）、炉热指标预测和操作建议反馈（见图 7-18）2 个模块。在过去一年的应用期间内，高炉炉温预测与反馈系统运行稳定，并取得了显著的经济效益。炉热指标 24 h 内动态预测准确率长时间高于 90%，并且炉热反馈操作建议得到了高炉操作者的高度认可，在稳定炉况过程中发挥了重要作用；达到了炉温稳定率由 54. 88%提升至 80%的预期目标，目前炉温稳定率 84. 89%，炉温稳定率提升了 30%。按照降低焦比 1. 12 kg/t 核算，年效益为 1008 万元。

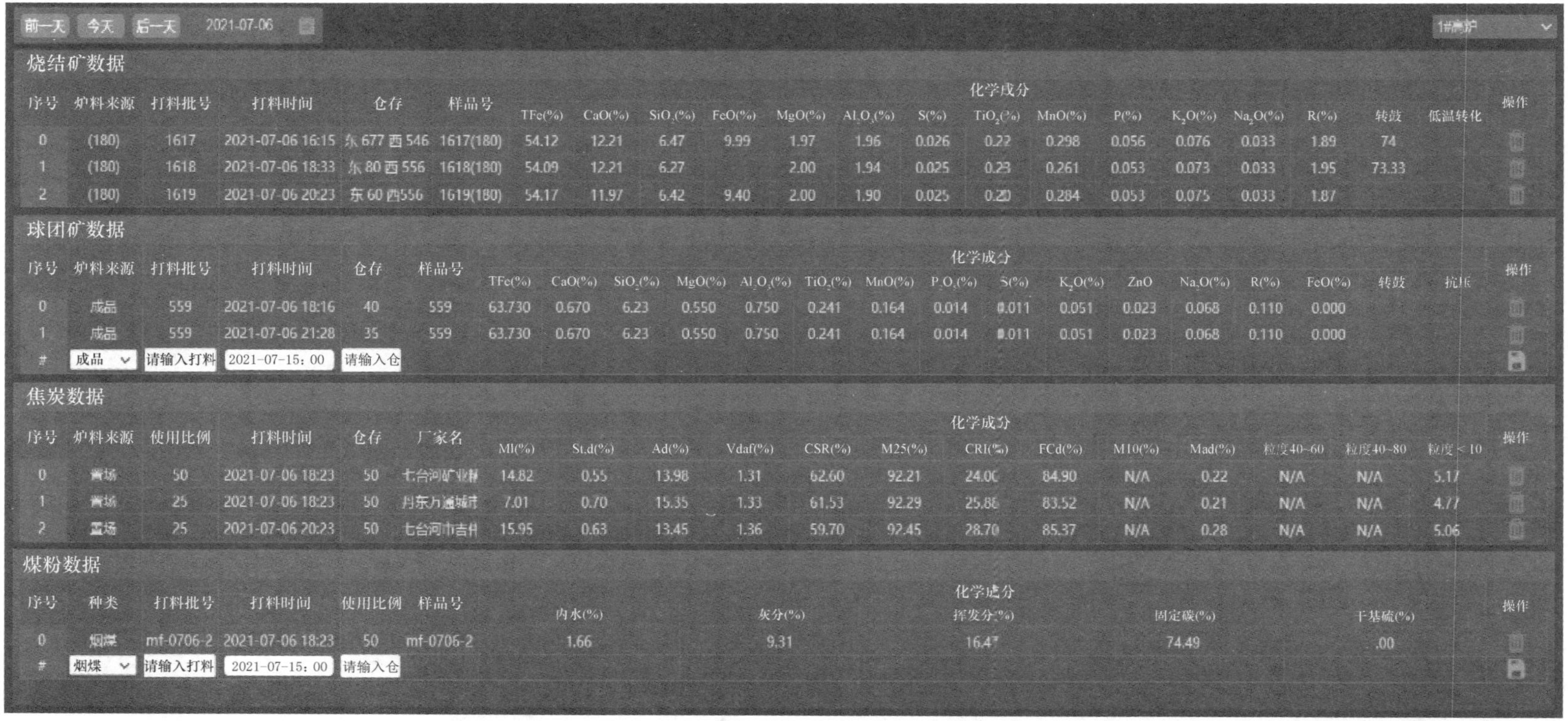

前一天 今天 后一天 2021-07-06 1#高炉

烧结矿数据

序号	炉料来源	打料批号	打料时间	仓存	样品号	化学成分															操作
						TFe(%)	CaO(%)	SiO_2(%)	FeO(%)	MgO(%)	Al_2O_3(%)	S(%)	TiO_2(%)	MnO(%)	P(%)	K_2O(%)	Na_2O(%)	R(%)	转鼓	低温转化	
0	(180)	1617	2021-07-06 16:15	东677西546	1617(180)	54.12	12.21	6.47	9.99	1.97	1.96	0.026	0.22	0.298	0.056	0.076	0.033	1.89	74		
1	(180)	1618	2021-07-06 18:33	东80西556	1618(180)	54.09	12.21	6.27		2.00	1.94	0.025	0.23	0.261	0.053	0.073	0.033	1.95	73.33		
2	(180)	1619	2021-07-06 20:23	东60西556	1619(180)	54.17	11.97	6.42	9.40	2.00	1.90	0.025	0.20	0.284	0.053	0.075	0.033	1.87			

球团矿数据

序号	炉料来源	打料批号	打料时间	仓存	样品号	化学成分																操作
						TFe(%)	CaO(%)	SiO_2(%)	MgO(%)	Al_2O_3(%)	TiO_2(%)	MnO(%)	P_2O_5(%)	S(%)	K_2O(%)	ZnO	Na_2O(%)	R(%)	FeO(%)	转鼓	抗压	
0	成品	559	2021-07-06 18:16	40	559	63.730	0.670	6.23	0.550	0.750	0.241	0.164	0.014	0.011	0.051	0.023	0.068	0.110	0.000			
1	成品	559	2021-07-06 21:28	35	559	63.730	0.670	6.23	0.550	0.750	0.241	0.164	0.014	0.011	0.051	0.023	0.068	0.110	0.000			
#	成品	请输入打料	2021-07-15：00	请输入仓																		

焦炭数据

序号	炉料来源	使用比例	打料时间	仓存	厂家名	化学成分													操作
						MI(%)	St,d(%)	Ad(%)	Vdaf(%)	CSR(%)	M25(%)	CRI(%)	FCd(%)	M10(%)	Mad(%)	粒度40~60	粒度40~80	粒度<10	
0	[illegible]	50	2021-07-06 18:23	50	七台河矿业[illegible]	14.82	0.55	13.98	1.31	62.60	92.21	24.00	84.90	N/A	0.22	N/A	N/A	5.17	
1	[illegible]	25	2021-07-06 18:23	50	[illegible]	7.01	0.70	15.35	1.33	61.53	92.29	25.86	83.52	N/A	0.21	N/A	N/A	4.77	
2	[illegible]	25	2021-07-06 20:23	50	七台河市吉[illegible]	15.95	0.63	13.45	1.36	59.70	92.45	28.70	85.37	N/A	0.28	N/A	N/A	5.06	

煤粉数据

序号	种类	打料批号	打料时间	使用比例	样品号	化学成分					操作
						内水(%)	灰分(%)	挥发分(%)	固定碳(%)	干基硫(%)	
0	烟煤	mf-0706-2	2021-07-06 18:23	50	mf-0706-2	1.66	9.31	16.47	74.49	.00	
#	烟煤	请输入打料	2021-07-15：00	请输入仓							

图7-17 炉热模型输入数据模块示意图

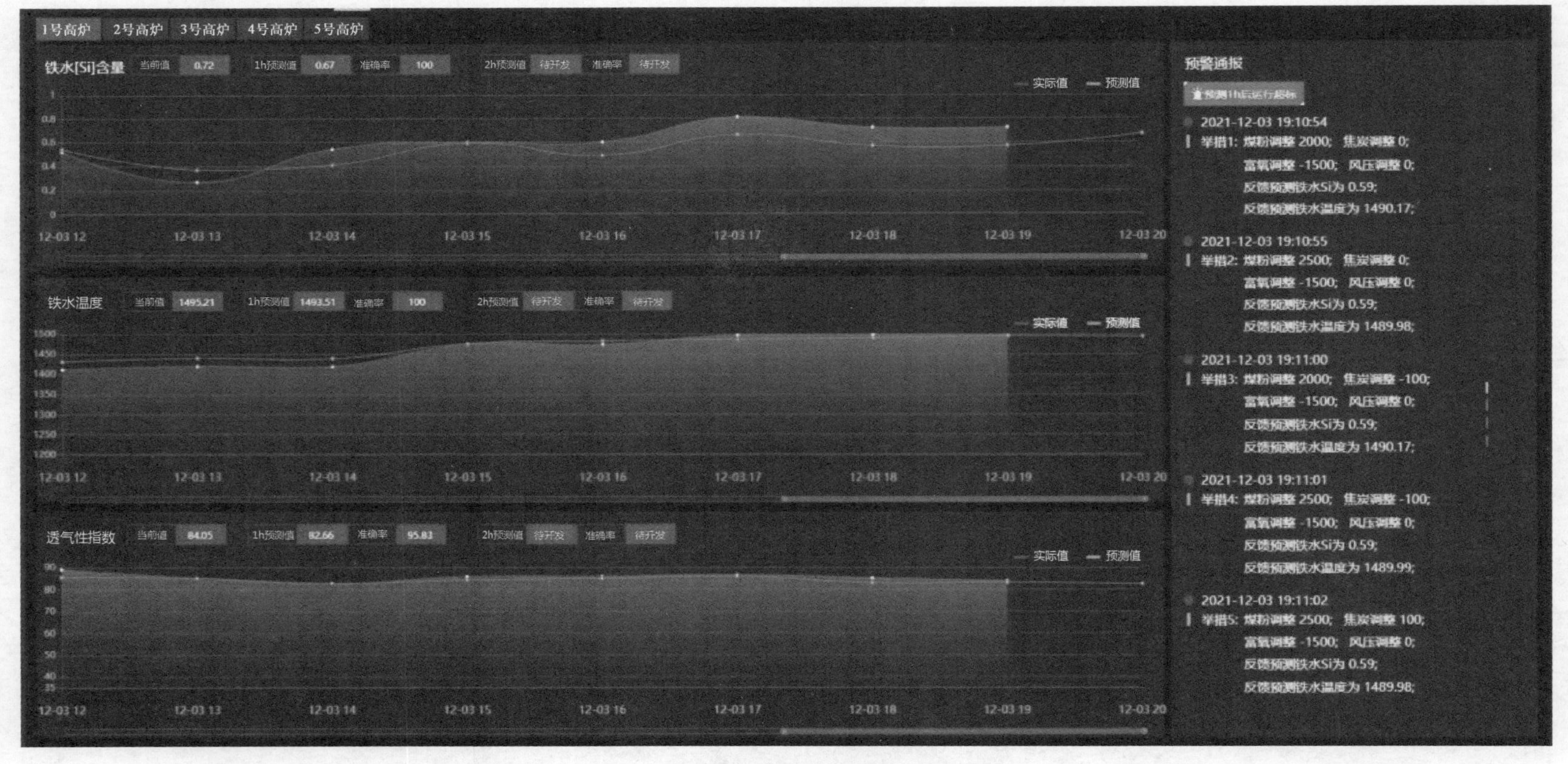

图7-18 炉热模型预测与反馈模块示意图

参考文献

[1] 魏丽，杨世山，张飞，等．以炉热指数预报高炉铁水含硅量和铁水温度的数学模型［C］．冶金研究中心2005年冶金工程科学论坛论文集．北京：北京科技大学冶金研究中心，2005：55-60.

[2] 曹长修．基于炉热指数和BP网络的高炉铁水硅含量预报系统［D］．重庆：重庆大学，2008.

[3] 黄艳清．基于炉热指数和RBF的高炉热状态预测系统［D］．重庆：重庆大学，2007.

[4] Mehrotta S P, Nand Y C. Heat balance model to predict salamander penetration and temperature profiles in the subhearth of an iron blast furnace［J］. ISIJ International, 1993, 33（8）：839-846.

[5] 那树人．炼铁计算辨析［M］．北京：冶金工业出版社，2010：297-321.

[6] 那树人．炼铁计算［M］．北京：冶金工业出版社，2005：258-275.

[7] 白俊丽，张建良，国宏伟，等．高炉专家系统中的基础数学模型［J］．武汉科技大学学报，2013，36（5）：331-336.

[8] 张建良，蒋旭东，左海滨，等．基于炉热指数计算和炉温预测的电石炉热状态判断［J］．北京科技大学学报，2013，35（9）：1131-1137.

[9] 魏丽，杨世山，张飞，等．以炉热指数预报高炉铁水含硅量和铁水温度的数学模型［C］．2005年“冶金工程科学论坛”论文集，北京，2005.

[10] 牛晓青，叶庆卫，周宇，等．基于遗传算法特征选择的自回归模型脑电信号识别［J］．计算机工程，2016，42（3）：283-288，294.

[11] 许召召，申德荣，聂铁铮，等．融合信息增益比和遗传算法的混合式特征选择算法［J］．软件学报，2022，33（3）：1128-1140.

[12] Katoch S, Chauhan S S, Kumar V. A review on genetic algorithm: Past, present, and future［J］. Multimedia Tools and Applications, 2021, 80: 8091-8126.

[13] 陈倩茹．基于改进自调优自适应遗传算法的特征选择方法研究［D］．天津：天津师范大学，2022.

[14] 于海波，朱秦娜，康丽，等．带偏向性轮盘赌的多算子协同粒子群优化算法［J/OL］．控制与决策，2023，DOI：10. 13195/j. kzyjc. 2022. 1486.

[15] 徐继伟，杨云．集成学习方法：研究综述［J］．云南大学学报（自然科学版），2018，40（6）：1082-1092.

[16] Dong X, Yu Z, Cao W, et al. A survey on ensemble learning［J］. Frontiers of Computer Science, 2020, 14: 241-258.

[17] Sagi O, Rokach L. Ensemble learning: A survey［J］. Wiley Interdisciplinary Reviews: Data Mining and Knowledge Discovery, 2018, 8（4）：e1249.

8　高炉炉缸活跃性智能评价-预测-反馈

高炉炉缸活跃性是评价高炉工作状态的重要指标之一[1-2]，对高炉生产实现“高效、优质、低耗、长寿”的目标起着非常重要的作用。近年来，随着高炉冶炼的不断强化，炉缸活跃性问题日益引起高炉操作者的重视，但是对如何定量评价炉缸活跃性的相关研究较少。本章主要研究了一种融合高炉工艺与数据驱动的炉缸活跃性评价方法，并从炉热水平和炉况吻合度两个方面进行了验证。在此基础上，基于深度学习和集成学习建立了炉缸活跃性预测与反馈模型，对比了时序深度学习模型与时滞信息作为衍生特征的集成学习模型在炉缸活跃性上的预测能力；最后开发了高炉炉缸活跃性评价、预测与反馈在线模型，并在国内某座高炉上成功在线应用。

8.1　基于数据驱动的高炉炉缸活跃性评价模型

8.1.1　高炉炉缸活跃性综合指数

炉缸活跃性模型使用的是2022年7月~2023年1月某高炉的生产数据，共5033组小时频次样本数据。考虑到一些炉缸活跃性模型中涉及参数在实际过程中不易测量，因此本节基于数据筛选了4种计算炉缸活跃性的基础模型，见表8-1。每种方法从不同角度评价炉缸活跃性。模型A_1以每次出铁量衡量炉缸出铁情况的变化；模型A_2以铁水物理热与化学热［Si］含量的对应关系判断炉缸活性的变化；模型A_3通过炉底中心温度和炉缸侧壁温度的比值定义炉缸活跃性；模型A_4以死料堆洁净指数表征炉缸工作状况[3]。

表8-1　炉缸活跃性基模型选择

模型	公式	参数释义
A_1	$\dfrac{Y}{D \times 100}$	Y——铁水产量，t； D——出铁次数
A_2	$\left(\dfrac{t_p - 1400}{100}\right)^2 \Big/ w[\mathrm{Si}]$	t_p——铁水温度，℃； $w[\mathrm{Si}]$——铁水［Si］含量，%
A_3	$\dfrac{T_0}{T_C}$	T_C——炉缸侧壁温度均值，℃； T_0——炉底中心温度，℃

续表 8-1

模型	公 式	参数释义
A_4	$2\times t_p - 389\times w[C] - 190\times R_2 - 121\times w[Si] - 128\times w[P] - 156\times w[S] + 11\times w[Mn] - 690$	t_p——铁水温度,℃; R_2——炉渣碱度; $w[C]$——铁水 [C] 含量,%; $w[Si]$——铁水 [Si] 含量,%; $w[P]$——铁水 [P] 含量,%; $w[S]$——铁水 [S] 含量,%; $w[Mn]$——铁水 [Mn] 含量,%

当炉缸活跃性良好时，渣铁能够良好地穿过死料堆从各个方向流向铁口排出炉内；当炉缸活跃性变差时，渣铁不能良好地穿过死料堆，容易出现沿着炉缸壁环流排出炉内的情况。本节通过主成分分析（PCA）对 4 种炉缸活跃性基模型进行综合评价，提出炉缸活跃性综合指数（Hearth Activity Composite Index，HACI）表征炉缸活跃性水平，具体过程如图 8-1 所示。

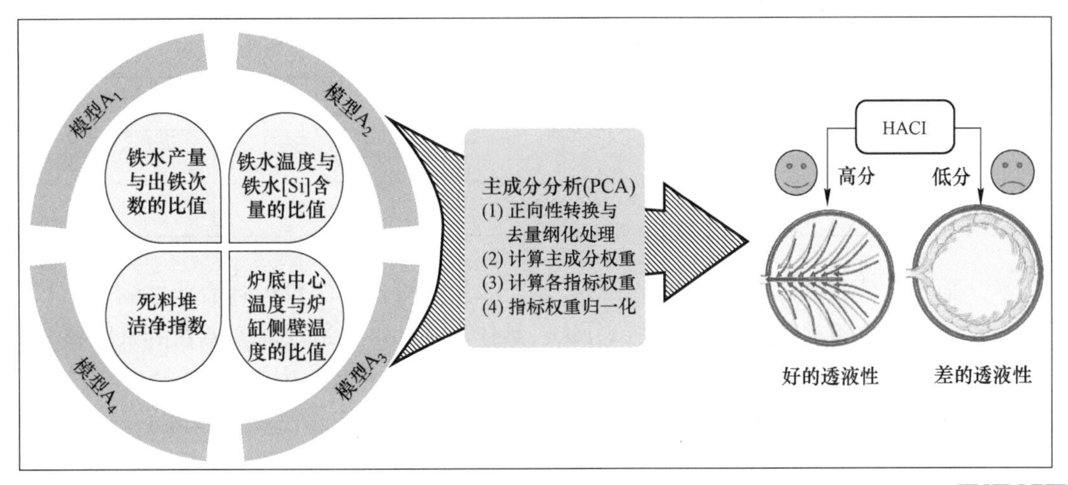

图 8-1 炉缸活跃综合指数计算过程

彩图资源

第 1 步：对每个炉缸活跃性基模型指标进行正向化转换与无量纲化处理，本节选取的 4 种方法均属于极大型指标，无需另外进行正向性转换，无量纲化处理选择零-均值标准化法。

第 2 步：基于 PCA 方法计算主成分及各指标在主成分线性组合中的系数，保留所有主成分，将主成分方差贡献率作为该主成分的权重。

第 3 步：基于各指标在主成分线性组合中的系数及主成分自身权重，计算各指标权重，公式如下：

$$w_i = \frac{X_{i1}M_1 + X_{i2}M_2 + X_{i3}M_3 + X_{i4}M_4}{M_1 + M_2 + M_3 + M_4} \tag{8-1}$$

式中，w_i 为第 i 个指标权重；X_{i1} 为第 i 个指标在第 1 个主成分的线性组合系数；M_1 为第 1 个主成分的权重。

第 4 步：各指标权重归一化处理，使所有指标的权重之和为 1，最后将 4 个炉缸活跃性基模型指标转换为一个综合指标。

8.1.2 高炉炉缸活跃性评级方法

铁水产量、质量和燃料消耗是高炉生产最关注的经济指标，同样能够反映炉况的好坏[4-5]。本节选取铁水产量和燃料比同时达到生产计划要求时定义为合格炉况，其余为不合格炉况。结合本节所研究高炉的实际生产情况，将判断炉况合格的标准设置为：燃料比低于 550 kg/t，铁水日产量高于 2600 t。炉况分类信息见表 8-2。可以看出，合格炉况样本数量要高于不合格炉况样本数量，占比相差较大，这与高炉实际生产情况是相符的。由于合格与不合格炉况样本比例相差较多，因此需要进行类别平衡处理。处理方法见式（8-2）。

$$\begin{aligned} w_0 &= N/(n \times N_0) \\ w_1 &= N/(n \times N_1) \end{aligned} \tag{8-2}$$

式中，w_0 与 w_1 分别为合格与不合格炉况的类别权重；N 为总样本量；n 为类别数；N_0 与 N_1 分别为合格与不合格炉况的样本量。

表 8-2 炉况分类信息

分类	编码	样本量	占比/%	类别权重
合格	0	3343	66.42	0.75
不合格	1	1690	33.58	1.49

为了对炉缸活跃性综合指数进行评级，本节采用决策树算法对炉缸活跃性综合指数进行离散化处理。决策树离散化策略是二分法，具体步骤如下：给定训练集 D 和连续属性 a，假定 a 在 D 上出现了 n 个不同的取值，先把这些值从小到大排序，记为 $\{a^1, a^2, \cdots, a^n\}$，基于划分点 t 可将 D 分为子集 D_t^- 和 D_t^+，其中 D_t^- 是包含那些属性 a 上取值不大于 t 的样本，D_t^+ 则是包含那些在属性 a 上取值大于 t 的样本。显然，对相邻的属性取值 a^i 和 a^{i+1} 来说，t 在区间 $[a^i, a^{i+1}]$ 中取任意值所产生的划分结果相同。因此，对连续属性 a，可得到 $n-1$ 个元素的候选划分点集合：

$$T_a = \frac{a^i + a^{i+1}}{2} \quad (1 \leqslant i \leqslant n-1) \tag{8-3}$$

即把区间 $[a^i, a^{i+1}]$ 的中位点 $\frac{a^i + a^{i+1}}{2}$ 作为候选划分点。然后以处理离散属性的形式处理这些划分点，选择最优划分点进行样本集合的划分，公式如下：

$$\mathrm{Gain}(D, a) = \max_{t \in T_a} \mathrm{Gain}(D, a, t) = \max_{t \in T_a} \left(\mathrm{Ent}(D) - \sum_{\lambda \in \{\pm\}} \frac{|D_t^\lambda|}{|D|} \mathrm{Ent}(D_t^\lambda) \right) \tag{8-4}$$

$$\mathrm{Ent}(D) = -\sum_{k=1}^{K} p_k \log_2 p_k \tag{8-5}$$

式中，Gain(D, a, t) 为样本集 D 基于划分点 t 二分后的信息增益；Ent(D) 为样本集 D 的信息熵，划分的时候，选择使 Gain(D, a, t) 最大的划分点。

一般而言，信息增益越大，则表示使用特征 a 对数据集划分所获得的“纯度提升”越大。为了降低过拟合风险，采用后剪枝策略，后剪枝决策树通常比预剪枝决策树保留了更多的分支，一般情形下，后剪枝决策树的欠拟合风险小，泛华性能往往也要优于预剪枝决策树。

图 8-2 为决策树对炉缸活跃性综合指数的离散结果，划分节点分别为 8.71、10.26、11.54。基于划分节点，将炉缸活跃性综合指数划分为 4 个等级区间，分别为四级（HACI≤8.71)、三级（8.71<HACI≤10.26)、二级（10.26<HACI≤11.54)、一级（HACI>11.54)，具体统计信息见表 8-3。

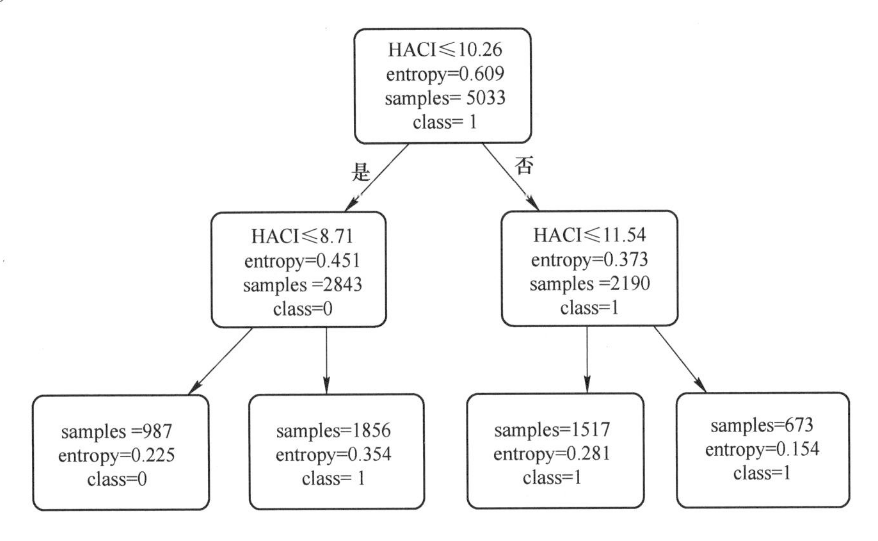

图 8-2 炉缸活跃综合指数离散化

表 8-3 炉缸活跃综合指数评级

HACI 等级	占比/%	区间
四级	19.61	≤8.71
三级	36.88	(8.71, 10.26]
二级	30.18	(10.26, 11.54]
一级	13.37	>11.54

8.1.3 高炉炉缸活跃性评价模型合理性分析

为了验证本节所提的高炉炉缸活跃性评价方法的合理性，将从炉热与炉况吻合度两个方面对炉缸活跃性评价结果进行分析。

(1) 铁水化学热同水平条件下炉缸活跃综合指数与铁水物理热的关系。铁水化学热同水平条件下，高炉炉缸活跃性与铁水物理热的变化具有一定程度的正相关性，即铁水化学热同水平条件下，铁水物理温度越高表明高炉炉缸活跃性相对越好，以此验证本节所提的炉缸活跃性评价方法的准确性。将铁水［Si］含量从 0~1%等距划分为 10 段，见表 8-4。依次分析每段铁水温度与炉缸活跃性综合指数的相互关系，考虑到样本量小的分段不具有代表性，只对样本占比大于 5%的区间进行分析。其分析结果如图 8-3 和图 8-4 所示，可以看出在不同铁水［Si］含量水平下，炉缸活跃性综合指数与铁水温度的变化趋势基本一致，具有高度的正相关性，相关性系数达到了 0.9，证明了本节建立的炉缸活跃性评价方法是合理的。

表 8-4　铁水［Si］含量区间划分

序号	铁水［Si］含量/%	样本量/个	样本占比/%
1	[0, 0.1)	0	0
2	[0.1, 0.2)	72	1.43
3	[0.2, 0.3)	297	5.90
4	[0.3, 0.4)	958	19.01
5	[0.4, 0.5)	1737	34.52
6	[0.5, 0.6)	1488	29.55
7	[0.6, 0.7)	337	6.70
8	[0.7, 0.8)	73	1.45
9	[0.8, 0.9)	31	0.62
10	[0.9, 1.0)	16	0.34
11	≥1.0	24	0.48

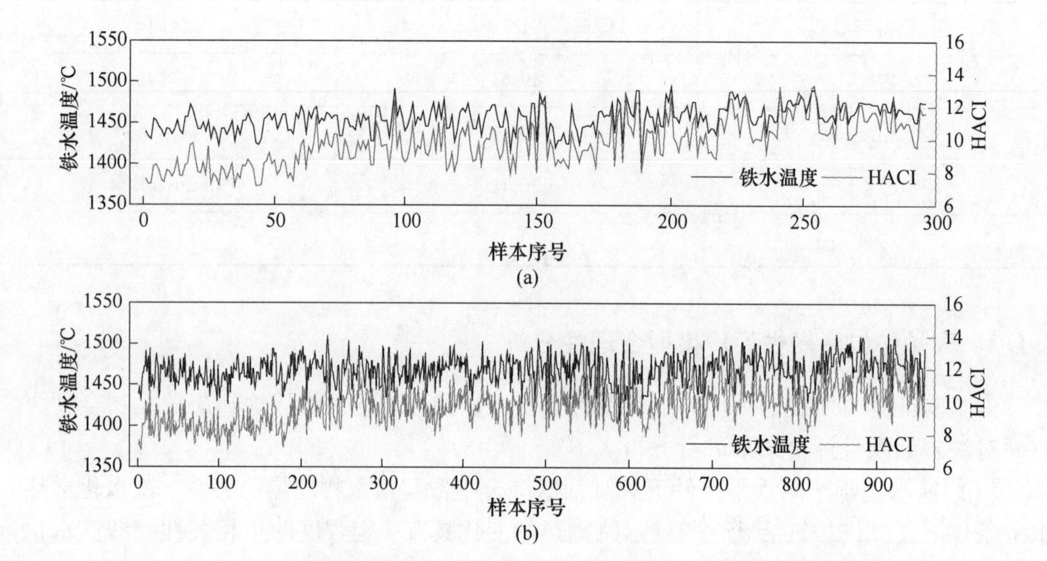

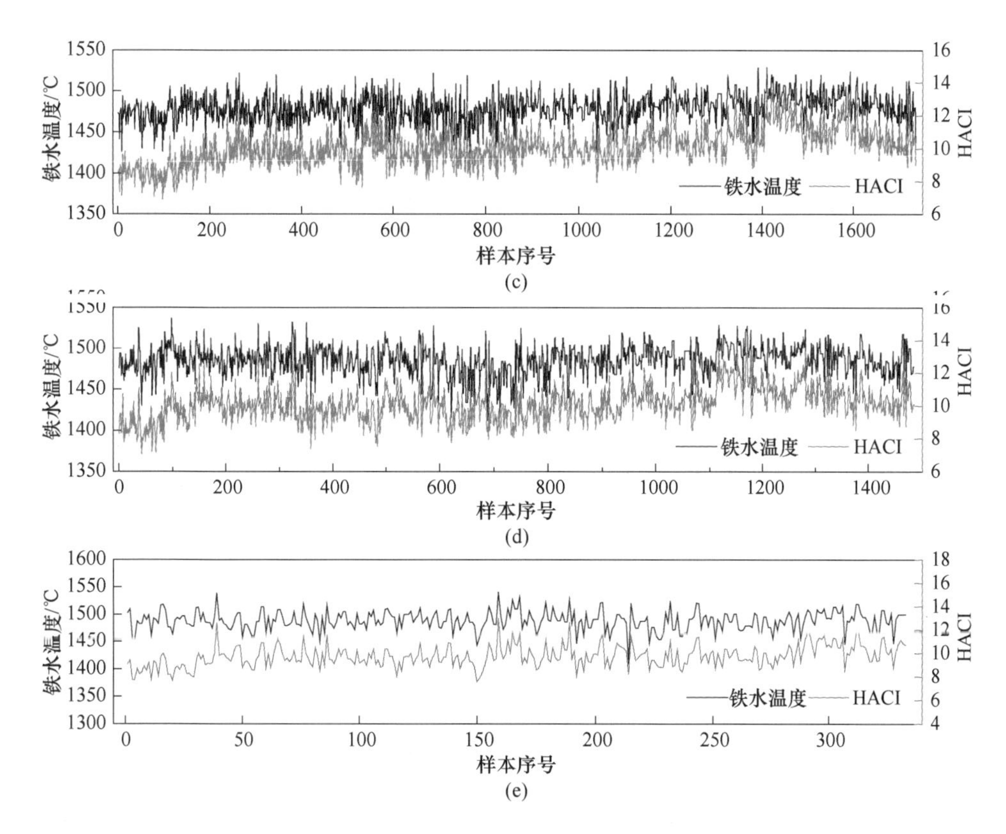

图 8-3 铁水［Si］含量同水平条件下炉缸活跃综合指数与铁水温度趋势分析

（a）铁水［Si］含量为［0.2%~0.3%)；（b）铁水［Si］含量为［0.3%~0.4%)；（c）铁水［Si］含量为［0.4%~0.5%)；（d）铁水［Si］含量为［0.5%~0.6%)；（e）铁水［Si］含量为［0.6%~0.7%)

（2）炉缸活跃性评级与炉况吻合度分析。为了更有力地证明本节所提炉缸活跃性评价方法的合理性，对炉缸活跃性评级结果与高炉炉况的吻合度进行了分析。表 8-5 中，分别选取了现场高炉体检系统中的高炉状态模块分数、原燃料模块分数、送风状态模块分数、煤气流模块分数、渣铁模块分数以及经济指标模块（焦比、燃料比、产量等）分数与炉缸活跃性评级结果进行比较；可以看出，高炉炉缸活跃性评级结果与高炉炉况模块分数总体水平呈相同趋势，尤其与高炉状态模块分数、渣铁模块分数、经济指标模块分数具有更高的相关性，进一步验证了本节所提炉缸活跃性评价方法是符合当前实际高炉炉况的。

表 8-5 炉缸活跃综合指数与炉况吻合度分析

HACI 评级	HACI 均值	高炉状态分值	原燃料分值	送风状态分值	煤气流分值	渣铁分值	经济指标分值
一级	12.9	85.6	72	88	50	88	96
二级	11.6	79.1	70	86	49	80	84
三级	9.7	67.3	69	84	50	66	78
四级	7.9	56.8	63	82	50	43	66

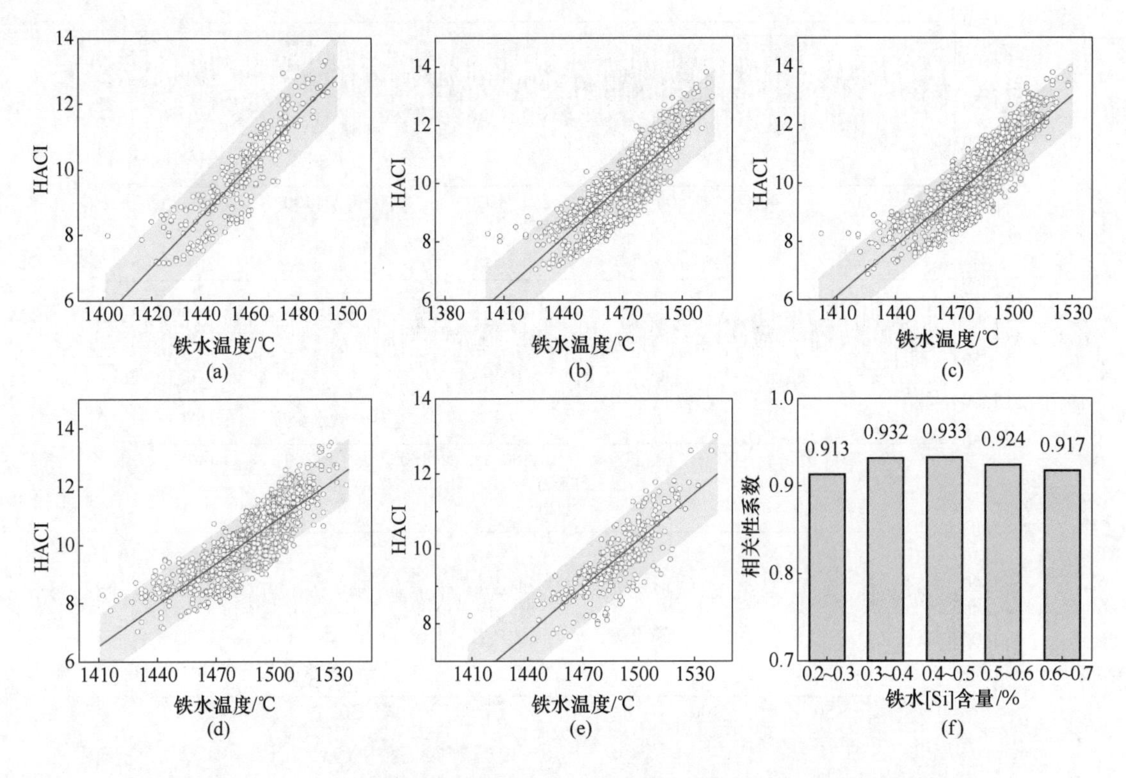

图 8-4 铁水［Si］含量同水平条件下炉缸活跃综合指数与铁水温度相关性分析

(a) 铁水［Si］含量为［0.2%~0.3%)；(b) 铁水［Si］含量为［0.3%~0.4%)；(c) 铁水［Si］含量为［0.4%~0.5%)；(d) 铁水［Si］含量为［0.5%~0.6%)；(e) 铁水［Si］含量为［0.6%~0.7%)；(f) 相关性系数

8.2 基于深度学习与集成学习炉缸活跃性预测模型

8.2.1 基于时滞信息与遗传算法的炉缸活跃性预测模型输入特征选择

为了保证炉缸活跃性预测模型的准确性，本节从高炉参数降维、时滞性分析、特征选择三个方面对炉缸活跃性预测模型的输入特征进行约束。

(1) 高炉参数降维。基于 2.2.4 节提出的高炉参数降维方法，采用共线性检验、同类型参数整合和相关性分析对高炉数据进行降维处理，达到对炉缸活跃性预测模型输入变量进行初步过滤的目的。高炉参数经初步过滤后，由初始的 171 个变量减少至 53 个。

(2) 时滞性分析。炉缸活跃性与相关变量之间存在不同程度的时滞性关系，即当高炉操作者为调剂高炉炉缸活跃性采取某项操作措施时，该措施可能滞后一段时间才能发挥作用；并且，在不同炉况条件下相关变量对炉缸活跃性的滞后时间和影响程度并不是固定不变的，而是在一定范围内变化的。为了确定高炉相关变量对炉缸活跃性的滞后时间，本节基于 2.2.5 节提出的高炉参数时滞性分析方法对各相关变量与炉缸活跃性的时滞性关系进行分析。时滞性分析过程已在 2.2.5 节进行了详细的介绍，本节不再赘述。

由于初步过滤后的变量数量仍较多，因此以冷风流量（Cold Blast Flow，CBF）为例对时滞性分析结果进行介绍。如图 8-5 所示，将当前时刻（0 h）的冷风流量取值作为参照值，分别分析了 0~6 h 冷风流量对炉缸活跃性的最大信息系数变化情况。可以看出，每个时期冷风流量对炉缸活跃性的作用均呈现先升高后降低的规律，说明冷风流量对炉缸活跃性的作用存在滞后性；并且，滞后时间为 1 h、2 h 和 3 h 时，冷风流量对炉缸活跃性指数的作用明显高于其他时刻。因此，将冷风流量的滞后时间范围为 1 ~ 3 h，并将 CBF^{-1}、CBF^{-2}和 CBF^{-3}添加为炉缸活跃性预测模型的输入变量，其余相关变量时滞性分析结果见表 8-6，同样由于变量数量较多，仅对部分结果进行列举。经过时滞性分析提取出了 37 个时间滞后变量，见表 8-6。

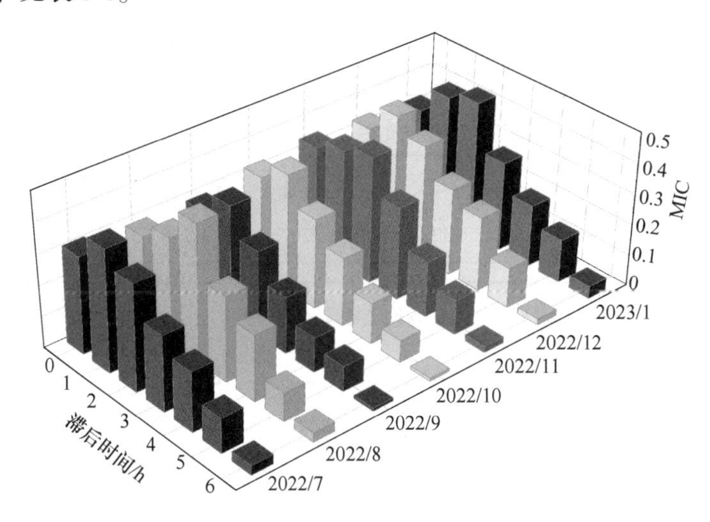

图 8-5 冷风流量与炉缸活跃性的时滞性分析

表 8-6 相关变量时滞性分析

变量名称	缩写	滞后时间
冷风流量	CBF	CBF^{-1}，CBF^{-2}，CBF^{-3}
热风压力	HBP	HBP^{-1}
透气性	GP	GP^{-1}，GP^{-2}
炉顶温度	TBT	TBT^{-1}
热流强度	HFS	HFS^{-1}，HFS^{-2}
富氧流量	OF	OF^{-1}，OF^{-2}
理论燃烧温度	TCT	TCT^{-1}，TCT^{-2}
炉腹煤气量	BGV	BGV^{-1}，BGV^{-2}
煤粉喷吹量	PCI	PCI^{-1}，PCI^{-2}，PCI^{-3}
焦炭负荷	CL	CL^{-1}，CL^{-2}，CL^{-3}
烧结矿碱度	SB	SB^{-1}，SB^{-2}
入炉焦炭平均粒径	CAD	CAD，CAD^{-1}，CAD^{-2}
⋮	⋮	⋮

（3）特征选择。基于相关性分析初始过滤的变量和基于滞后时间新创建的变量组成了炉缸活跃性预测模型的初始输入变量集，但是，并不是所有的变量都是模型所需要的。本节采用遗传算法进一步对初始输入变量进行选择，筛选出炉缸活跃性预测模型最优的输入特征组合，步骤如图 8-6 所示。

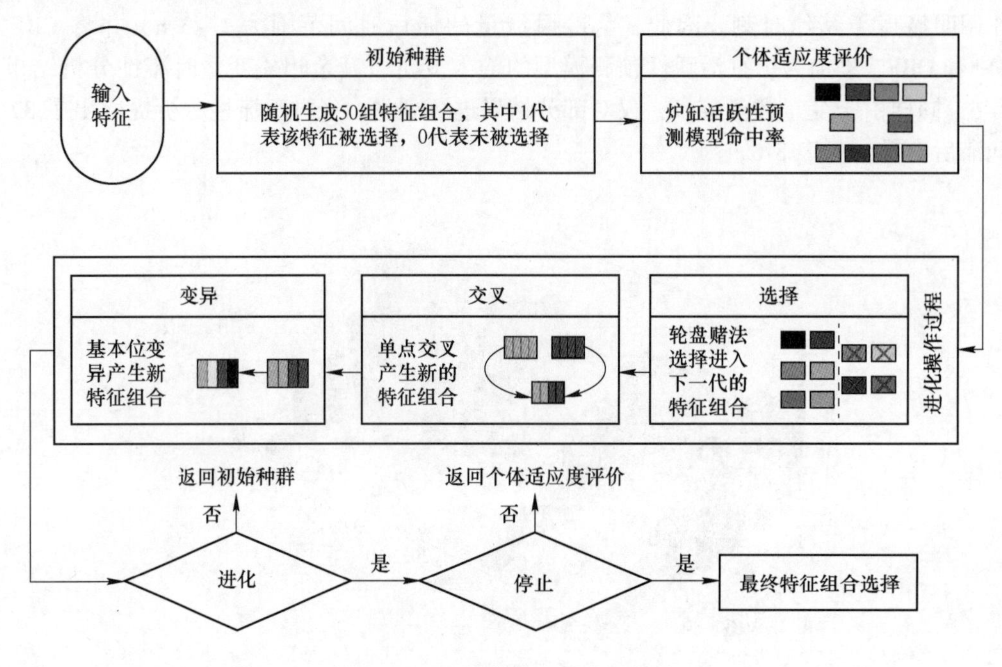

图 8-6 基于遗传算法的特征选择

第 1 步，随机生成 50 组特征组合作为种群，将特征空间映射为一个二进制字符串，其中 1 代表该特征被选择、0 代表未被选择。

第 2 步，将炉缸活跃性预测模型的准确率作为适应度函数，并对每个个体进行适应度评估。

第 3 步，使用轮盘赌算法选择一些特征组合进入下一代。

第 4 步，对选中的特征组合进行交叉和变异，产生新的特征组合以增加种群的多样性。

第 5 步，对新生成的特征组合进行适应度评估。

第 6 步，当达到规定的迭代次数或达到最大适应度值等，停止遗传算法；否则，返回第 3 步。

第 7 步，返回最终选定的特征子集。

本节采用上述方法进一步对初始输入变量进行降维，最终确定表 8-7 中的变量作为炉缸活跃性预测模型的输入。影响高炉炉缸活性的因素大致可以分为三个方面：（1）主流供料区的焦炭所提供的“透气-透液通道”数量；（2）熔体（渣铁）的流动性能；（3）风口回旋区状态。这三种因素相辅相成，相互影响。可以看出，筛选出的特征中包含了炉热、焦炭质量、鼓风以及风口回旋区均匀性[6]等重要指标。由于高炉冶炼过程具有连续不间断的特点，前一炉次到前两炉次的炉缸状态对下一炉次有一定程度的影响，因此模型输入加入了历史炉缸活跃性评价指标。

表 8-7 炉缸活跃性预测模型最优特征组合

特征名称	缩写	特征名称	缩写
炉缸活跃综合指数	HACI, $HACI^{-1}$, $HACI^{-2}$	热流强度	HFS, HFS^{-1}
铁水温度	HMT, HMT^{-1}	烧结矿碱度	SB^{-1}, SB^{-2}
铁水 [Si] 含量	[Si], $[Si]^{-1}$	焦炭负荷	CL
热风压力	HBP, HBP^{-1}	冷风流量	CBF^{-1}
入炉焦炭平均粒径	CAD, CAD^{-1}, CAD^{-2}	透气性	GP
炉渣碱度	SA, SA^{-1}	煤气利用率	GUR, GUR^{-1}
炉底中心温度	HBCT, $HBCT^{-1}$	理论燃料比	TFR
回旋区均匀性	RU	料速	BDS
富氧流量	OF	燃料比偏差	FRD, FRD^{-1}
理论燃烧温度	TCT^{-1}	炉腹煤气量	BGV^{-1}
焦炭消耗量	CC, CC^{-1}, CC^{-2}	理论铁量	TIQ
煤粉喷吹量	PCI, PCI^{-1}		

8.2.2 基于深度学习与集成学习的炉缸活跃性预测模型

为了实现炉缸活跃性指标的精准预测，本节采用了一种基于 Stacking[7-10] 框架的集成学习策略来建立高炉炉缸活跃性预测模型，如图 8-7 所示。Stacking 框架集成了不同的算法，充分利用不同算法从不同的数据空间角度和数据结构角度对数据的不同观测，来取长补短优化结果，最终选取 SVM、XGB、RF、GBDT、RNN 这五个基学习器作为第一层模型。为了降低过拟合风险，选取简单的线性回归 LR 作为第二层的模型进行建模预测；同时，将训练数据划为五折（5 fold），标记为 train1 到 train5。每次使用四折训练、一折验证，训练得到基学习器。例如，从 train1 开始作为预测集，使用 train2 到 train5 建模，然后预测 train1，预测结果为 predict1。依次对 train1 到 train5 各预测一遍，然后将 predict1 至 predict5 进行拼接，便完成了第一个基模型在训练集上的 Stacking 转换。在上述 5 折交叉验证过程中，每次都会对 Test 数据集进行预测，然后对 5 次预测结果取平均值，作为第一个基模型对 Test 数据的一个 Stacking 转换。每个基模型训练完后，就生成了一列与训练集样本量相同的新数据集，并将这个新数据集作为一列超特征（meta features）。本节选取了 5 个基模型，因此生成了 5 列超特征并将其作为第二层训练模型的输入。同理，对测试集进行 Stacking 转换后生成了 5 列超特征作为第二层测试模型的输入。第二层训练模型和测试模型的输出分别是训练集和测试集的输出 label，即炉缸活跃综合指数的真实值。最后使用线性回归模型，对这些超特征再进行训练，得到一个从新特征到真实值的模型。

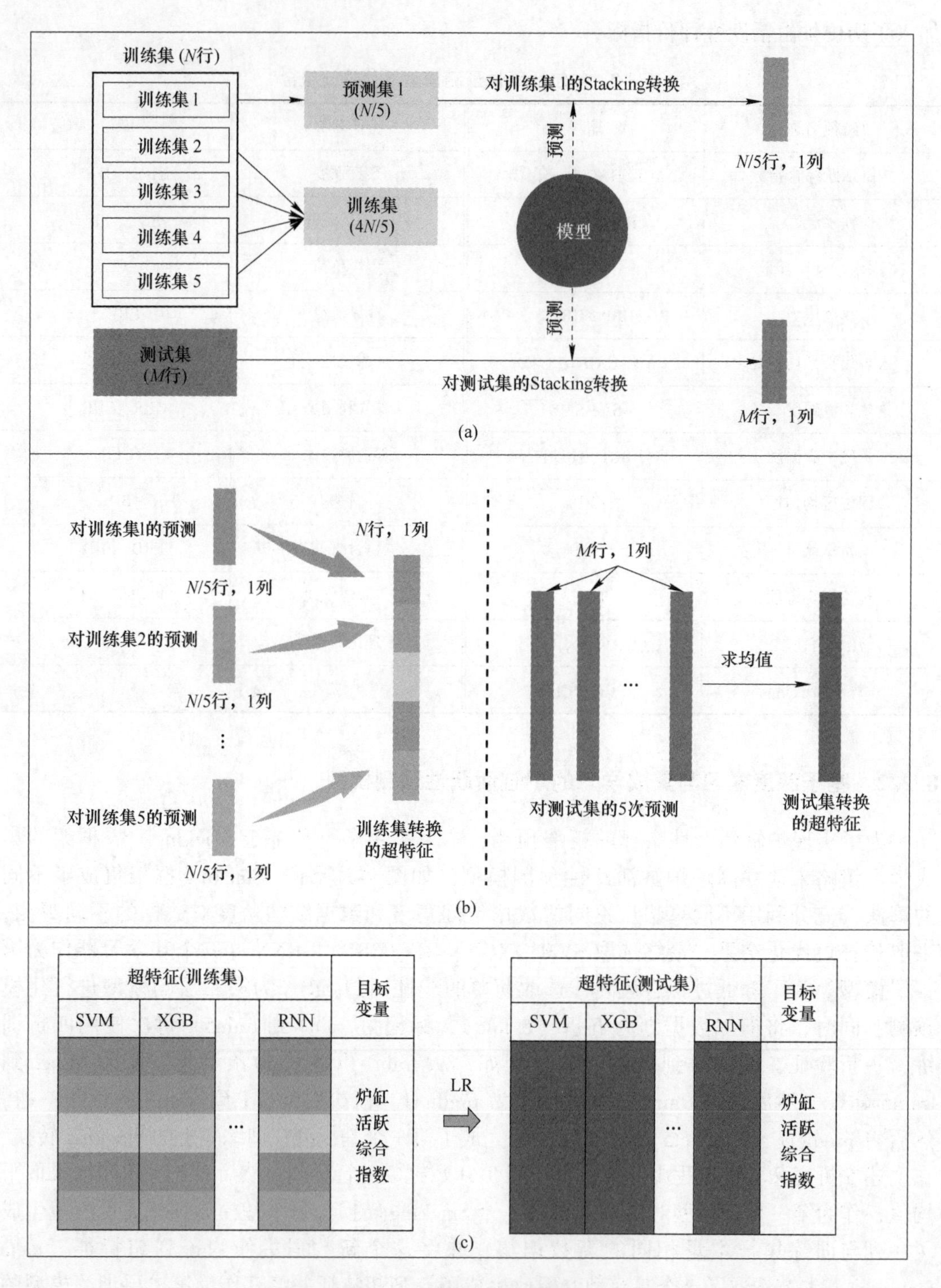

图 8-7 炉缸活跃性预测模型框架

8.2.3 高炉炉缸活跃性预测模型结果分析

（1）数据集拆分。本节的目的是对未来 1 h 内炉缸活跃综合指数进行预测。由于时间序列预测不能同回归分析预测一样随机划分训练集和测试集，因此应该按照数据的时间先后进行划分。因为随机划分的训练集和测试集的数据分布近似，会造成预测模型的精度虚高，因此数据集被分为两组，将前 4865 组数据作为训练集、后 168 组数据（即未来一周的数据）作为测试集。炉缸活跃综合指数时间序列如图 8-8 所示。红线的左半部分用于训练模型，红线的右半部分用于测试模型。考虑到算法的一些不确定性，下面所有的模拟均进行了 30 次，随后求取平均值。

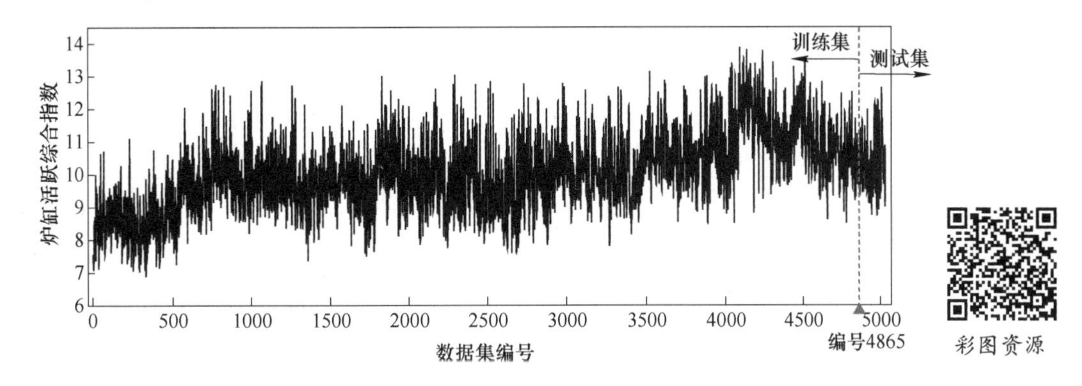

图 8-8 炉缸活跃综合指数时间序列与数据拆分

（2）炉缸活跃性预测结果。本节采用两个性能指标命中率 HR1 和命中率 HR2 对炉缸活跃性预测模型性能进行评价。命中率 HR1、HR2 计算方法如下：

$$\mathrm{HR1} = \frac{1}{N}\left(\sum_{k=1}^{N} e_k\right) \times 100\% \tag{8-6}$$

$$e_k = \begin{cases} 1 & (|y_k - \hat{y}_k|/y_k \leqslant 10\%) \\ 0 & (\text{其他}) \end{cases} \tag{8-7}$$

$$\mathrm{HR2} = \frac{1}{N}\left(\sum_{k=1}^{N} o_k\right) \times 100\% \tag{8-8}$$

$$o_k = \begin{cases} 1 & (|y_k - \hat{y}_k|/y_k \leqslant 5\%) \\ 0 & (\text{其他}) \end{cases} \tag{8-9}$$

式中，N 为测试样本的数量；$\hat{y}_k$ 为炉缸活跃性综合指数预测值；y_k 为测试值。

炉缸活跃性预测结果如图 8-9 所示，图中上部蓝色线代表真实值，红色线代表预测值。可以看出，炉缸活跃性综合指数真实值与预测值曲线重合度很高，除出现大幅度升降的情况，图中下部实线代表真实值与预测值之间的差值。经统计预测误差在 10%以内的命中率 HR1 为 94.64%，预测误差在 5%以内的命中率 HR1 为 80.36%。

为了说明本节方法的精度，图 8-10（a）和（b）给出了不同算法的均方根误差（RMSE）的箱线图和概率密度函数曲线。这些图清晰地显示了 30 个试验的 RMSE 分布信息。可以看出，本节方法在炉缸活跃性指标预测中性能表现最好。更明显的对比如图 8-10（c）和（d）所示，不仅对比了不同算法的炉缸活跃性指标平均预测估计误差，还对比了不同算法的 HR1 和 HR2。结果表明，本节算法的预测估计误差分布范围更小且更集中，并且该算法的命中率明显优于其他算法。

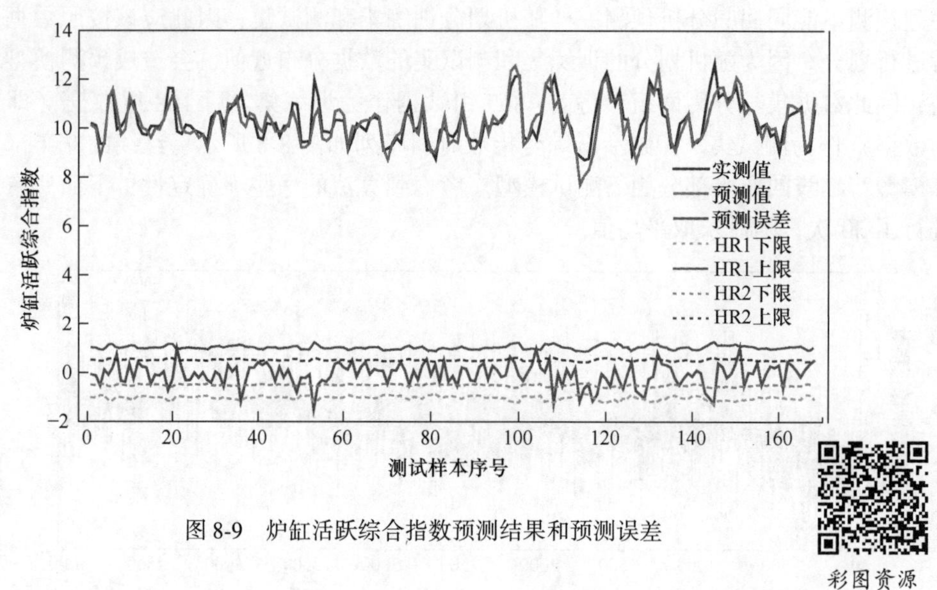

图 8-9　炉缸活跃综合指数预测结果和预测误差

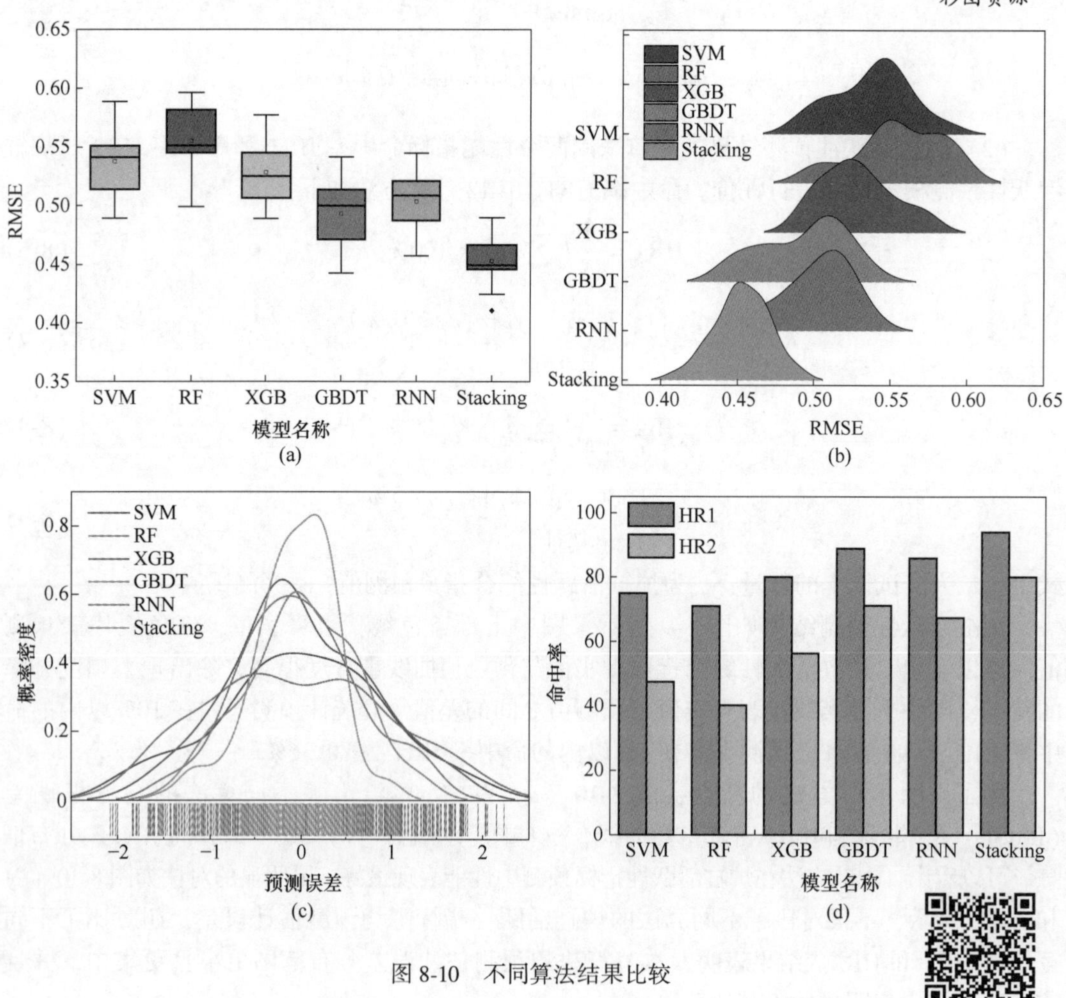

图 8-10　不同算法结果比较

8.3 融合工艺知识的炉缸活跃性反馈模型

本节在炉缸活跃性预测模型的基础上建立了能够快速响应的操作反馈模型，预测与反馈过程的总时间在 5 min 内完成，为工长操炉留有足够的时间。当下一时刻 HACI 预测结果达到反馈触发条件时，触发反馈模型，为操作者推送操作调整方案，有利于改善高炉炉热状态和高炉稳定生产。为了便于高炉操作者理解，在上线过程中将 HACI 转换为百分制，转换方法如下：

$$N_x = \frac{O_x - O_{min}}{O_{max} - O_{min}} \times (N_{max} - N_{min}) + N_{min} \tag{8-10}$$

式中，N_x 为转换后的值；O_x 为转换前的值；O_{min} 为转换前区间最小值；O_{max} 为转换前区间最大值；N_{max} 为新区间最大值；N_{min} 为新区间最小值。

8.3.1 炉缸活跃性反馈模型的建立

炉缸活跃性反馈模型主要分为二部分。

第一部分，结合专家建议将 HACI 低于二级阈值设定为反馈触发条件。

第二部分，设定反馈约束条件。实际生产过程中赋予高炉操作者可调控参数的权限一般被限制为煤粉喷吹量（Pulverized Coal Injection，PCI）、焦炭消耗量（Coke Consumption，CC）、富氧流量（Oxygen Enrichment Flow，OEF）和热风压力（Blast Pressure，BP）。由于焦炭资源市场价格高于煤粉，并且富氧流量和热风压力的调整会对铁水产量造成影响，最终确定可调控参数按照优先级排序分别为 PCI>CC>OEF>BP。结合实际操作中的可行性和专家经验确定了可调控参数的调整范围和调整步长，初始反馈方案集见表 8-8。

表 8-8 初始反馈方案集

序号	煤粉喷吹量/kg	焦炭消耗量/kg	富氧流量/kg	热风压力/kPa
1	-500	0	0	0
2	500	0	0	0
3	-1000	0	0	0
4	1000	0	0	0
5	-1500	0	0	0
⋮	⋮	⋮	⋮	⋮
10001	-1500	600	1000	-15
10002	-1500	600	1000	15
10003	1500	-600	-1000	-15
10004	1500	-600	-1000	15
10005	1500	-600	1000	-15
⋮	⋮	⋮	⋮	⋮
21016	2500	-1000	1500	30
21017	2500	1000	-1500	-30

续表 8-8

序号	煤粉喷吹量/kg	焦炭消耗量/kg	富氧流量/kg	热风压力/kPa
21018	2500	1000	-1500	30
21019	2500	1000	1500	-30
21020	2500	1000	1500	30

第三部分，设定反馈优化目标。基于高炉稳定顺行条件和专家经验，设定炉缸活跃性优化目标为高于 HACI 二级阈值。基于上述炉缸活跃性预测模型，按照优先级排序对初始反馈方案的优化效果进行评估，筛选出满足炉缸活跃性优化目标的前 10 条反馈方案进行推送。

8.3.2 炉缸活跃性反馈模型结果分析

高炉正常生产的前提是炉况稳定顺行，因此相比正常炉况，炉热模型触发反馈的情况并不多。以模型在线运行期间某一次炉缸活跃性反馈为例进行介绍，此次触发反馈被记录的基本信息为时间编号 2023-01-27 15：00：00，当前炉缸活跃性得分为 75.26，下一时刻预测值为 69.47。基于炉缸活跃性预测模型对初始反馈方案集进行搜索，筛选出评估结果满足高于炉缸活跃性二级阈值（当前二级阈值为 72.13）前 10 条操作建议进行推送，反馈结果见表 8-9。可以看出，筛选出的操作建议大多以减煤增焦为主。适当的减煤增焦操作不仅可以缓解未燃煤粉聚集在死料柱内降低死料柱孔隙度，还有助于保持合理的炉温水平，降低炉渣黏度，改善炉缸活跃性。另外，在保证高炉顺行的前提下适当提高风量同样有利于提高炉缸内焦炭的更新速率，从而改善炉缸活跃性。炉缸活跃性反馈模型实现了操作建议的定量推送，这对高炉操作者恢复炉缸活跃性和稳定炉况非常有意义。

表 8-9 炉缸活跃性反馈模型结果

序号	煤粉喷吹量/kg	焦炭消耗量/kg	富氧流量/$m^3 \cdot h^{-1}$	热风压力/kPa	炉缸活跃综合指数预测/℃
1	-500	100	0	0	73.35
2	-1000	100	0	0	74.02
3	0	200	500	5	75.12
4	-500	200	0	0	73.87
5	-500	200	500	0	73.20
6	-1000	200	500	0	74.49
7	-500	300	0	5	74.87
8	-1000	300	500	5	74.24
9	-1500	300	0	0	73.62
10	-1000	400	0	5	75.43

8.4 高炉炉缸活跃性评价、预测与反馈模型在线应用

8.4.1 基于自适应更新的高炉炉缸活跃性在线应用模型

高炉炉缸状态受原燃料质量的变化和近期炉况的影响很明显，而历史数据训练的模型

具有时效性，因此有必要根据最新的过程数据对炉缸活跃性模型进行自适应更新。本节采取了一种自适应更新的措施（见图 8-11），以保证模型稳定的性能，并通过在线应用验证了本节所提方法的优越性和实用性。

第一种措施是通过实时更新训练集对模型超参数进行训练，实现模型在线自适应更新。其优点在于可以满足在线应用的响应速度，并且可以在一定程度上延长模型的时效性。

第二种措施是周期性自适应更新。当模型在一周内的平均命中率低于 85%时，根据最新积累的历史数据重新对模型输入特征以及模型超参数进行完整的更新，以保证模型稳定的性能。此过程消耗时间较长，是在一条新进程中完成，并不会对模型在线运行造成影响。

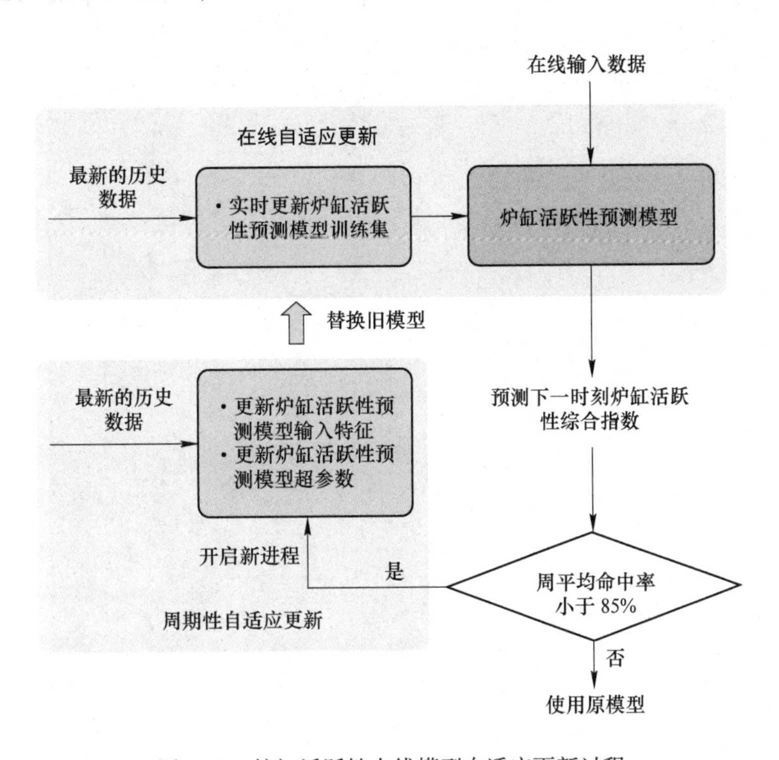

图 8-11 炉缸活跃性在线模型自适应更新过程

8.4.2 高炉炉缸活跃性评价、预测与反馈在线应用效果

本节所建立的炉缸活跃性评价预测和反馈模型，已成功在线应用于国内某座高炉，高炉炉缸活跃性在线模型主界面包括炉缸活跃性评价与预测可视化、日平均曲线、炉缸活跃性评级、操作建议反馈和异常播报 5 个模块，如图 8-12 所示。该模型还具有自动更新和手动更新功能以及反馈设置功能，在过去 3 个月的应用时间内，高炉炉缸活跃性模型运行稳定，并取得了显著的经济效益。炉缸活跃性指标在误差±5 min 内的 24 h 动态预测命中率长时间高于 90%（见图 8-13），并且反馈操作建议得到了高炉操作者的高度认可，在稳定炉况过程中发挥了重要作用。目前炉缸活跃性平均水平为 80. 84，与历史数据相比提升了约 10%，并且铁水日产量平均水平提高了约 1. 3%。

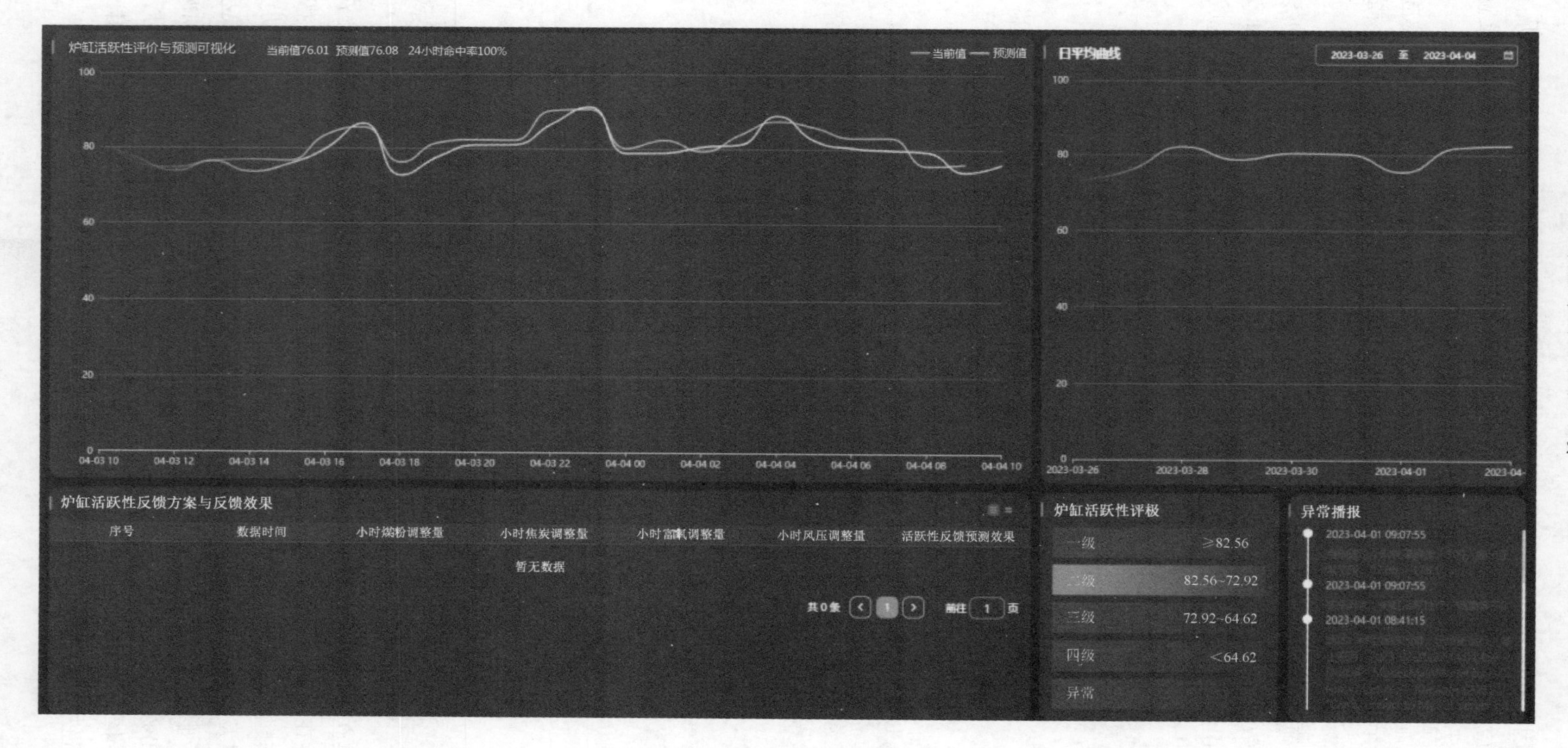

图 8-12 炉缸活跃性在线模型主界面

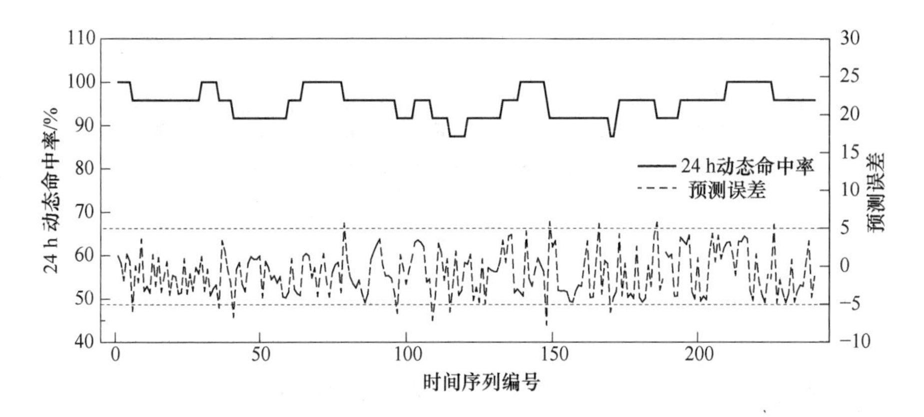

图 8-13　炉缸活跃综合指数 24 h 动态预测命中率

参考文献

［1］李红卫，王红斌，唐顺兵．太钢 5 号高炉提高炉缸活跃性的措施［J］．炼铁，2013，32（3）：6-9.

［2］杨帆，张建良，白文广，等．包钢 7 号高炉炉缸活跃性量化模型的开发及应用［J］．炼铁，2023，42（5）：59-63.

［3］余长有，聂毅，樊晶莹．死料堆洁净指数（DCI）与炉缸工作状况的相关性研究［J］. 安徽冶金科技职业学院学报，2017，27（3）：16-18，21.

［4］那树人．关于高炉冶炼某些技术经济指标的评价［J］．炼铁，2012，31（2）：60-62.

［5］曾宇，李伟伟，王雪峰，等．2018 年我国 3000m³ 级高炉技术经济指标浅析［J］．炼铁，2019，38（6）：29-32.

［6］Tang J，Zhang Z，Shi Q，et al. Evaluation and improvement of circumferential uniformity for blast furnace raceway［J］. ISIJ International，2022，62（3）：477-486.

［7］孙林，郭嘉琪，朱雨晨，等．基于 Stacking 集成和偏探索贝叶斯优化的特征选择［J］．山西大学学报（自然科学版），2024，47（1）：93-102.

［8］奚建峰，史柏迪，庄曙东，等．基于 Stacking 方法的粗糙度预测模型［J］．计算机与数字工程，2022，50（12）：2826-2830，2842.

［9］朱瞳彤，戴宛辰，罗宇恒，等．基于 Stacking 集成学习的冷轧退火炉张力控制方法［J］．冶金自动化，2023，47（S1）：395-399.

［10］陈威，谢成心，侯冀超，等．集成学习经典算法研究［J］．河北建筑工程学院学报，2023，41（3）：211-216.

9 基于机器学习和遗传算法的高炉参数多目标优化

9.1 基于机器学习的高炉布料参数多目标优化

装料制度是高炉操作中一个重要的操作制度，其主要是通过调整溜槽布料角度、布料圈数、料线、焦炭负荷、批重、炉料装入顺序、布料方式等来控制炉料落点、炉料在炉喉的分布以及径向矿焦比等，以实现合理的煤气流分布，确保高炉稳定、高效运行。由于高炉冶炼条件各不相同，特别是原燃料条件差异很大，高炉操作者需根据高炉自身条件不断优化布料参数，以达到最佳的冶炼效果[1-3]。

根据生产条件和炉况特征调整布料参数，确保合理的煤气流分布，是高炉过程控制的核心技术之一。不同的布料参数将形成不同的料面形状和炉料分布模式，直接决定了炉料的透气性和炉料下降方式，进一步会影响煤气流的形状、软熔带形状、位置和滴落带的特征，这些因素对高炉顺行、铁水质量和高炉生产技术指标有着重要影响[4]。

本节将结合布料仿真模型和机器学习算法，通过迭代运算实现料制寻优，流程如图 9-1 所示。

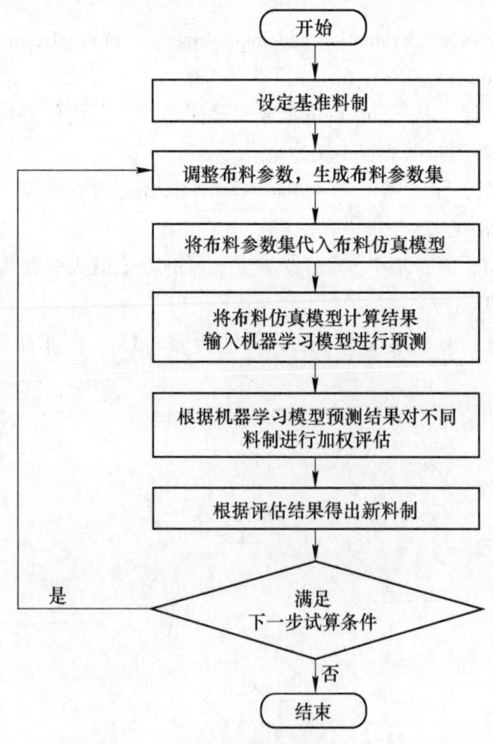

图 9-1　高炉布料参数寻优流程图

需要强调的是，在布料参数寻优时，预测模型所用布料参数为布料仿真模型计算所得，而且布料参数之间有很强的耦合性，不能单独取出哪个参数进行优化，需对布料仿真模型计算结果整体代入后优化，避免与实际情况不符，这与其他控制参数寻优有较大差异。此外，为了便于表述，下文所述的控制参数不再包含布料参数。

9.1.1 布料角度设定方式

布料角度共设定 6 档，炉料最外档角度为 A_1，最内档的角度为 A_6，布料角度满足如下关系：

$$\frac{A_1 - A_2}{A_2 - A_3} = \frac{A_2 - A_3}{A_3 - A_4} = \frac{A_3 - A_4}{A_4 - A_5} = \frac{A_4 - A_5}{A_5 - A_6} = \alpha \tag{9-1}$$

式中，α 为角度系数。

α 越小，则外档角差越小，内档角差越大；反之，α 越大，则外档角差越大，内档角差越小。因此，通常 α 取值控制在 0.75~1.00。

经换算可得，第 i 档角度计算公式如下：

$$A_i = A_1 \times \beta_i + A_6 \times (1 - \beta_i) \tag{9-2}$$

其中，

$$\beta_2 = (\alpha_4 + \alpha_3 + \alpha_2 + \alpha)/(\alpha_5 + \alpha_4 + \alpha_3 + \alpha_2 + \alpha)$$

$$\beta_3 = (\alpha_3 + \alpha_2 + \alpha)/(\alpha_5 + \alpha_4 + \alpha_3 + \alpha_2 + \alpha)$$

$$\beta_4 = (\alpha_2 + \alpha)/(\alpha_5 + \alpha_4 + \alpha_3 + \alpha_2 + \alpha)$$

$$\beta_5 = \alpha/(\alpha_5 + \alpha_4 + \alpha_3 + \alpha_2 + \alpha)$$

采用这种方法确定炉料角度的优点是：当最外档角度和最内档角度确定时，仅调整角度系数 α 即可得出各档布料角度，只要 α 设定合理就可得到理想的布料角度，形成规整的料面。

9.1.2 布料参数调整方式

在日常操作过程中，高炉操作者主要通过调整布料角度和圈数来调剂高炉煤气流分布，以改善炉况顺行，提高高炉生产技术指标。

采用高炉某日布料参数作为基准参数，布料矩阵见表 9-1，选取高炉操作中常见的布料参数调整方式进行预测和分析，常见布料参数调整方式见表 9-2。

表 9-1 基准布料矩阵

位置	1 档	2 档	3 档	4 档	5 档	6 档	中心焦炭
焦炭角度/(°)	42.5	41.0	39.0	37.0	34.5	32.5	10.0
焦炭圈数/圈	3.5	3.0	3.0	2.0	2.0	0	0.7
矿石角度/(°)	42.5	41.0	39.0	37.0	34.5	32.5	—
矿石圈数/圈	3.0	3.0	3.0	2.0	2.0	0	—

表 9-2 高炉操作中常见的布料参数调整方式

序号	圈数调整方式	序号	圈数调整方式	序号	角度调整方式
1	焦炭 1 档加 1 圈	16	矿石 4 档加 1 圈	31	焦炭 6 档角度加 0.5°
2	焦炭 2 档加 1 圈	17	矿石 5 档加 1 圈	32	焦炭 6 档角度减 0.5°
3	焦炭 3 档加 1 圈	18	矿石 6 档加 1 圈	33	矿石 1 档角度加 0.5°
4	焦炭 4 档加 1 圈	19	矿石 1 档减 1 圈	34	矿石 1 档角度减 0.5°
5	焦炭 5 档加 1 圈	20	矿石 2 档减 1 圈	35	矿石 6 档角度加 0.5°
6	焦炭 6 档加 1 圈	21	矿石 3 档减 1 圈	36	矿石 6 档角度减 0.5°
7	焦炭 1 档加 1 圈	22	矿石 4 档减 1 圈	37	焦炭和矿石 1 档角度均加 0.5°
8	焦炭 2 档加 1 圈	23	矿石 5 档减 1 圈	38	焦炭和矿石 1 档角度均减 0.5°
9	焦炭 3 档减 1 圈	24	矿石 6 档减 1 圈	39	焦炭和矿石 6 档角度均加 0.5°
10	焦炭 4 档减 1 圈	25	焦炭和矿石 1 档均加 1 圈	40	焦炭和矿石 6 档角度均减 0.5°
11	焦炭 5 档减 1 圈	26	焦炭和矿石 1 档均减 1 圈	41	角度系数 α 加 0.05
12	焦炭 6 档减 1 圈	27	焦炭和矿石 6 档均加 1 圈	42	角度系数 α 减 0.05
13	矿石 1 档加 1 圈	28	焦炭和矿石 6 档均减 1 圈	43	中心焦炭圈数加 0.3 圈
14	矿石 2 档加 1 圈	29	焦炭 1 档角度加 0.5°	44	中心焦炭圈数减 0.3 圈
15	矿石 3 档加 1 圈	30	焦炭 1 档角度减 0.5°		

9.1.3 不同布料参数调整方式下炉况参数预测

在基准布料矩阵的基础上，假设采取表 9-2 中的布料参数调整方式变更料制，其他条件均不变，随后采用机器学习模型分别对焦比 1 号、*K* 值 1 号、热负荷 1 号、焦比 2 号、*K* 值 2 号和热负荷 2 号进行预测，预测结果见表 9-3。

表 9-3 炉况参数预测结果

序号	焦比 1 号 /kg · t^{-1}	*K* 值 1 号	热负荷 1 号 /10MJ · h^{-1}	焦比 2 号 /kg · t^{-1}	*K* 值 2 号	热负荷 2 号 /10MJ · h^{-1}
0	351.8	2.71	14981.1	349.0	2.67	13847.0
1	351.8	2.71	14981.1	349.0	2.67	13847.0
2	352.1	2.80	15400.4	350.3	2.72	14613.1
3	351.8	2.71	14981.1	349.0	2.67	13847.0
4	351.7	2.78	15178.1	348.9	2.70	13824.9
5	351.8	2.71	14981.1	349.0	2.67	13847.0

续表 9-3

序号	焦比 1 号 /kg·t^{-1}	K 值 1 号	热负荷 1 号 /10MJ·h^{-1}	焦比 2 号 /kg·t^{-1}	K 值 2 号	热负荷 2 号 /10MJ·h^{-1}
6	351.8	2.71	14981.1	349.0	2.67	13847.0
7	351.8	2.71	14981.1	349.0	2.67	13847.0
8	351.7	2.70	14574.5	348.3	2.67	13411.8
9	351.8	2.71	14968.4	349.0	2.67	13834.2
10	351.8	2.71	14968.4	349.0	2.67	13834.2
11	351.8	2.71	14981.1	349.0	2.67	13847.0
12	351.8	2.71	14968.4	349.0	2.67	13834.2
13	351.9	2.76	14948.2	349.8	2.67	14371.5
14	351.8	2.71	14981.1	349.0	2.67	13847.0
15	351.8	2.71	15054.3	349.2	2.67	14277.9
16	351.8	2.71	14981.1	349.0	2.67	13847.0
17	352.3	2.75	16166.4	352.3	2.71	16592.6
18	351.8	2.71	14981.1	349.0	2.67	13847.0
19	350.3	2.71	15050.5	347.9	2.70	14265.7
20	351.8	2.71	14981.1	349.0	2.67	13847.0
21	351.5	2.77	14773.4	348.9	2.67	13836.1
22	351.8	2.71	14981.1	349.0	2.67	13847.0
23	351.8	2.71	14981.1	349.0	2.67	13847.0
24	351.8	2.71	14981.1	349.0	2.67	13847.0
25	351.8	2.71	14981.1	349.0	2.67	13847.0
26	350.7	2.71	15100.8	348.6	2.70	14754.0
27	348.6	2.69	14661.7	348.9	2.68	13212.5
28	351.8	2.71	14981.1	349.0	2.67	13847.0
29	351.6	2.72	15912.0	349.3	2.72	15138.6
30	352.5	2.78	14702.5	350.3	2.67	13802.2
31	352.3	2.73	15516.3	349.8	2.68	14404.9
32	352.1	2.72	15056.5	349.0	2.68	14065.6

续表 9-3

序号	焦比 1 号 /kg·t⁻¹	K 值 1 号	热负荷 1 号 /10MJ·h⁻¹	焦比 2 号 /kg·t⁻¹	K 值 2 号	热负荷 2 号 /10MJ·h⁻¹
33	352.4	2.78	15000.1	350.1	2.68	14099.9
34	352.3	2.72	15270.0	349.4	2.68	14273.4
35	352.3	2.72	15270.0	349.4	2.68	14273.4
36	352.7	2.74	15710.1	349.6	2.69	15124.4
37	352.3	2.72	15270.0	349.4	2.68	14273.4
38	351.5	2.73	15799.0	349.7	2.72	14784.6
39	352.6	2.73	15375.8	349.3	2.69	14797.8
40	351.9	2.71	15128.3	349.5	2.68	13960.1
41	352.2	2.71	15227.7	349.8	2.68	14045.2
42	352.5	2.73	15233.4	349.1	2.69	14608.8
43	351.6	2.71	15531.2	349.4	2.67	14274.3
44	351.7	2.72	14820.9	348.9	2.68	13762.7

注：编号“0”为基准料制。

9.1.4 不同布料参数调整方式下预测结果评估

本节将对预测结果进行综合打分评估，得出最优的布料参数，具体评估方法如下：

（1）根据生产需求设定焦比、K 值、热负荷的目标值：$M_{焦比}$、$M_{K值}$、$M_{热负荷}$，设定的目标值分别为：$M_{焦比}=335$、$M_{K值}=2.60$、$M_{热负荷}=12500$；

（2）根据生产需求设定各预测值的权重系数，设定的权重系数分别为：$\lambda_{焦比1号}=3.0$、$\lambda_{K值1号}=2.0$、$\lambda_{热负荷1号}=1.0$，$\lambda_{焦比2号}=3.0$、$\lambda_{K值2号}=2.0$、$\lambda_{热负荷2号}=1.0$；

（3）对焦比、K 值和热负荷预测值的 1 号、2 号预测结果进行加权运算，得到各参数的最终预测值，计算公式如下：

$$Y_{焦比}=\frac{Y_{焦比1号}\times\lambda_{焦比1号}+Y_{焦比2号}\times\lambda_{焦比2号}}{\lambda_{焦比1号}+\lambda_{焦比2号}} \tag{9-3}$$

$$Y_{K值}=\frac{Y_{K值1号}\times\lambda_{K值1号}+Y_{K值2号}\times\lambda_{K值2号}}{\lambda_{K值1号}+\lambda_{K值2号}} \tag{9-4}$$

$$Y_{热负荷}=\frac{Y_{热负荷1号}\times\lambda_{热负荷1号}+Y_{热负荷2号}\times\lambda_{热负荷2号}}{\lambda_{热负荷1号}+\lambda_{热负荷2号}} \tag{9-5}$$

（4）分别计算焦比、K 值和热负荷预测值与目标值的差值，取绝对值，随后除以相应参数历史数据的标准偏差，得到相应参数的评估值，计算公式如下：

$$A_{焦比} = |Y_{焦比} - M_{焦比}| / \sigma_{焦比} \tag{9-6}$$

$$A_{K值} = |Y_{K值} - M_{K值}| / \sigma_{K值} \tag{9-7}$$

$$A_{热负荷} = |Y_{热负荷} - M_{热负荷}| / \sigma_{热负荷} \tag{9-8}$$

（5）综合考虑焦比、K 值和热负荷评估结果，加权计算后得出最终评估值，计算公式如下：

$$A = A_{焦比} \times (\lambda_{焦比1号} + \lambda_{焦比2号}) + A_{K值} \times (\lambda_{K值1号} + \lambda_{K值2号}) + A_{热负荷} \times (\lambda_{热负荷1号} + \lambda_{热负荷2号}) \tag{9-9}$$

焦比、K 值、热负荷的最终预测值和评估值，以及炉况参数最终评估值见表 9-4。

表 9-4 炉况参数预测结果评价表

序号	焦比最终预测值 /kg·t^{-1}	K 值最终预测值	热负荷最终预测值 /10MJ·h^{-1}	焦比评估值	K 值评估值	热负荷评估值	最终评估值
0	350.4	2.69	14414.0	1.123	0.371	0.588	9.398
1	350.4	2.69	14414.0	1.123	0.371	0.588	9.398
2	351.2	2.76	15006.7	1.182	0.646	0.770	11.211
3	350.4	2.69	14414.0	1.123	0.371	0.588	9.398
4	350.3	2.74	14501.5	1.116	0.568	0.614	10.198
5	350.4	2.69	14414.0	1.123	0.371	0.588	9.398
6	350.4	2.69	14414.0	1.123	0.371	0.588	9.398
7	350.4	2.69	14414.0	1.123	0.371	0.588	9.398
8	350.0	2.68	13993.1	1.092	0.339	0.458	8.824
9	350.4	2.69	14401.3	1.124	0.369	0.584	9.387
10	350.4	2.69	14401.3	1.124	0.369	0.584	9.387
11	350.4	2.69	14414.0	1.123	0.371	0.588	9.398
12	350.4	2.69	14401.3	1.124	0.369	0.584	9.387
13	350.9	2.72	14659.8	1.157	0.475	0.663	10.166
14	350.4	2.69	14414.0	1.123	0.371	0.588	9.398
15	350.5	2.69	14666.1	1.129	0.361	0.665	9.547
16	350.4	2.69	14414.0	1.123	0.371	0.588	9.398
17	352.3	2.73	16379.5	1.264	0.530	1.191	12.086
18	350.4	2.69	14414.0	1.123	0.371	0.588	9.398
19	349.1	2.71	14658.1	1.026	0.439	0.663	9.237
20	350.4	2.69	14414.0	1.123	0.371	0.588	9.398

续表 9-4

序号	焦比最终预测值 /kg · t^{-1}	*K* 值最终预测值	热负荷最终预测值 /10MJ · h^{-1}	焦比评估值	*K* 值评估值	热负荷评估值	最终评估值
21	350. 2	2. 72	14304. 7	1. 108	0. 477	0. 554	9. 664
22	350. 4	2. 69	14414. 0	1. 123	0. 371	0. 588	9. 398
23	350. 4	2. 69	14414. 0	1. 123	0. 371	0. 588	9. 398
24	350. 4	2. 69	14414. 0	1. 123	0. 371	0. 588	9. 398
25	350. 4	2. 69	14414. 0	1. 123	0. 371	0. 588	9. 398
26	349. 6	2. 71	14927. 4	1. 068	0. 435	0. 745	9. 637
27	348. 8	2. 68	13937. 1	1. 003	0. 338	0. 441	8. 254
28	350. 4	2. 69	14414. 0	1. 123	0. 371	0. 588	9. 398
29	350. 5	2. 72	15525. 3	1. 129	0. 490	0. 929	10. 593
30	351. 4	2. 72	14252. 3	1. 198	0. 505	0. 538	10. 286
31	351. 0	2. 70	14960. 6	1. 170	0. 429	0. 755	10. 248
32	350. 6	2. 70	14561. 1	1. 135	0. 393	0. 633	9. 649
33	351. 2	2. 73	14550. 0	1. 184	0. 544	0. 629	10. 536
34	350. 9	2. 70	14771. 7	1. 156	0. 409	0. 697	9. 967
35	350. 9	2. 70	14771. 7	1. 156	0. 409	0. 697	9. 967
36	351. 2	2. 71	15417. 2	1. 178	0. 467	0. 896	10. 726
37	350. 9	2. 70	14771. 7	1. 156	0. 409	0. 697	9. 967
38	350. 6	2. 73	15291. 8	1. 135	0. 515	0. 857	10. 585
39	350. 9	2. 71	15086. 8	1. 162	0. 450	0. 794	10. 360
40	350. 7	2. 69	14544. 2	1. 145	0. 380	0. 628	9. 647
41	351. 0	2. 69	14636. 5	1. 168	0. 386	0. 656	9. 865
42	350. 8	2. 71	14921. 1	1. 153	0. 441	0. 743	10. 172
43	350. 5	2. 69	14902. 7	1. 128	0. 370	0. 738	9. 722
44	350. 3	2. 70	14291. 8	1. 114	0. 393	0. 550	9. 357

表 9-4 中加权值越小表明预测值与目标值的差别越小，即越符合目标要求，选择最小加权值对应的料制作为下一轮基准料制，随后进行迭代寻优。

9.1.5 高炉布料参数迭代寻优

为了使迭代寻优所得料制能形成稳定的料面形状和合理的径向焦炭负荷，布料参数需满足如下条件：

（1）第一档高度范围为［40°，43°］，第6档角度不小于27°；

（2）第1档和第6档中焦炭和矿石的角差不小于1°；

（3）布料矩阵中各档圈数满足表9-5中上、下限的要求（中心焦角度为10°）。

表9-5 布料矩阵中各档圈数上、下限设定

位置	1档	2档	3档	4档	5档	6档	中心焦
焦炭圈数上限/圈	4.0	4.0	4.0	3.0	2.5	2.0	2.0
焦炭圈数下限/圈	2.0	3.0	2.0	2.0	2.0	1.0	0
矿石圈数上限/圈	3.0	4.0	3.0	3.0	2.0	1.0	
矿石圈数下限/圈	2.0	3.0	2.0	2.0	1.0	0.0	

如果调整后布料参数超出界限则不再作为调整项，而是采用和基准料制相同的参数参与寻优流程。此外，为了防止迭代寻优所得料制与基准料制差别太大，设定迭代次数小于或等于5。

通过上述迭代寻优方法所得料制和预计效果见表9-6和表9-7。

表9-6 料制寻优结果

序号	焦炭1档角度/(°)	焦炭2档角度/(°)	焦炭3档角度/(°)	焦炭4档角度/(°)	焦炭5档角度/(°)	焦炭6档角度/(°)	焦炭1档圈数/圈	焦炭2档圈数/圈	焦炭3档圈数/圈	焦炭4档圈数/圈	焦炭5档圈数/圈	焦炭6档圈数/圈	中心焦圈数/圈
基准	42.5	41.0	39.0	37.0	34.5	32.5	3.5	3.0	3.0	2.0	2.0	0	0.7
第1轮	42.5	41.0	39.0	37.0	34.5	32.5	3.5	3.0	3.0	2.0	2.0	1.0	0.7
第2轮	42.5	41.0	39.0	37.0	34.5	32.5	3.5	3.0	3.0	2.0	2.0	1.0	0.7
第3轮	42.5	41.0	39.0	37.0	34.5	32.5	3.5	3.0	3.0	2.0	2.0	1.0	1.0
第4轮	42.5	41.0	39.0	37.0	34.5	32.5	3.5	3.0	3.0	2.0	2.0	1.0	1.3
第5轮	42.5	41.0	39.3	37.4	35.3	33.0	3.5	3.0	3.0	2.0	2.0	1.0	1.3

序号	矿石1档角度/(°)	矿石2档角度/(°)	矿石3档角度/(°)	矿石4档角度/(°)	矿石5档角度/(°)	矿石6档角度/(°)	矿石1档圈数/圈	矿石2档圈数/圈	矿石3档圈数/圈	矿石4档圈数/圈	矿石5档圈数/圈	矿石6档圈数/圈
基准	42.5	41.0	39.0	37.0	34.5	32.5	3.0	3.0	3.0	2.0	2.0	0
第1轮	42.5	41.0	39.0	37.0	34.5	32.5	3.0	3.0	3.0	2.0	2.0	1.0

续表 9-6

序号	矿石1档角度/(°)	矿石2档角度/(°)	矿石3档角度/(°)	矿石4档角度/(°)	矿石5档角度/(°)	矿石6档角度/(°)	矿石1档圈数/圈	矿石2档圈数/圈	矿石3档圈数/圈	矿石4档圈数/圈	矿石5档圈数/圈	矿石6档圈数/圈
第2轮	42.5	41.0	39.0	37.0	34.5	32.5	3.0	3.0	2.0	2.0	2.0	1.0
第3轮	42.5	41.0	39.0	37.0	34.5	32.5	3.0	3.0	2.0	2.0	2.0	1.0
第4轮	42.5	41.0	39.0	37.0	34.5	32.5	3.0	3.0	2.0	2.0	2.0	1.0
第5轮	42.5	40.9	39.1	37.1	34.9	32.5	3.0	3.0	2.0	2.0	2.0	1.0

表 9-7 料制寻优预计效果

序号	焦比/$kg \cdot t^{-1}$	K 值	热负荷/10 $MJ \cdot h^{-1}$
基准	350.4	2.69	14414.0
第1轮	348.8	2.68	13937.1
第2轮	348.5	2.65	13675.5
第3轮	348.2	2.65	13544.4
第4轮	348.0	2.66	13476.5
第5轮	348.0	2.66	13413.3

从表 9-7 可以看出，寻优所得料制可使焦比、K 值和热负荷均降低，预计能改善炉况和生产技术指标，最终所得布料矩阵见表 9-8。

表 9-8 料制寻优最终布料矩阵

位置	1档	2档	3档	4档	5档	6档	中心焦
焦炭角度/(°)	42.5	41.0	39.3	37.4	35.3	33.0	10.0
焦炭圈数/圈	3.5	3.0	3.0	2.0	2.0	1.0	1.3
矿石角度/(°)	42.5	40.9	39.1	37.1	34.9	32.5	
矿石圈数/圈	3.0	3.0	2.0	2.0	2.0	1.0	

9.2 基于机器学习的高炉控制参数多目标优化

利用机器学习可以建立特征参数（X_1，X_2，…，X_n）与预测目标参数 Y 之间的关系，但还未明确得出某个具体的特征参数 X_m 与 Y 之间有什么关系，本节将着力解决这一问题。

9.2.1　设定控制参数的测试集

假设一组测试参数集的特征参数中仅 X_m 发生变化，其他特征参数维持不变，用机器学习模型对该参数集进行预测，即可建立起 X_m 与 Y 之间的具体关系。

设定测试参数集含有 50 组数据，其中：

$$X_{m1} = X_{m\_new} - N \times \sigma_{Xm} \tag{9-10}$$

$$X_{m50} = X_{m\_new} + N \times \sigma_{Xm} \tag{9-11}$$

式中，X_{m_new} 为 X_m 的最新值；σ_{Xm} 为 X_m 历史数据的标准偏差；N 为常数，通常取 1 ~ 3 的整数；X_{m2} ~ X_{m49} 为 X_{m1} 与 X_{m50} 之间 50 等分数据。

9.2.2　基于机器学习的数据挖掘

采用机器学习预测模型对测试参数集进行预测，可得出 X_m 发生变化后焦比、K 值和热负荷的预测值，即当其他参数维持不变的情况下，X_m 与焦比、K 值和热负荷的关系。

本节以焦炭 M_{40} 和 M_{10} 为例进行预测分析，当 $N=3$ 时，预测结果如图 9-2 和图 9-3 所示。

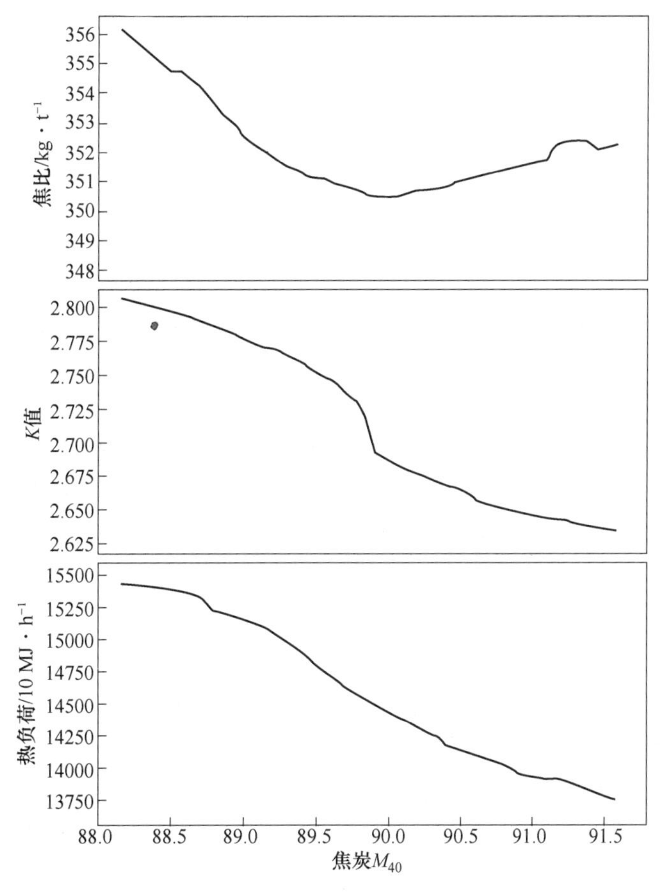

图 9-2　焦炭 M_{40} 与高炉炉况参数的关系

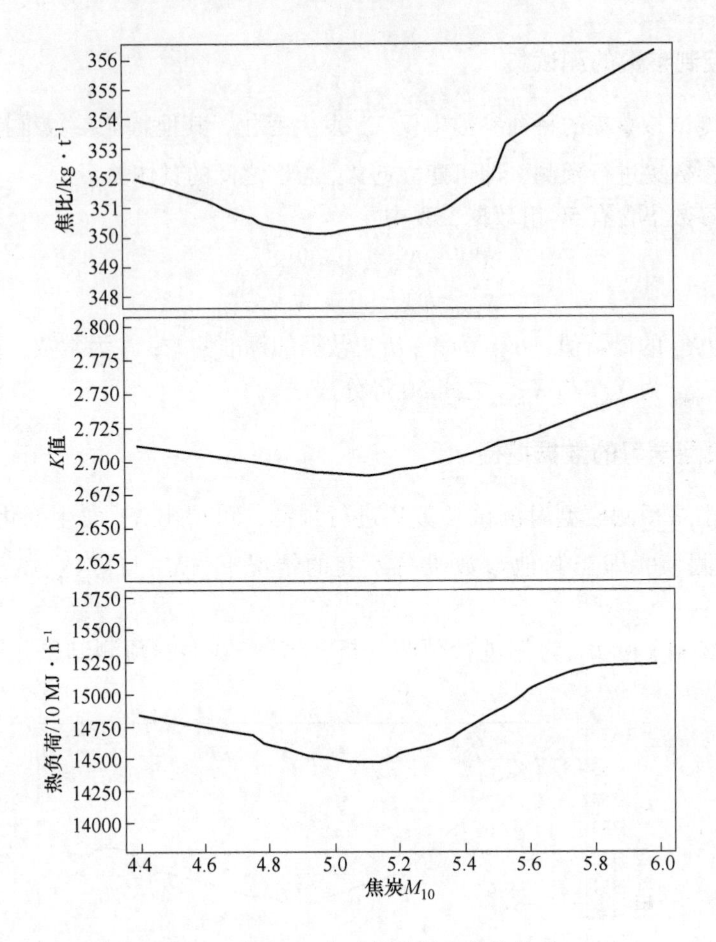

图 9-3 焦炭 M_{10}与高炉炉况参数的关系

从图中可以看出，焦炭 M_{40}或 M_{10}与焦比、K 值和热负荷的关系是非线性的，总体上提高焦炭 M_{40}或降低 M_{10}有利于降低焦比、K 值和热负荷，即有利于改善高炉顺行，这一结论符合高炉冶炼规律。

需要强调的是，采用本节方法得出的结论是有前提条件的，即假设仅控制参数 X_m 发生变化而其他特征参数维持不变。因此，应用这些结论的潜在条件是：高炉生产条件变化不大，而且研究的控制参数与其他特征参数之间无明显的关联性，以免得出误导性结论。

9.2.3 基于机器学习的高炉控制参数优化

在高炉生产过程中，为了避免控制参数的大幅调整变化导致炉况变化，参数优化的理想目标是采取尽可能小的变化取得尽可能好的效果，所得解称为“最经济解”；遵循这一原则，本节操作参数优化的方法是：分别提取各优化参数的当前值变化 1 个标准偏差（即 N 取值为 1）的数据集进行预测，随后对预测结果进行评估打分，选取效果较明显的措施。

本节选取的优化参数包括：炼铁 [Si]、铁水测温、风口面积、炉腹煤气量、理论燃烧温度、炉渣碱度、烧结碱度、烧结 FeO、烧结 SiO_2、烧结粒径、烧结强度、焦炭灰分、焦炭 M_{40}、焦炭 M_{10}、焦炭粒径、焦炭硫含量、焦炭 40~75 mm 比例、四烧比例、球团比例、中块焦比。预测结果见表 9-9。

表 9-9 基于机器学习的参数优化及预计效果

参数名称	调整幅度	当前值	目标值	焦比变化 /kg · t^{-1}	K 值变化	热负荷变化 /10 MJ · h^{-1}	评估得分
中块焦比	-11.73	27.56	15.83	0.18	-0.026	-720.8	0.636
焦炭 M_{40}	+0.57	89.88	90.45	0.42	-0.050	-349.1	0.662
烧结碱度	+0.05	2.15	2.20	-0.55	-0.010	-392.9	0.700
炉渣碱度	-0.03	1.21	1.18	0	-0.010	-434.1	0.704
烧结强度	+1.09	81.54	82.63	0.53	-0.017	-420.1	0.705
理论燃烧温度	+54.3	2293.4	2347.8	0	0	-382.0	0.727
焦炭灰分	+0.23	12.11	12.35	-0.08	-0.001	-285.3	0.739
焦炭 40~75 mm 比例	+2.15	70.78	72.93	0.09	0.002	-263.3	0.750
烧结 SiO_2	-0.11	5.22	5.11	-0.01	0	-225.1	0.752
炼铁 [Si]	+0.08	0.47	0.55	0.41	-0.014	-131.8	0.753
铁水测温	-8.3	1521.2	1513.0	0.06	-0.020	-6.3	0.758
烧结粒级	-1.22	20.52	19.30	0.20	-0.003	-168.4	0.760
烧结 FeO	-0.50	9.38	8.87	-0.31	-0.006	-33.8	0.768
四烧比例	-6.69	59.74	53.05	0.14	-0.004	-67.9	0.774
焦炭 M_{10}	-0.27	5.19	4.93	-0.33	-0.001	-12.6	0.778
炉腹煤气量	-319.4	9142.3	8822.9	0	0	-51.0	0.780
球团比例	-2.08	31.20	29.12	-0.24	0.007	-82.3	0.781
焦炭硫含量	-0.04	0.71	0.68	0.03	-0.014	86.2	0.781
风口面积	+0.01	0.46	0.47	0	0	0	0.788
焦炭粒级	+1.52	55.23	56.75	0	-0.006	57.9	0.788

由表 9-9 可知，有利于降低焦比、K 值和热负荷的措施中排名前 3 的是：降低中块焦比、提高焦炭 M_{40}、提高烧结碱度，这些可以作为优先调整措施。

9.3 机器学习和遗传算法相结合的高炉参数多目标优化

9.3.1 遗传算法

遗传算法是 Holland 教授于 1962 年提出的一种搜索优化算法，它利用生物学中自然选择、遗传、变异等原理，从中搜寻独特性质的数据，以实现个体适应性的提高[5]。遗传算法的思想是：首先，将问题的可能解以特定的形式编码，染色体为编码后的解，随机抽取 N 条染色体作为初始种群；其次，计算各染色体的适应度（适应度与染色体的性能成正比）；再次，复制具有较高适应度的染色体，形成对环境适应性较强的新染色体群，从而产生新的种群；最后，通过迭代运算，收敛成最适应环境的个体，得到最优解集。

遗传算法的主要优点为个体之间的信息交换和群体搜索特性，主要体现在：全局搜索能力强，即使适应度函数是不规则或不连续的，也不会轻易陷入局部最优解；利用自然进化法则来表示复杂对象，求解过程快速、结果准确，具有并行运算能力，适用于大型并行运算；扩展性强，易与其他技术融合[5]。

本节采用精英非支配排序多目标遗传算法（NSGA-Ⅱ）来求解高炉生产过程中的多目标优化问题[6-9]。NSGA-Ⅱ是 Srinivas 和 Deb 于 2000 年在 NSGA 的基础上提出的，它在以下方面优于 NSGA 算法：采用快速非支配排序算法提高运算速度，计算复杂度大大低于 NSGA 算法；采用拥挤度距离和拥挤度比较算子，使得个体可以扩展到整个 Pareto 域并均匀分布，以保持种群的多样性；引入精英策略来扩大采样空间，将父代种群和其子代种群结合起来，防止最优个体的丢失。

生物遗传物质的主要载体是染色体，在遗传算法中染色体对应的是数据或数组。群体中个体的数目称为群体规模，它的大小直接影响算法的收敛性和计算效率。求解问题的非线性越大，选择群体规模就越大，一般取值为 20~200。

交叉算子与变异算子是两个非常重要的遗传算子。交叉是从较高概率的群体中选择两个个体，交换它们的某些位值，以产生新的个体。交叉运算在遗传算法中起着关键作用，它是产生新个体的主要方法，遗传算法的全局搜索能力由它决定。变异是从较低概率个体编码串上改变某些位值，从而产生新的个体。变异运算修复和补充了一些可能在杂交过程中丢失的基因，是产生新个体的辅助方法，遗传算法的局部搜索能力由它决定。交叉算子与变异算子两者相互配合完成搜索空间的全局和局部搜索，使得遗传算法具有良好的搜索性能。在遗传算法寻优过程中，交叉概率 P_c 控制着交叉算子的频率，而变异概率 P_m 控制着变异算子的频率。

适应度函数是衡量个体适应新环境程度的函数，它根据目标函数来区分群体中单个个体好坏，决定了个体作为下一代群体被遗传的概率，是“自然选择”的依据。

传统的 NSGA-Ⅱ算法流程如图 9-4 所示。

9.3.2 炉缸工作状态多目标优化

9.3.2.1 炉缸工作状态多目标优化模型运行过程

本节采用精英非支配排序多目标遗传算法[9-11]（Non-dominated Sorting Genetic

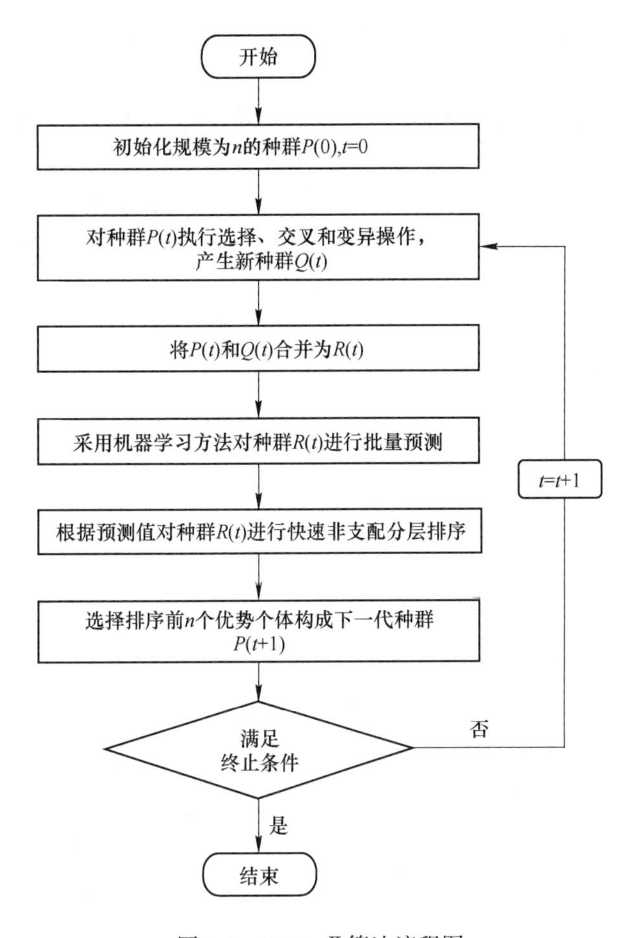

图 9-4 NSGA-Ⅱ算法流程图

Algorithm Ⅱ，NSGA-Ⅱ）来求解高炉炉缸工作状态的多目标优化问题。NSGA-Ⅱ在以下方面优于 GA 算法：

（1）多目标优化能力更强。GA 通常只能处理单目标优化问题，而 NSGA-Ⅱ可以处理多目标优化问题，在 NSGA-Ⅱ中，每个个体不仅具有一个适应度值，还有一个非支配等级、拥挤度等信息来描述其在目标空间中的排名。

（2）非支配排序能力更强。GA 没有考虑非支配排序，因此会产生较多的不可行解或者重复的解，NSGA-Ⅱ采用非支配排序算法可以对解进行分类和排序，其中每个类别中的解是彼此非支配的。

（3）遗传操作更丰富。GA 只有选择、交叉和变异等三种操作，而 NSGA-Ⅱ不仅采用这几种基本操作，还引入了拥挤度算子，用于保证尽可能多的非支配解得以保留。

总之，与 GA 相比，NSGA-Ⅱ能够更好地处理多目标优化问题，是一种更加强大、高效、智能的遗传算法。本节采用的 NSGA-Ⅱ算法流程如图 9-5 所示，具体实现过程如下：

第 1 步，初始化规模为 n 的种群 P，并设置进化代数 Gen＝1。

第 2 步，对初始种群 P 执行非支配排序和选择、交叉、变异，从而生成子种群 Q。

第 3 步，将父代种群 P 与子代种群 Q 合并为新种群 R。

第 4 步，将新种群 R 更新至炉热与炉缸活跃性预测模型输入特征集中，对新种群 R 条件下炉热、炉缸活跃性指标进行预测。

第 5 步，根据炉热、炉缸活跃性指标预测值对新种群 R 进行快速非支配分层排序、计算拥挤度、精英策略等操作，选择前 n 个优势个体生成新的父代种群 $P(\text{Gen}=\text{Gen}+1)$。

第 6 步，判断 Gen 是否达到最大的进化代数，若没有则进化代数 Gen = Gen+1 并返回第 2 步；否则，将种群 $P(\text{Gen}=\text{Gen}+1)$ 更新至炉热与炉缸活跃性预测模型输入特征集中，对 $P(\text{Gen}=\text{Gen}+1)$ 条件下炉热、炉缸活跃性指标进行预测。

第 7 步，结合实际问题设计 Pareto 最优解筛选方法，从最新进化的种群 P 中筛选出最终可行解，算法运行结束。

Pareto 最优解筛选方法将在第 9.3.2.3 节中详细介绍。

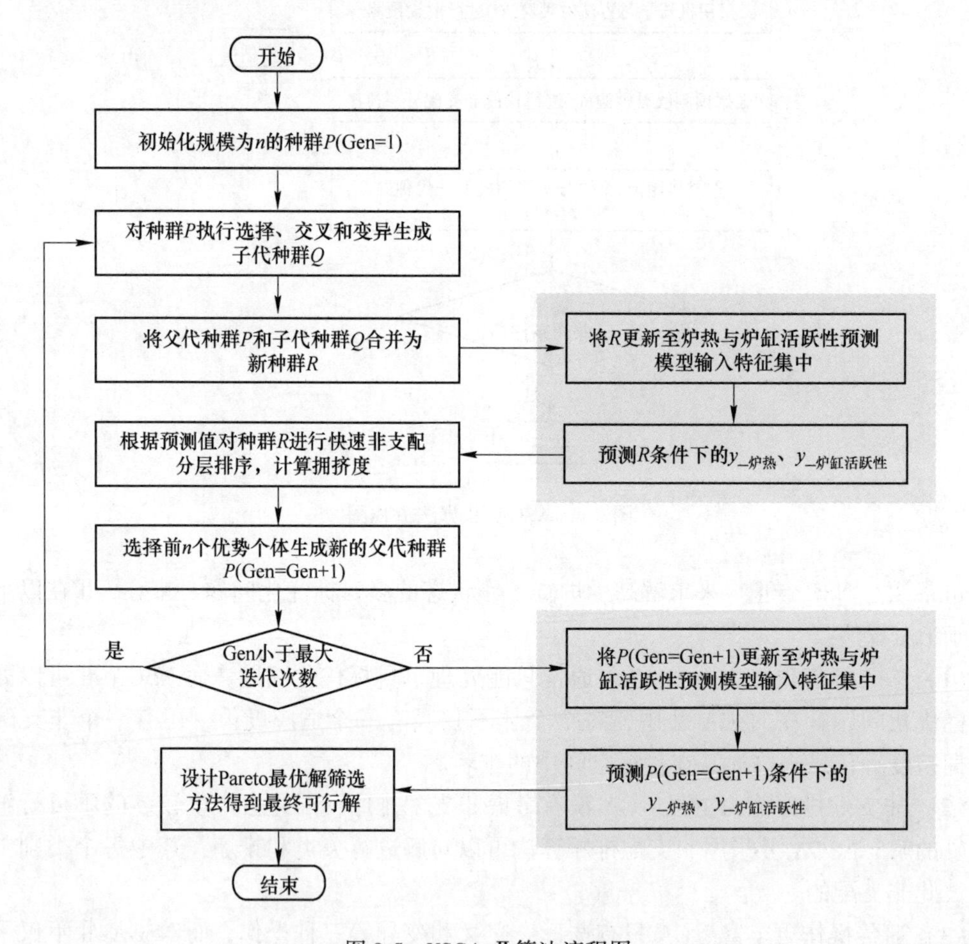

图 9-5 NSGA-Ⅱ算法流程图

本节从炉热和炉缸活跃性两个方面同时对高炉炉缸工作状态进行优化，多目标优化模型运行过程如图 9-6 所示。基于当前 t 时刻的原燃料参数、操作参数以及 6 h 内的历史生产数据（包括铁水温度、铁水［Si］含量和炉缸活跃综合指数，当前 t 时刻及其前 6 h 内的历史数据），通过高炉炉热预测模型和炉缸活跃性预测模型，对 $t+1$ 时刻的炉热指标和炉缸活跃性指标进行预测。若 $t+1$ 时刻预测结果同时满足铁水温度不低于 1470 ℃且不高

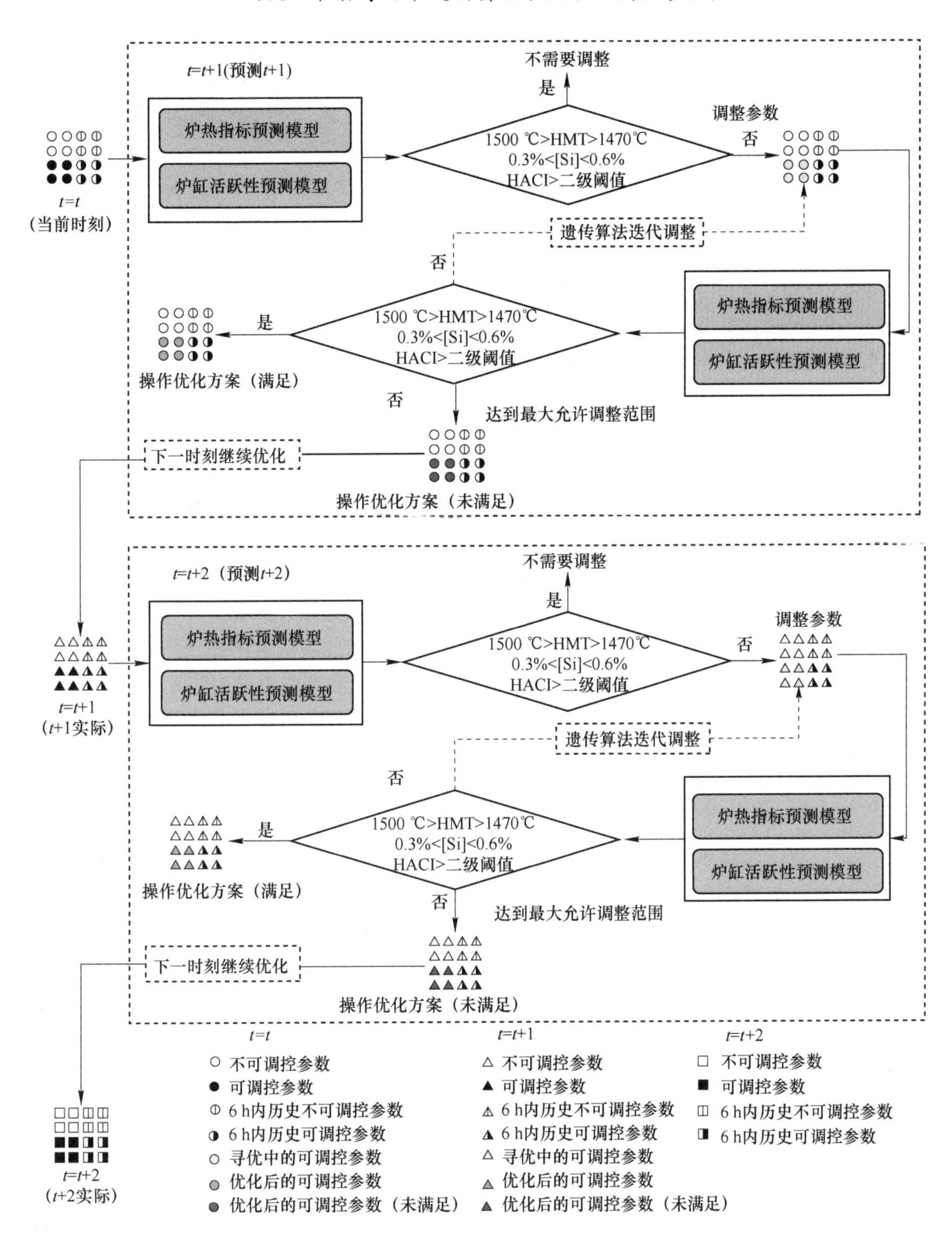

图 9-6 炉热与炉缸活跃性优化模型运行过程

于 1500 ℃、铁水［Si］含量不低于 0.3%且不高于 0.6%、炉缸活跃性综合指数高于二级阈值（炉缸活跃综合指数二级阈值并非固定值，是动态的，具体由炉缸活跃评价模型当前输出结果决定），则不需要对当前 t 时刻的可调控参数进行优化调整。若 t+1 时刻预测结果不满足上述任意一个目标，则基于遗传算法对当前 t 时刻的可调控参数进行寻优，直到搜索出使 $t+1$ 时刻预测结果同时满足铁水温度不低于 1470 ℃且不高于 1500 ℃、铁水［Si］含量不低于 0.3%且不高于 0.6%、炉缸活跃性综合指数高于二级阈值的操作参数调整方案进行推送。

但是，在进行高炉调剂的过程中，可调控参数一次被允许调整的幅度是有限制的，如果炉况波动较大时，则需要分多次进行调整才能使炉况逐渐恢复。因此会出现另外一种情况，即在可调控参数被允许调整的范围内无法搜索出同时满足铁水温度不低于 1470 ℃且不高于 1500 ℃、铁水［Si］含量不低于 0.3%且不高于 0.6%、炉缸活跃性综合指数高于二级阈值的调整方案。

对于不能实现一步优化的情况采取多步优化措施，将 t 时刻与三个目标综合逼近程度最高的调整方案作为第一步优化结果；基于 t 时刻调整结果与 $t+1$ 时刻的计划原燃料参数、操作参数以及 6 h 内的历史生产数据，通过炉热预测模型和炉缸活跃性预测模型，对 $t+2$ 时刻的炉热指标和炉缸活跃性指标进行预测。若 $t+2$ 时刻预测结果同时满足铁水温度不低于 1470 ℃且不高于 1500 ℃、铁水［Si］含量不低于 0.3%且不高于 0.6%、炉缸活跃性综合指数高于二级阈值，则不需要对 $t+1$ 时刻的可调控参数进行第二步优化调整。若 $t+2$ 时刻预测结果不满足其中任意一个目标，则基于遗传算法对 $t+1$ 时刻可调控参数进行第二步优化调整，直到搜索出同时满足铁水温度不低于 1470℃且不高于 1500 ℃、铁水［Si］含量不低于 0.3%且不高于 0.6%、炉缸活跃性综合指数高于二级阈值的操作参数调整方案进行推送。若在 $t+1$ 时刻可调控参数被允许调整的范围内无法搜索出同时满足上述三个目标的调整方案，则重复上述步骤，继续对 $t+2$ 时刻可调控参数进行第三步优化，直到寻优后的下一时刻预测结果满足优化目标为止。

9.3.2.2 炉缸工作状态多目标优化模型约束条件

炉热与炉缸活跃性优化模型输入参数包括炉热预测模型输入参数和炉缸活跃性预测模型输入参数，主要涉及计划原燃料参数、计划操作参数以及 6 h 内的历史生产数据。一般而言，在生产过程中高炉调剂措施是有限制的，因此将模型输入参数分为可调控参数和不可调控参数。可调控参数主要包括喷煤量、焦炭量、富氧量、风压等高炉操作参数，不可调控参数主要包括压差、炉顶煤气温度、热电偶温度、水温差等状态监控参数，以及 6 h 内的高炉历史生产数据。原燃料参数比较特殊，原燃料采购完成后成分便无法改变，但是原燃料使用配比是可以控制的，以及部分质量参数在一定程度上也是可选择的，例如球团矿比例、烧结矿碱度、烧结矿粒径、焦炭粒径等。本节仅对可调控参数进行寻优调整，模型输入参数涉及的其他不可调控参数保持不变。

综合高炉生产要求、操作权限和专家经验，对高炉可调控参数的调整范围进行了约束，此约束并不是固定不变的，会随着高炉生产计划做出适当的调整。其中，对作为主要调剂措施的煤粉量、焦炭量、富氧量和风压的调整范围做出了明确的设定，具体为：喷煤量调整下限设定为-2500 kg，调整上限设定为 2500 kg，即表示在当前时刻计划喷煤量的基础上可允许最大减煤量为 2500 kg，最大加煤量为 2500 kg；焦炭量调整下限设定为-1000 kg，调整上限设定为 1000 kg；富氧流量调整下限设定为 - 1500 m^3/h，调整上限设定为 1500 m^3/h；热风压力调整下限设定为-30 kPa，调整上限设定为 30 kPa。对于其他高炉可调控参数，将其过去 1 个月内历史数据的正负标准偏差设定为调整上下限。例如，鼓风湿度的历史数据的标准偏差为 4.07 g/m^3，但由于高炉的鼓风采用自然湿度鼓风，鼓风湿度受季节影响明显，即夏季湿度高、冬季湿度低，因此应以当前季节的鼓风湿度历史数据标准偏差为准。如 2022.12.17 10:00:00 时的鼓风湿度 3.25 g/m^3、冬季鼓风湿度历史数据标准偏差为 0.18 g/m^3、则鼓风湿度的寻优调整范围为 3.07~3.43 g/m^3。

本节多目标优化模型涉及的全部高炉控制参数约束条件见表 9-10，所涉及参数均为小时频次。另外，炉热与炉缸活跃性预测模型输入特征并非包含全部的控制参数，并且每个目标的预测模型输入特征中所包含的控制参数也不一定完全相同；炉热与炉缸活跃性预测模型是持续更新的，不同时期模型包含的控制参数也并不完全相同。因此，在优化过程中并不是对全部控制参数进行调整，只针对当前预测模型中所包含的部分控制参数进行调整。

表 9-10　高炉控制参数及其约束值

参数名称	当前值	调整下限约束值	调整上限约束值	参数下限约束值	参数上限约束值
煤粉喷吹量/kg	20541	-2500	+2500	18041	23041
焦炭消耗量/kg	52845	-1000	+1000	51845	53845
富氧流量/$m^3 \cdot h^{-1}$	6608.5	-1500	+1500	5108.5	8108.5
热风压力/kPa	327.32	-30	+30	297.32	357.32
球团矿比例/%	27.09	-1.36	+1.36	25.73	28.45
焦炭负荷	3.91	-0.06	+0.06	3.85	3.97
烧结矿碱度	1.94	-0.05	+0.05	1.89	1.99
烧结矿粒径/mm	19.63	-2.01	+2.01	17.62	21.64
烧结矿转鼓强度/%	77.67	-0.43	+0.43	77.24	78.10
鼓风湿度/$g \cdot m^{-3}$	3.25	-0.18	+0.18	3.07	3.43
焦炭粒径/mm	54.41	-1.66	+1.66	52.75	56.07
焦炭 M_{40}/%	89.35	-0.47	+0.47	88.88	89.82
焦炭 M_{10}/%	5.08	-0.24	+0.24	4.84	5.32
焦炭 CSR/%	63.33	-0.23	+0.23	63.10	63.56
热风温度/℃	1153.92	-13.67	+13.67	1140.25	1167.59
矿批质量/t	31.04	-0.62	+0.62	30.42	31.66
理论燃烧温度/℃	2154.48	-42.91	+42.91	2111.57	2197.39

使用遗传算法解决多目标优化问题时，需要每个目标函数的输入特征的维度是相同的，因此本节将铁水温度预测模型、铁水［Si］含量预测模型和炉缸综合活跃指数预测模型的输入特征取并集处理。但是对于各预测模型而言，取并集后的输入特征增加了部分冗

余特征，可能会对模型的预测能力造成不良的影响。为此，本节对输入特征取并集前后的铁水温度预测模型、铁水［Si］含量预测模型和炉缸综合活跃指数预测模型的预测能力进行了对比。为了确保对比结果的公正性，测试集依旧选取第6章和第7章中炉热预测模型和炉缸活跃性预测模型的测试集，对比结果如图9-7所示。从图9-7（a）可以看出，输入特征取并集后，铁水温度预测模型在测试集上的表现明显劣于原铁水温度预测模型，预测误差更大；经统计输入特征取并集后铁水温度在±10 ℃误差范围内的命中率由92.26%降低至80.36%，减少了11.90%，表明输入特征取并集对铁水温度模型的预测能力有较大的不良影响。从图9-7（b）可以看出，输入特征取并集后，铁水［Si］含量预测模型在测试集上的表现略差于原铁水［Si］含量预测模型，预测误差有所扩大但并不明显；经统计输入特征取并集后铁水［Si］含量在±0.1%误差范围内的命中率由93.45%降低至89.28%，

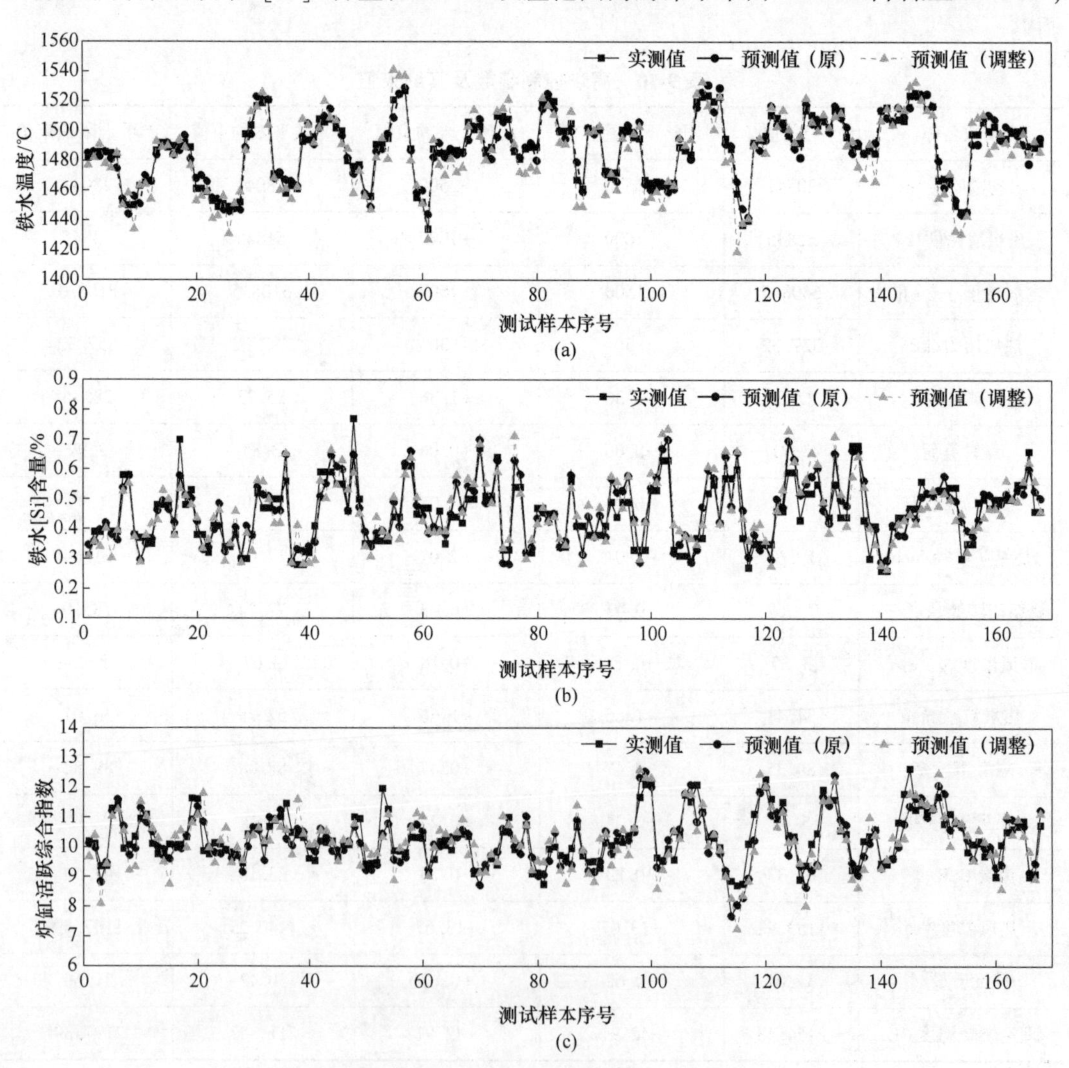

图9-7 输入特征取并集前后对模型预测结果对比

（a）铁水温度预测模型输入特征调整前后预测值与测试值对比；

（b）铁水［Si］含量预测模型输入特征调整前后预测值与测试值对比；

（c）炉缸活跃综合指数预测模型输入特征调整前后预测值与测试值对比

减少了 4.17%，表明输入特征取并集对铁水［Si］含量模型的预测能力的不良影响较弱。从图 9-7（c）可以看出，输入特征取并集后，炉缸活跃综合指数预测模型在测试集上的表现明显差于炉缸活跃综合指数预测模型，预测误差有所扩大但并不明显；经统计输入特征取并集后炉缸活跃综合指数在±10 ℃误差范围内的命中率 HR1 由 94.64%降低至 88.10%，减少了 6.54%，命中率 HR2 由 80.36%降低至 72.62%，减少了 7.74%，表明输入特征取并集后炉缸活跃综合指数模型依旧能够保持较高的预测能力。

鉴于输入特征取并集后对炉热预测模型和炉缸活跃性预测模型造成的影响，以及考虑到铁水温度与铁水［Si］含量在一定范围内存在正相关性，本节将铁水温度、铁水［Si］含量与炉缸活跃综合指数 3 个目标的优化问题转换为铁水［Si］含量与炉缸活跃综合指数 2 个目标的优化。在完成铁水［Si］含量与炉缸活跃综合指数优化后，将 Pareto 最优解集代入铁水温度预测模型中对铁水温度进行预测，将铁水温度预测结果作为约束条件来使用，筛选出铁水温度预测结果满足 1470~1500 ℃的 Pareto 最优解。

本节将高炉铁水［Si］含量预测模型与炉缸活跃综合指数预测模型作为适应度函数，并将铁水［Si］含量和炉缸综合活跃指数的多目标优化问题转换为最大化问题，其中炉缸活跃综合指数属于极大型指标，而铁水［Si］含量合格区间为 0.3%~0.6%属于区间型指标，需要将其转换为极大型指标。正向化公式如下：

$$M = \max\{a - \min\{X\},\ \max\{X\} - b\} \tag{9-12}$$

$$\tilde{x}_i = \begin{cases} 1 - \dfrac{a - x_i}{M} & (x_i < a) \\ 1 & (a \leqslant x_i \leqslant b) \\ 1 - \dfrac{x_i - b}{M} & (x_i > b) \end{cases} \tag{9-13}$$

式中，a 为区间下限取值，即 0.3%；b 为区间上限取值，即 0.6%；X 为区间型指标序列，即铁水［Si］含量数据序列；x_i 为转换前数据；$\tilde{x}_i$ 为转换后数据。

需要注意的是在优化完成后，Pareto 前沿中的铁水［Si］含量为转换后的极大型指标，需要将其再转换回原指标。

9.3.2.3 炉缸工作状态多目标优化模型方案选择

在多目标优化问题中，存在多个 Pareto 最优解，彼此之间无法比较而一起构成 Pareto 前沿。因此，需要进行 Pareto 最优解的选择，以得到最终的可行解。本节从铁水温度、铁水［Si］含量、炉缸活跃综合指数的目标阈值、目标权重和操作优先级三个方面对 Pareto 最优解进行筛选。

Pareto 最优解筛选过程分为 3 步，如图 9-8 所示。首先，通过目标阈值对 Pareto 前沿进行第一次筛选，选择出满足铁水温度不低于 1470 ℃且不高于 1500 ℃、铁水［Si］含量不低于 0.3%且不高于 0.6%、炉缸活跃综合指数高于二级阈值的解；然后通过目标权重计算 Pareto 前沿得分并排序进行第二次筛选，筛选出排名前 10 的 Pareto 最优解；最后，按照调整喷煤量>调整焦炭量>调整富氧流量>调整热风压力的操作顺序，对 Pareto 最优解排序进行第三次筛选，选择出满足炉热、炉缸活跃性优化目标，且操作成本最低的优化调整方案。若第一步筛选中不存在满足上述三个目标的解，则直接进行第二步筛选。

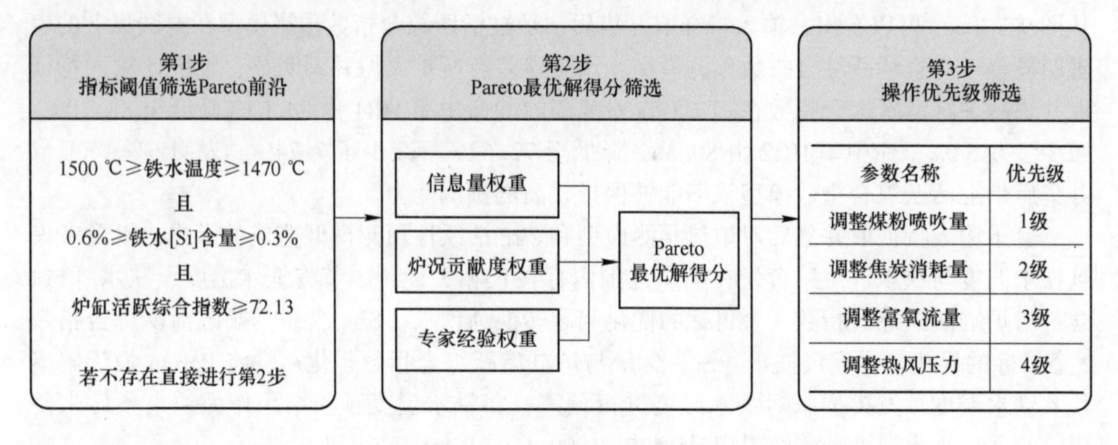

图 9-8 Pareto 最优解的筛选过程

结合生产要求与专家经验，将目标阈值设定为：铁水温度不低于 1470 ℃且不高于 1500 ℃、铁水［Si］含量不低于 0.3%且不高于 0.6%、炉缸活跃综合指数高于二级阈值（由于炉缸活跃综合指数等级阈值是随着历史数据积累而变化的，本节中取时间节点为 2023.01.12 18:00:00 的二级阈值 72.13）。目标权重（W）采用反映数据波动程度的信息量权重（w_1）、判断炉况好坏的贡献度权重（w_2）以及专家经验权重（w_3）共同确定，见式（9-14）；其中，反映数据波动程度的信息量权重采用熵权法[12]，判断炉况好坏的贡献度权重采用信息价值[13]。Pareto 最优解得分（S）见式（9-15）。

$$W_j = \frac{1}{3}w_{j1} + \frac{1}{3}w_{j2} + \frac{1}{3}w_{j3} \tag{9-14}$$

$$S_i = \sum_{j}^{m} W_j x_{ij} \tag{9-15}$$

式中，W_j 为第 j 项指标的综合权重；w_{j1} 为第 j 项指标的数据波动权重；w_{j2} 为第 j 项指标的炉况贡献度权重；w_{j3} 为第 j 项指标的专家经验权重；S_i 为第 i 个 Pareto 最优解的得分；x_{ij} 为第 j 项指标在第 i 个 Pareto 最优解正向化后的取值；m 为指标个数。

A 熵权法计算反映数据波动程度的信息量权重

熵权法是基于信息熵的原理，利用信息熵的概念将指标之间的差异量化，并将差异量用于确定每个指标的权重。若某个指标的信息熵越小，表明该指标值的波动程度越大，提供的信息量越多，其权重也就越大；相反，某个指标的信息熵越大，表明该指标值的变异程度越小，提供的信息量也越少，其权重也就越小。此方法主要分为以下几个步骤。

（1）对指标数据进行无量纲处理，其计算公式如下：

$$Y_{ij} = \frac{x_{ij} - \min(X_i)}{\max(X_i) - \min(X_i)} \tag{9-16}$$

式中，X_i 为第 i 个指标的数据集；x_{ij} 为第 j 个指标的第 i 组数据；Y_{ij} 为无量纲处理后的数据；为避免数据集中极端异常值的影响，$\min(X_i)$ 与 $\max(X_i)$ 分别取 2%分位数与 98%分位数。

（2）计算各指标的信息熵，其计算公式如下：

$$p_{ij} = \frac{Y_{ij}}{\sum_{i}^{n} Y_{ij}} \quad (i = 1, \cdots, n; j = 1, \cdots, m) \tag{9-17}$$

$$E_j = -\ln(n)^{-1} \sum_{i}^{n} p_{ij} \ln p_{ij} \tag{9-18}$$

式中，p_{ij} 为第 j 项指标在第 i 组数据中占该指标的比重；E_j 为第 j 项指标的信息熵，其中 $E_j \geqslant 0$，若 $p_{ij} = 0$，$E_j = 0$。

（3）计算各指标的权重，其计算公式如下：

$$w_j = \frac{1 - E_j}{k - \sum E_j} \quad (j = 1, \cdots, m) \tag{9-19}$$

式中，k 为指标个数；w_j 为目标权重，见表 9-11。

表 9-11 炉热与炉缸活跃性指标熵权法权重计算结果

指标	铁水温度	铁水［Si］含量	炉缸活跃综合指数
权重	0.24	0.42	0.34

B 信息价值计算判断炉况的贡献度权重

信息价值（Information Value，IV），常用来表示特征对目标预测的贡献程度，即特征的预测能力。一般来说，*IV* 值越高，该特征的预测能力越强，信息贡献程度越高，它有助于根据变量的重要性对变量进行排名。本节通过 *IV* 值对炉热指标与炉缸活跃性指标判断炉况好坏的能力进行分析，从对炉况重要性的角度对炉热指标与炉缸活跃性指标的权重进行计算。

a 定义炉况合格标签

本节选取铁水产量和燃料比同时达到生产计划要求时定义为合格炉况，其余为不合格炉况。具体判断标准为：燃料比小于 550 kg/t，铁水日产量大于 2600 t，则代表当天炉况为合格炉况。用于计算 *IV* 值的合格炉况样本为 3343 组，不合格炉况为 1690 组。

b 计算证据权重（Weight Of Evidence，WOE）

IV 值的计算是以 *WOE* 值为基础的，计算 *IV* 值之前需要计算 *WOE* 值。要对一个变量进行 *WOE* 编码，需要把这个变量进行分箱处理，指标分箱按照目标阈值对各指标进行分箱处理。铁水温度以 1470 ℃为边界分为两组；铁水［Si］含量以 0.3%和 0.6%为边界分为两组，其中 0.3%~0.6%为一组，低于 0.3%与高于 0.6%为一组；炉缸活跃综合指数以二级阈值为边界分为两组。分组后，对于第 i 组分箱，*WOE* 的计算公式如下：

$$WOE_i = \ln\left(\frac{Py_i}{Pn_i}\right) = \ln\left(\frac{y_i}{y_T} \middle/ \frac{n_i}{n_T}\right) = \ln\left(\frac{y_i}{n_i} \middle/ \frac{y_T}{n_T}\right) \tag{9-20}$$

式中，Py_i 为第 i 组中的响应样本数量（即合格炉况的样本）占所有样本中所有响应样本数量的比例；Pn_i 为第 i 组中未响应样本数量（即不合格炉况的样本）占所有未响应样本数量的比例；y_i 为第 i 组中的响应样本数量；n_i 为第 i 组中未响应样本数量；y_T 为样本中所有响应样本数量；n_T 为样本中所有未响应样本数量。

WOE 为"当前分组中响应样本占所有响应样本的比例"与"当前分组中未响应样本占所有未响应样本的比例"的差异。*WOE* 也可以理解为"当前分组中响应样本和未响应样本的比值"与"所有样本中响应样本和未响应样本的比值"的差异。*WOE* 越大，这种差异越大，这个分组里的样本响应的可能性就越大；*WOE* 越小，差异越小，这个分组里的样本响应的可能性就越小。当 *WOE* 为正时，变量当前取值对判断个体是否会响应起到正向的影响；当 *WOE* 为负时，起到负向的影响。

c 信息价值 *IV* 值计算

对于变量的一个分组，这个分组的响应和未响应的比例与样本整体响应和未响应的比例相差越大，*IV* 值越大；否则，*IV* 值越小。计算各指标每个分箱的 IV_i，求和得到各指标最终的 *IV* 值，计算结果见表 9-12。*IV* 的计算公式如下：

$$IV_i = (Py_i - Pn_i) \times WOE_i \tag{9-21}$$

$$IV = \sum_{i=1}^{n} IV_i \tag{9-22}$$

表 9-12 炉热与炉缸活跃性指标 *IV* 值计算结果

指标	区间	Py_i	Pn_i	*WOE*	IV_i	*IV*
铁水温度	小于 1470 ℃	0.74	0.41	0.59	0.20	0.48
	大于或等于 1470 ℃	0.25	0.59	−0.84	0.28	
铁水［Si］含量	小于 0.3%或大于 0.6%	0.09	0.41	−1.53	0.50	0.64
	［0.3%，0.6%］	0.91	0.58	0.45	0.14	
炉缸活跃综合指数	小于 72.13	0.24	0.59	−0.91	0.32	0.54
	大于或等于 72.13	0.76	0.41	0.62	0.22	

C 专家经验权重

结合生产要求与专家经验，最终将铁水温度、铁水［Si］含量、炉缸活跃综合指数经验权重分别设定为 0.2、0.4、0.4。

将熵权法权重、价值信息权重与专家经验权重代入式（9-14）可计算出炉热与炉缸活跃性指标的综合权重。其中，价值信息权重加和后不等于 1，需先进行归一化处理，综合权重最终计算结果见表 9-13。

表 9-13 炉热与炉缸活跃性指标综合权重计算结果

指标	熵权法权重	价值信息权重	专家经验权重	综合权重
铁水温度	0.24	0.29	0.2	0.24
铁水［Si］含量	0.42	0.38	0.4	0.40
炉缸活跃综合指数	0.34	0.33	0.4	0.36

9.3.2.4　炉缸工作状态多目标优化模型结果分析

本节遗传算法参数中种群规模设定为 50，寻优代数设定为 200，交叉概率设定为 0.8，变异概率设定为 0.2。当仅优化控制参数时，采用 NSGA-Ⅱ算法对铁水［Si］含量和炉缸活跃综合指数进行多目标寻优。以 2023.01.12 18:00:00 时优化后生成的 Pareto 最优解以及优化结果为例，此次涉及的控制参数为煤粉喷吹量、焦炭消耗量、富氧流量、热风压力、球团矿比例、焦炭负荷、烧结矿碱度、焦炭粒径、矿批质量。

图 9-9（a）与表 9-14 分别给出了炉热与炉缸活跃性多目标优化模型完成第一次优化后的 Pareto 最优解及优化结果，可以看出，此次优化结果中并未存在同时满足铁水温度、铁水［Si］含量、炉缸综合活跃指数目标阈值的解。因此需要对 Pareto 最优解进行筛选，选择出相对最优的 Pareto 最优解，在下一时刻进行第二次优化。

第一步：通过目标阈值对优化结果进行筛选，由于不存在同时满足目标阈值的解，因此直接进行第二步；

第二步：通过目标权重计算 Pareto 前沿得分并排序，如图 9-9（b）所示，筛选出排名前十的 Pareto 最优解序号分别为［3，7，11，13，15，23，26，34，38，48］；

第三步：按照操作优先级对 Pareto 最优解排序，序号 3 的 Pareto 最优解热风压力调整量最少，对产量影响最小，因此将该方案作为当前时刻的优化方案，并在此优化结果的基础上对下一时刻进行第二次优化。

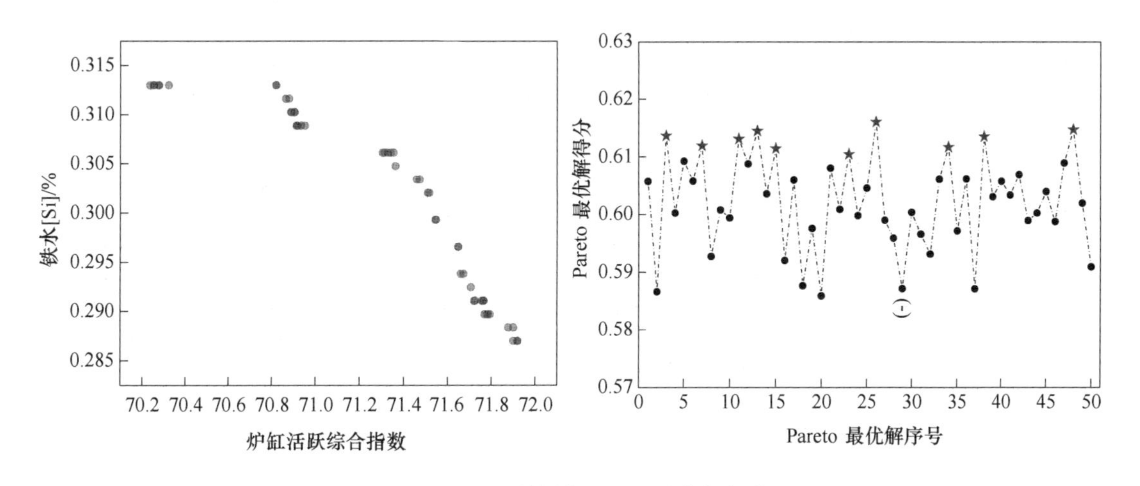

图 9-9　Pareto 前沿与 Pareto 最优解得分

表 9-14　炉热与炉缸活跃性多目标优化模型第一次优化的 Pareto 解集

序号	煤粉喷吹量 /kg·t^{-1}	焦炭消耗量 /kg·t^{-1}	富氧流量 /m^3·h^{-1}	热风压力 /kPa	球团矿比例	焦炭负荷
1	20561.4	52381.0	6862.6	327.6	25.833	3.966
2	21329.3	53186.1	6685.2	339.5	26.528	3.916

续表 9-14

序号	煤粉喷吹量 /kg·t^{-1}	焦炭消耗量 /kg·t^{-1}	富氧流量 /m^3·h^{-1}	热风压力 /kPa	球团矿比例	焦炭负荷
3	20403.0	53197.7	6904.0	327.2	25.816	3.94
4	19627.7	52338.3	6506.2	324.3	27.446	3.89
5	21179.7	52032.4	6691.0	337.1	26.633	3.858
6	20287.6	52438.8	6787.6	330.4	26.924	3.895
7	20124.9	52000.0	6411.4	332.8	27.949	3.917
8	20937.5	52757.5	6884.0	340.1	26.534	3.851
9	20109.3	53176.6	6196.6	315.1	26.819	3.871
10	21146.6	52277.1	6200.4	321.96	26.619	3.903
11	20997.5	52748.2	6139.1	328.6	26.906	3.972
12	21090.8	52165.3	6342.9	322.6	26.962	3.914
13	20671.2	53185.8	6796.2	332.8	27.475	3.927
14	20927.9	52933.9	6677.5	322.6	27.479	3.879
15	21332.1	53063.5	6007.7	314.4	26.184	3.853
16	21189.6	52713.0	6695.5	327.9	26.588	3.937
17	19590.0	52750.7	6483.1	327.0	28.138	3.876
18	20227.0	52639.9	6478.6	314.8	28.091	3.889
19	20482.9	52813.6	6196.1	314.9	28.411	3.881
20	20800.9	52681.7	6370.8	337.1	26.618	3.906
21	21057.5	53200.0	6506.7	336.2	27.532	3.966
22	19640.1	52722.5	6988.8	316.0	28.066	3.852
23	19746.5	52797.2	6010.3	320.1	26.348	3.908
24	19500.0	52090.5	6976.7	313.4	27.185	3.871
25	20505.9	52614	6155.1	333.4	27.591	3.952
26	19936.2	52297.8	6310.5	317.4	26.421	3.918

续表 9-14

序号	煤粉喷吹量 /kg · t^{-1}	焦炭消耗量 /kg · t^{-1}	富氧流量 /m^3 · h^{-1}	热风压力 /kPa	球团矿比例	焦炭负荷
27	20660. 9	52950. 5	6547. 8	330. 1	27. 828	3. 964
28	19800. 2	52342. 5	6090. 2	330. 7	27. 339	3. 949
29	20849. 2	52182. 0	6557. 1	310. 7	27. 516	3. 869
30	20344. 8	52730. 5	6637. 3	323. 6	28. 006	3. 867
31	21500. 0	53165. 3	6568. 1	313. 2	26. 846	3. 949
32	20038. 7	52298. 4	6480. 4	326. 0	26. 975	3. 911
33	20954. 1	52934. 7	6673. 7	333. 3	26. 932	3. 858
34	20483. 7	52715. 8	6742. 1	313. 4	27. 248	3. 857
35	20162. 5	52943. 0	6047. 5	320. 6	28. 361	3. 858
36	19711. 2	52113. 6	6859. 8	314. 9	26. 181	3. 913
37	20507. 2	53017. 2	6406. 1	321. 4	26. 571	3. 865
38	21276. 0	52049. 7	6434. 6	334. 1	26. 012	3. 873
39	21470. 0	52183. 2	6725. 8	315. 8	27. 245	3. 884
40	19609. 3	52970. 3	6960. 7	312. 8	26. 899	3. 904
41	20692. 2	53163. 6	6245. 8	338. 0	26. 973	3. 954
42	20388. 8	52260. 2	6481. 2	339. 8	25. 876	3. 852
43	20518. 4	53158. 3	6609. 5	330. 1	27. 801	3. 886
44	20145. 1	52249. 5	6259. 6	330. 2	25. 907	3. 864
45	19972. 0	52740. 8	6197. 2	334. 6	26. 073	3. 967
46	21156. 0	52836. 9	6170. 4	336. 0	27. 986	3. 939
47	20454. 2	52679. 8	6083. 1	312. 6	26. 031	3. 884
48	19770. 7	52941. 4	6139. 6	336. 3	25. 999	3. 865
49	19789. 6	52055. 7	6050. 2	311. 7	27. 964	3. 861
50	19818. 9	52123. 1	6024. 3	329. 4	27. 662	3. 881

续表 9-14

序号	烧结矿碱度	焦炭粒径/mm	矿批质量/t	铁水温度/℃	铁水［Si］含量/%	炉缸活跃综合指数
1	1.957	63.29	31.066	1464.4	0.313	70.240
2	1.979	63.16	31.358	1460.6	0.287	71.920
3	1.943	63.31	30.477	1467.1	0.313	71.323
4	1.986	63.43	31.615	1460.8	0.313	70.82
5	1.984	63.53	31.182	1465.0	0.309	70.952
6	1.894	63.22	31.55	1463.7	0.306	71.306
7	1.947	63.53	30.637	1467.8	0.297	71.648
8	1.893	63.41	30.542	1460.3	0.299	71.547
9	1.947	63.32	31.309	1461.9	0.305	71.364
10	1.916	63.14	30.889	1464.9	0.302	71.517
11	1.936	63.11	31.414	1466.4	0.303	71.460
12	1.910	63.54	30.904	1467.5	0.294	71.672
13	1.890	63.43	30.489	1467.6	0.302	71.510
14	1.970	63.43	30.713	1465.6	0.294	71.659
15	1.912	63.53	31.287	1467.3	0.299	71.543
16	1.977	63.31	31.227	1460.3	0.297	71.649
17	1.954	63.17	31.422	1467.0	0.292	71.707
18	1.978	63.39	31.66	1460.8	0.288	71.877
19	1.904	63.53	30.484	1464.2	0.290	71.794
20	1.929	63.34	30.671	1460.1	0.288	71.901
21	1.927	63.10	30.526	1465.2	0.303	71.474
22	1.903	63.12	31.424	1466.7	0.287	71.901
23	1.962	63.17	31.406	1464.7	0.312	70.879
24	1.988	63.31	31.558	1460.8	0.312	70.864
25	1.894	63.19	31.038	1463.1	0.310	70.888
26	1.984	63.54	30.888	1467.6	0.309	70.919

续表 9-14

序号	烧结矿碱度	焦炭粒径/mm	矿批质量/t	铁水温度/℃	铁水［Si］含量/%	炉缸活跃综合指数
27	1.955	63.33	31.492	1460.3	0.313	70.820
28	1.963	63.12	31.271	1460.1	0.309	70.916
29	1.921	63.33	30.420	1462.3	0.291	71.766
30	1.928	63.37	30.911	1465.2	0.290	71.786
31	1.944	63.28	30.666	1463.9	0.290	71.769
32	1.890	63.38	31.221	1462.3	0.291	71.757
33	1.918	63.43	30.466	1464.4	0.313	70.279
34	1.970	63.23	30.910	1466.7	0.309	70.913
35	1.963	63.53	30.747	1460.3	0.310	70.905
36	1.973	63.27	30.872	1467.3	0.291	71.726
37	1.931	63.54	30.830	1460.8	0.287	71.919
38	1.893	63.23	31.428	1466.7	0.309	70.934
39	1.967	63.12	30.920	1466.3	0.290	71.778
40	1.973	63.11	31.557	1463.5	0.306	71.356
41	1.940	63.11	30.713	1462.7	0.306	71.329
42	1.928	63.17	30.578	1464.5	0.310	70.890
43	1.948	63.56	31.421	1461.8	0.306	71.342
44	1.921	63.43	31.053	1462.3	0.313	70.259
45	1.933	63.22	31.259	1463.7	0.313	70.256
46	1.908	63.14	30.862	1464.9	0.310	70.904
47	1.926	63.13	31.065	1465.5	0.313	70.275
48	1.924	63.29	30.972	1467.4	0.306	71.315
49	1.938	63.47	30.941	1465.7	0.291	71.720
50	1.990	63.26	31.565	1461.5	0.291	71.762

上述案例整体优化过程及结果见表 9-15，可以看出共进行了 3 次优化后铁水温度、铁水［Si］含量、炉缸活跃综合指数均满足了阈值要求。由于目标之间并不是绝对的正相关关系，而是在一定范围内相互影响的，合理的炉热制度才是维持炉缸活跃性的前提条件，这种关系也受到原燃料质量和操作制度的影响，因此并不是每个指标在每次优化后都优于

前一次，但整体趋势是向优的。

表 9-15 炉热与炉缸活跃性多步优化结果

优化过程	铁水温度/℃	铁水［Si］含量/%	炉缸活跃综合指数	Pareto 前沿得分
原始值（t）	1458.4	0.256	68.522	—
第 1 步优化值（t）	1467.1	0.313	71.323	0.614
第 2 步优化值（t+1）	1478.3	0.344	71.181	0.674
第 3 步优化值（t+2）	1480.6	0.347	74.442	0.706

本节通过对比优化前后炉热指标与炉缸活跃性指标的变化，以证明炉热与炉缸活跃性多目标优化模型对炉缸工作状态调控的有效性。以 2023.01.09 00:00:00 至 2023.01.15 23:00:00 一周内 168 组小时频次生产数据为例，优化模型仅针对其中不满足阈值要求的情况进行优化，如图 9-10 所示。该图分别对比了铁水温度、铁水［Si］含量、炉缸活跃综合指数优化前后的水平变化。从图 9-10（a）可以看出，优化后低于铁水温度阈值（1470 ℃）的数据明显低于原始铁水温度数据，经统计原始铁水温度低于阈值的数据为 17 组，优化后铁水温度低于阈值的数据减少为 4 组，优化效果提升了 76.47%。从图 9-10（b）可以看出，优化后的铁水［Si］含量在区间 0.3%~0.6%内的达标率更高，经统计原始铁水［Si］含量超出阈值的数据为 31 组，优化后铁水［Si］含量超出阈值的数据减少为 12 组，优化效果提升了 61.29%。从图 9-10（c）可以看出，相较于原始炉缸活跃综合指数水平，优化后达到阈值（72.13）要求的数量更多，经统计原始炉缸活跃综合指数低于阈值的数据为 37 组，优化后炉缸活跃综合指数低于阈值的数据减少为 9 组，优化效果提升了 75.68%。通过对比可以发现，铁水温度、铁水［Si］含量、炉缸活跃综合指数并不是同时不满足阈值条件，更多的是其中某一个或两个指标不满足阈值条件而触发优化，优化过程中由于指标之间的相互影响，因此会出现原本满足阈值条件的指标优化后稍劣于原始值的情况；另外，当炉况波动较大时，指标偏离阈值水平较远，一次优化无法满足阈值要求，因此会出现如图 9-10 中优化后依然达不到阈值要求的情况，需要连续进行第二次优化或第三次优化后才能满足阈值要求。

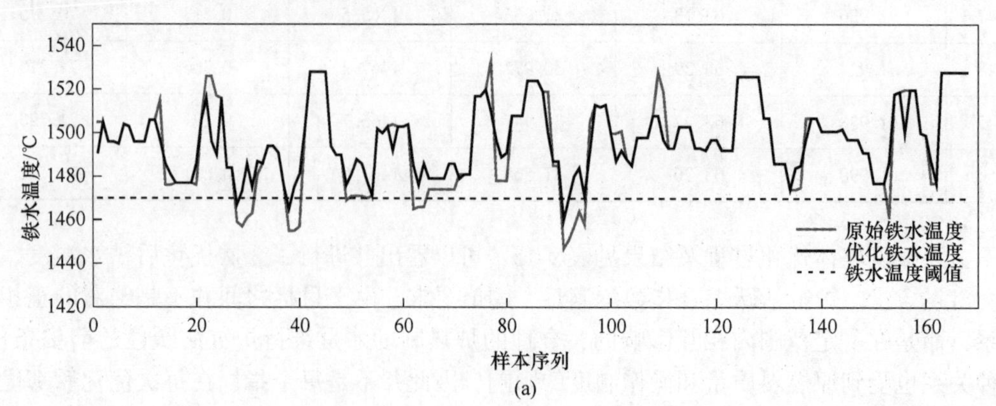

(a)

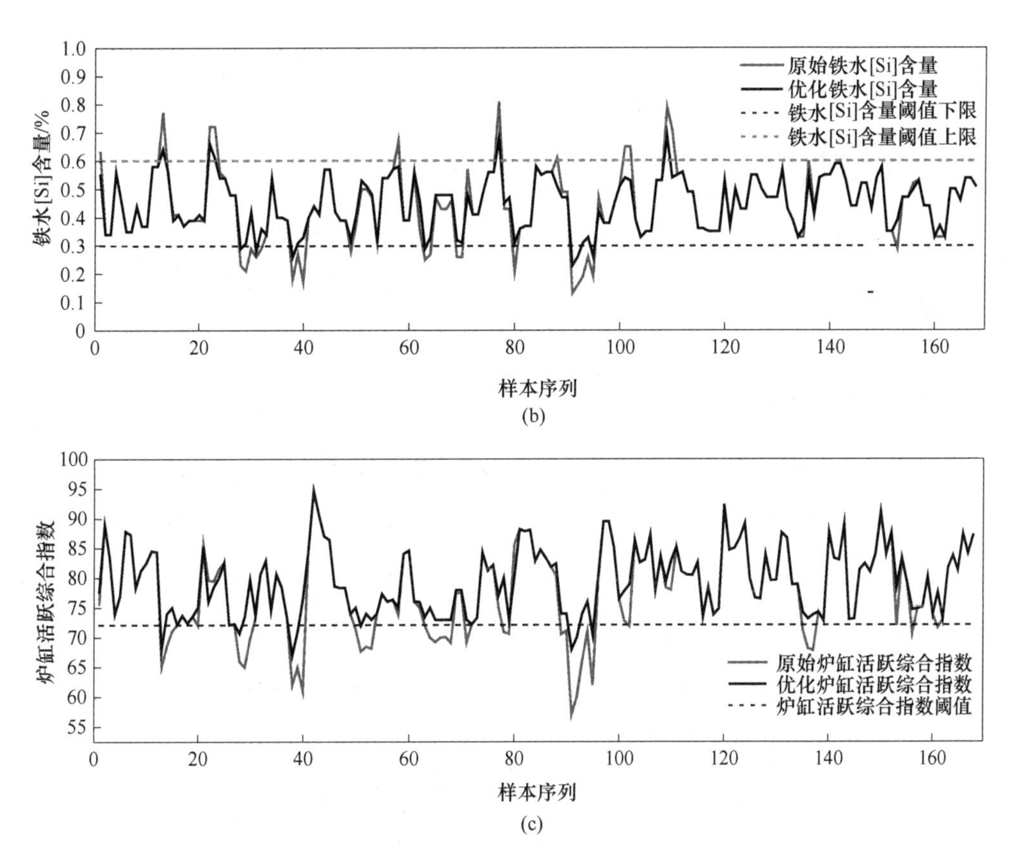

图 9-10 炉热与炉缸活跃性优化前后对比

9.3.3 焦比透气性热负荷多目标优化

9.3.3.1 高炉参数多目标优化流程

高炉炼铁过程是典型的多目标优化问题，各目标之间存在关联，但是目标之间的相互关系又不是很明确。针对焦比和 K 值的多目标优化，本节研究的多目标优化问题是最小化问题。

机器学习预测模型实际上是将一些参数输入模型，再通过复杂的学习训练得出目标参数的预测值，因此可以将机器学习预测模型看作一个复杂的函数。本节的高炉炉况参数多目标优化的特点是将机器学习预测模型替代传统的线性函数作为适应度函数，从而将机器学习和遗传算法进行有效结合。高炉炉况参数多目标优化算法流程如图 9-11 所示。

9.3.3.2 高炉参数多目标优化的约束条件

本节采用 NSGA-Ⅱ算法对焦比和 K 值进行多目标优化，选取的控制参数包括：烧结碱度、烧结 FeO、烧结 SiO_2、烧结粒径、烧结强度、焦炭 M_{40}、焦炭 M_{10}、焦炭粒径、焦炭灰分、焦炭硫含量、焦炭 40～75 mm 比例、铁水测温、风口面积、理论燃烧温度、炉渣(二元) 碱度、球团比例、中块焦比。

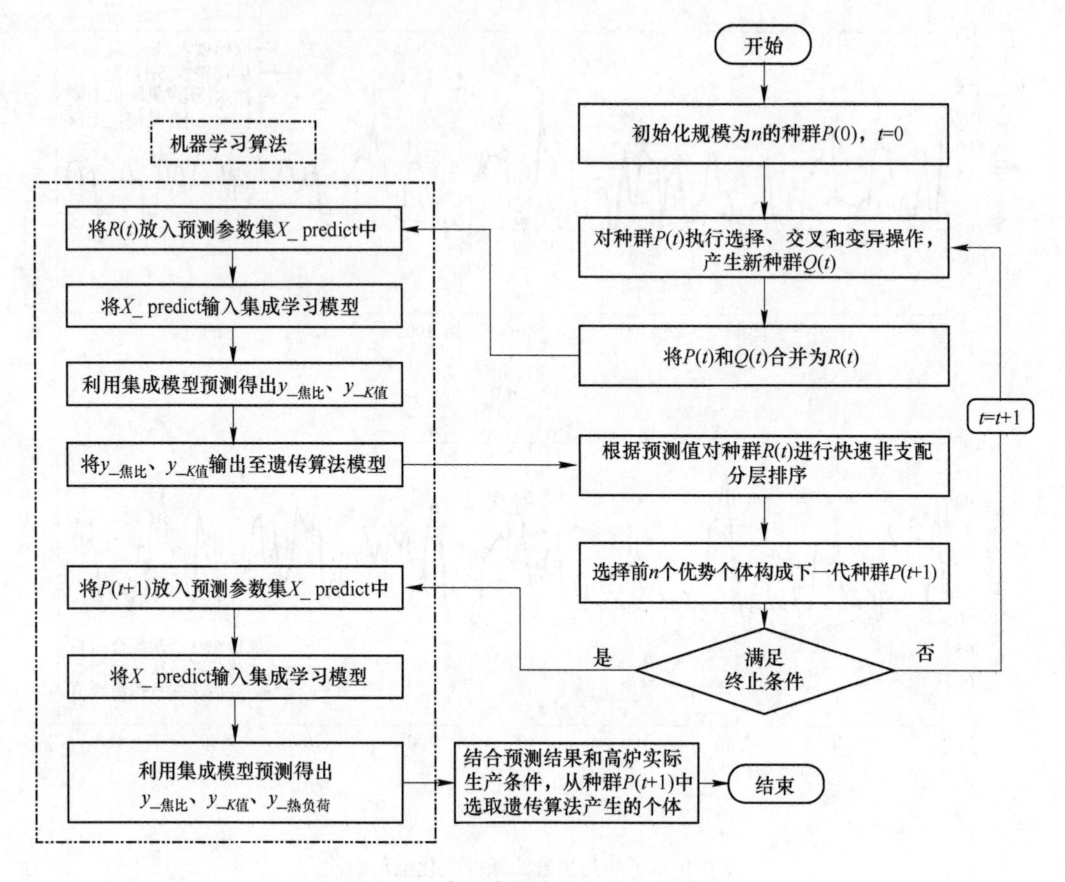

图 9-11　高炉参数多目标优化流程图

寻优参数的约束条件设定：设定寻优数据集 X，各项参数的下限约束值为历史数据的 1.5%分位数，上限约束值为历史数据的 98.5%分位数，在此区间内进行多目标寻优。

高炉控制参数的平均值（2014~2019 年）及其约束值见表 9-16。

表 9-16　高炉控制参数及其约束值

参数名称	2014 年	2015 年	2016 年	2017 年	2018 年	2019 年	下限约束值	上限约束值
烧结碱度	2.17	2.16	2.10	2.08	2.10	2.14	2.03	2.23
烧结 FeO/%	8.60	8.84	9.12	9.05	9.01	9.35	7.93	10.10
烧结 SiO_2/%	5.07	5.22	5.22	5.20	5.29	5.24	5.00	5.47
烧结粒径/mm	18.51	19.24	19.97	21.29	20.90	20.82	18.63	23.06
烧结强度/%	80.85	82.95	83.05	82.83	81.29	81.68	80.14	84.18
焦炭 M_{40}/%	90.36	90.20	90.26	90.11	89.69	89.59	88.75	91.18
焦炭 M_{10}/%	4.81	4.96	4.98	5.04	5.21	5.28	4.48	5.63

续表 9-16

参数名称	2014 年	2015 年	2016 年	2017 年	2018 年	2019 年	下限约束值	上限约束值
焦炭粒径/mm	55.84	54.47	53.85	54.42	54.41	54.67	51.46	57.82
焦炭灰分/%	11.70	11.68	11.91	11.84	12.02	12.12	11.46	12.44
焦炭硫含量/%	0.64	0.62	0.64	0.64	0.66	0.71	0.60	0.74
焦炭 40~75 mm 比例/%	73.10	73.39	74.24	74.11	73.96	71.16	67.72	77.92
铁水测温/℃	1515.6	1513.0	1513.7	1508.0	1515.9	1522.5	1493.7	1536.9
风口面积/m^2	0.455	0.451	0.444	0.453	0.468	0.457	0.430	0.475
理论燃烧温度/℃	2185.1	2233.5	2206.5	2228.9	2250.7	2298.9	2127.3	2356.9
炉渣碱度	1.21	1.23	1.21	1.20	1.19	1.20	1.14	1.25
球团比例/%	29.0	28.8	29.8	29.3	28.9	32.0	21.8	35.4
中块焦比/kg·t^{-1}	11.92	28.25	29.16	35.65	23.15	24.87	4.10	55.97

NSGA-Ⅱ算法参数设定：种群规模为 50，寻优代数为 100，交叉概率 P_c 为 0.8，变异概率 P_m 为 0.15。

9.3.3.3 高炉参数多目标优化结果及分析

当仅优化控制参数时（不优化布料参数），采用 NSGA-Ⅱ算法对焦比和 K 值进行多目标寻优，生成的 Pareto 前沿如图 9-12 所示。

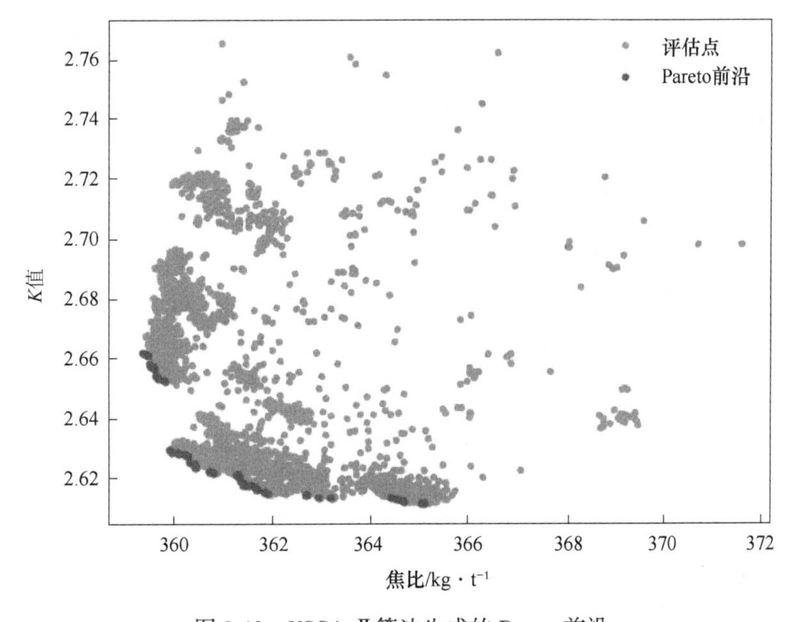

彩图资源

图 9-12 NSGA-Ⅱ算法生成的 Pareto 前沿

图 9-12 中，红色点为 Pareto 前沿，蓝色点为遗传算法过程产生的非 Pareto 解。NSGA-Ⅱ算法所得 Pareto 最优解中焦比∈[359.3，365.1]、K 值∈[2.61，2.66]，相比非 Pareto 解中焦比可达 371.6 kg/t、K 值可达 2.77，得到了较好的优化解集。

为了探索更好的高炉操作参数，先用上文所述的布料参数优化方法对布料参数进行优化，然后再采用 NSGA-Ⅱ算法对焦比和 K 值进行多目标优化。料制寻优后 NSGA-Ⅱ算法生成的 Pareto 前沿如图 9-13 所示。

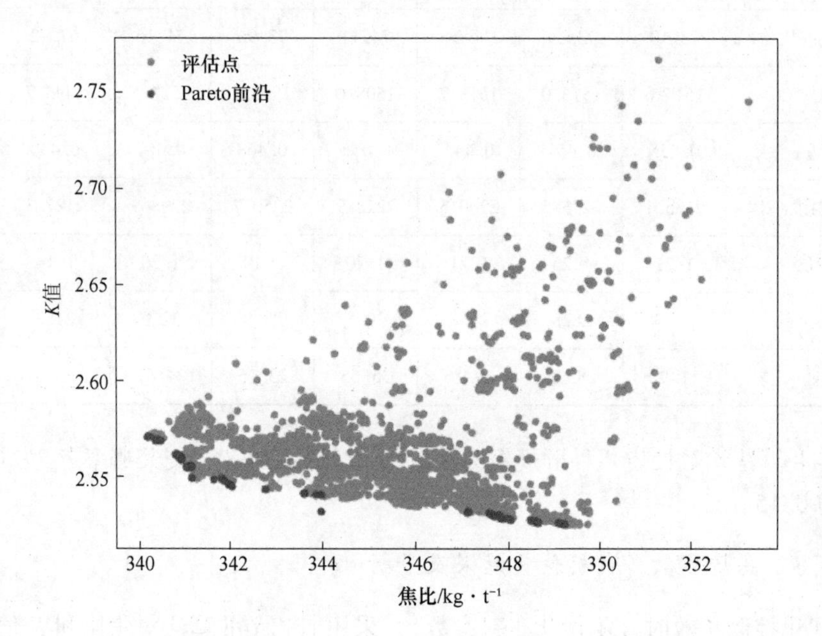

彩图资源

图 9-13　料制寻优后 NSGA-Ⅱ算法生成的 Pareto 前沿

由图 9-13 可知，采用对布料参数和控制参数综合寻优方法后，Pareto 最优解中焦比∈[340.1，349.2]，K 值∈[2.53，2.57]。对比图 9-12 和图 9-13 可知，后者所得解集的指标明显好于前者。由此可知，对高炉布料参数和控制参数进行综合优化能得到更佳的操作参数。

最后，将 Pareto 最优解集代入机器学习预测模型对热负荷进行预测，热负荷的范围为[12609，13875]，属于较理想的控制区间。

采用上述高炉炉况参数多目标优化方法，得到的 Pareto 最优解集以及优化结果见表 9-17。

表 9-17　高炉炉况参数多目标优化的 Pareto 解集

序号	烧结碱度	烧结 FeO /%	烧结 SiO_2 /%	烧结粒径 /mm	烧结强度 /%	焦炭 M_{40} /%	焦炭 M_{10} /%	焦炭粒径 /mm	焦炭灰分 /%	焦炭硫含量 /%
1	2.05	8.84	5.02	22.2	81.3	90.7	5.20	56.2	11.46	0.60
2	2.05	8.84	5.02	22.2	81.3	90.7	5.20	56.2	11.46	0.60

续表 9-17

序号	烧结碱度	烧结 FeO /%	烧结 SiO_2 /%	烧结粒径 /mm	烧结强度 /%	焦炭 M_{40} /%	焦炭 M_{10} /%	焦炭粒径 /mm	焦炭灰分 /%	焦炭硫含量 /%
3	2.05	8.83	5.02	22.1	81.3	90.7	5.20	56.2	11.46	0.60
4	2.04	8.87	5.02	22.2	81.3	90.7	5.19	56.3	11.46	0.60
5	2.04	8.86	5.02	22.2	81.4	90.7	5.19	56.2	11.46	0.60
6	2.05	8.86	5.02	22.2	81.2	90.7	5.19	56.3	11.47	0.60
7	2.04	8.86	5.02	22.2	81.5	90.7	5.19	56.2	11.46	0.60
8	2.03	9.10	5.02	21.8	80.1	91.2	5.05	56.3	11.46	0.60
9	2.03	9.11	5.02	21.7	80.1	91.2	5.05	56.3	11.46	0.60
10	2.03	9.10	5.02	21.7	80.1	91.2	5.05	56.4	11.46	0.60
11	2.03	9.11	5.02	21.8	80.2	91.2	5.05	56.2	11.46	0.60
12	2.03	9.13	5.02	21.8	80.2	91.2	5.04	56.2	11.46	0.60
13	2.03	9.11	5.02	21.8	80.1	91.2	5.04	56.2	11.46	0.60
14	2.03	8.86	5.02	22.4	82.0	91.1	5.19	56.5	11.51	0.60
15	2.03	9.11	5.02	21.8	80.5	91.2	5.04	56.2	11.48	0.60
16	2.03	8.85	5.02	22.3	82.0	91.1	5.19	56.4	11.52	0.60
17	2.03	9.01	5.02	21.7	82.8	90.9	5.17	56.8	11.48	0.60
18	2.03	8.97	5.01	21.7	82.8	91.0	5.17	56.8	11.48	0.60
19	2.03	8.61	5.01	21.7	82.3	91.0	5.23	57.8	11.46	0.61
20	2.03	8.63	5.01	21.6	82.2	91.0	5.21	57.8	11.47	0.61
21	2.04	8.62	5.01	21.6	82.1	91.0	5.21	57.7	11.49	0.61
22	2.04	8.63	5.01	21.6	82.0	91.0	5.21	57.8	11.49	0.61
23	2.04	8.64	5.01	21.6	82.1	91.0	5.21	57.8	11.49	0.61
24	2.04	8.62	5.00	21.6	82.1	91.0	5.21	57.8	11.49	0.61
25	2.03	9.27	5.00	20.4	82.9	91.1	5.29	57.5	11.59	0.63
26	2.03	9.28	5.00	21.2	83.1	91.2	5.18	57.5	11.50	0.63
27	2.03	9.28	5.00	21.2	83.1	91.2	5.18	57.5	11.50	0.63

续表 9-17

序号	烧结碱度	烧结 FeO /%	烧结 SiO_2 /%	烧结粒径 /mm	烧结强度 /%	焦炭 M_{40} /%	焦炭 M_{10} /%	焦炭粒径 /mm	焦炭灰分 /%	焦炭硫含量 /%
28	2.03	9.29	5.00	21.2	83.0	91.2	5.17	57.5	11.50	0.63
29	2.03	9.26	5.01	21.3	83.1	91.2	5.18	57.5	11.56	0.63
30	2.03	9.80	5.00	21.6	82.6	91.2	5.13	57.8	11.49	0.64
31	2.11	8.82	5.00	23.1	84.2	91.2	5.15	56.2	11.46	0.60
32	2.11	8.82	5.01	23.1	84.2	91.2	5.15	56.3	11.46	0.60
33	2.16	9.10	5.01	22.3	84.2	91.2	5.15	57.7	11.46	0.61
34	2.17	9.09	5.01	22.3	84.2	91.2	5.15	57.7	11.46	0.61
35	2.17	9.09	5.01	22.4	84.2	91.2	5.15	57.7	11.46	0.61
36	2.17	9.08	5.01	22.2	84.2	91.2	5.15	57.7	11.50	0.61
37	2.17	9.08	5.01	22.2	84.2	91.2	5.15	57.7	11.50	0.61
38	2.17	9.08	5.01	22.2	84.2	91.2	5.15	57.7	11.50	0.61
39	2.17	9.08	5.01	22.3	84.2	91.2	5.15	57.7	11.50	0.61
40	2.18	9.05	5.01	22.3	84.2	91.2	5.15	57.7	11.50	0.61
41	2.17	9.09	5.01	22.3	84.1	91.2	5.15	57.7	11.54	0.61
42	2.17	9.09	5.01	22.3	84.1	91.2	5.15	57.7	11.55	0.61
43	2.16	8.36	5.01	22.2	83.9	91.2	5.12	57.6	12.26	0.63
44	2.17	8.33	5.00	22.2	84.0	91.2	5.11	57.6	12.29	0.63
45	2.17	8.34	5.01	22.2	84.0	91.2	5.12	57.6	12.31	0.63
46	2.17	8.33	5.01	22.2	84.0	91.2	5.12	57.6	12.31	0.63
47	2.17	8.42	5.01	22.2	84.0	91.2	5.12	57.6	12.32	0.63
48	2.17	8.37	5.01	22.2	84.0	91.2	5.12	57.6	12.31	0.63
49	2.17	8.39	5.01	22.2	84.1	91.2	5.11	57.6	12.37	0.63
50	2.18	8.36	5.01	22.2	84.0	91.2	5.12	57.6	12.39	0.63

续表 9-17

序号	焦炭 40~75 mm 比例/%	铁水测温 /℃	风口面积 /m^2	理论燃烧温度 /℃	炉渣碱度	球团比例 /%	中块焦比 /kg·t^{-1}	焦比 /kg·t^{-1}	K值	热负荷 /10 MJ·h^{-1}
1	73.4	1523.4	0.433	2305.8	1.24	25.7	4.10	340.1	2.57	13078
2	73.4	1523.5	0.433	2305.8	1.24	25.7	4.10	340.1	2.57	13099
3	73.5	1523.3	0.430	2304.9	1.24	25.9	4.10	340.2	2.57	13525
4	73.4	1526.0	0.433	2311.0	1.24	26.4	4.10	340.3	2.57	12971
5	73.3	1526.2	0.433	2313.2	1.24	26.4	4.10	340.3	2.57	12934
6	73.0	1525.7	0.433	2309.5	1.24	26.4	4.10	340.4	2.57	13000
7	73.4	1526.7	0.433	2312.4	1.24	26.4	4.10	340.4	2.57	12946
8	75.9	1507.0	0.433	2356.9	1.25	26.2	4.10	340.8	2.56	13152
9	75.9	1506.9	0.433	2356.9	1.25	26.2	4.10	340.8	2.56	13872
10	75.8	1507.1	0.433	2354.9	1.25	26.2	4.10	340.8	2.56	13123
11	75.9	1506.2	0.432	2356.0	1.25	26.2	4.10	340.9	2.56	13176
12	75.6	1506.4	0.435	2356.9	1.25	26.0	4.10	340.9	2.56	13875
13	75.5	1506.0	0.432	2355.0	1.25	26.2	4.10	340.9	2.56	13184
14	73.3	1521.0	0.437	2298.0	1.25	25.7	4.10	341.0	2.55	13124
15	75.7	1506.0	0.433	2355.0	1.25	26.1	4.10	341.1	2.56	13199
16	73.3	1522.2	0.437	2308.6	1.25	26.5	4.10	341.1	2.55	13022
17	73.3	1520.5	0.438	2303.0	1.25	27.4	4.10	341.1	2.55	13173
18	73.2	1520.8	0.436	2292.5	1.25	28.2	4.10	341.6	2.55	13284
19	68.8	1493.7	0.451	2178.8	1.16	25.7	4.18	341.7	2.55	13744
20	68.9	1493.7	0.449	2180.5	1.16	26.1	4.17	341.8	2.55	13712
21	68.7	1493.8	0.451	2194.7	1.17	25.8	4.17	341.9	2.55	13610
22	68.3	1493.8	0.450	2202.2	1.17	25.9	4.17	341.9	2.55	13610
23	68.5	1493.7	0.450	2202.2	1.17	25.8	4.17	342.0	2.55	13611
24	68.4	1493.8	0.449	2202.2	1.17	25.8	4.17	342.0	2.55	13651
25	73.6	1509.8	0.459	2162.9	1.25	30.9	4.10	342.7	2.54	13593

续表 9-17

序号	焦炭 40~75 mm 比例/%	铁水测温 /℃	风口面积 /m^2	理论燃烧温度 /℃	炉渣碱度	球团比例 /%	中块焦比 /kg·t^{-1}	焦比 /kg·t^{-1}	K值	热负荷 /10 MJ·h^{-1}
26	73.9	1511.3	0.459	2132.3	1.25	31.4	4.10	343.6	2.54	13760
27	73.9	1511.4	0.460	2131.7	1.25	31.6	4.10	343.6	2.54	13779
28	73.9	1510.8	0.459	2161.6	1.25	32.1	4.10	343.8	2.54	13767
29	73.3	1512.6	0.460	2172.9	1.25	32.0	4.13	343.9	2.54	13704
30	67.7	1511.5	0.462	2252.6	1.25	28.2	4.10	343.9	2.53	13467
31	67.7	1493.7	0.457	2240.8	1.25	32.7	4.10	347.1	2.53	13860
32	67.7	1493.7	0.457	2240.2	1.25	32.7	4.10	347.1	2.53	13780
33	68.2	1501.2	0.460	2204.2	1.24	34.3	4.17	347.6	2.53	13528
34	68.6	1499.9	0.457	2196.8	1.24	34.3	4.18	347.6	2.53	13527
35	68.5	1499.7	0.457	2198.2	1.24	34.3	4.18	347.7	2.53	13529
36	68.1	1500.0	0.458	2213.9	1.24	34.2	4.18	347.8	2.53	13417
37	67.8	1499.0	0.459	2214.0	1.24	34.2	4.19	347.8	2.53	13447
38	67.8	1499.7	0.459	2212.4	1.24	34.2	4.18	347.8	2.53	13449
39	67.7	1499.6	0.459	2210.6	1.24	34.3	4.18	347.8	2.53	13494
40	67.7	1499.6	0.459	2209.8	1.24	34.3	4.18	347.9	2.53	13496
41	68.2	1499.6	0.459	2214.1	1.24	34.3	4.19	348.0	2.53	13418
42	68.2	1499.4	0.458	2208.8	1.24	34.3	4.18	348.0	2.53	13410
43	69.8	1493.7	0.440	2354.4	1.25	32.7	4.60	348.5	2.53	12615
44	69.7	1493.7	0.440	2350.5	1.25	32.6	4.59	348.6	2.53	12653
45	69.7	1493.7	0.440	2346.2	1.25	32.6	4.58	348.6	2.53	12640
46	69.8	1493.7	0.440	2342.4	1.25	32.6	4.57	348.6	2.53	12656
47	69.6	1493.7	0.439	2354.2	1.25	32.6	4.58	348.6	2.53	12622
48	70.0	1494.6	0.438	2352.8	1.25	34.3	4.54	349.1	2.53	12609
49	70.1	1494.6	0.438	2356.5	1.25	34.3	4.55	349.2	2.53	12657
50	70.1	1493.7	0.439	2347.9	1.25	34.2	4.53	349.2	2.53	12643

通过对高炉炉况参数的 Pareto 最优解集进行分析，可以从中发现一些有价值的信息：

（1）在 Pareto 最优解集的控制范围内，烧结碱度、烧结强度、焦炭灰分、球团比例与焦比呈正相关，与 K 值呈负相关。由此可知，在 Pareto 最优解集的控制范围内，降低这些参数的控制值，有利于降低焦比，但是会导致 K 值升高。

（2）在 Pareto 最优解集的控制范围内，焦炭粒级、焦炭粒径 40~75 mm 所占比例、铁水测温均与焦比呈负相关，与 K 值呈正相关。同理，在 Pareto 最优解集的控制范围内，提高这些参数的控制值，有利于降低焦比，但是会导致 K 值升高。

（3）在 Pareto 最优解集中，一些参数的最优解控制范围较小（与约束条件相比），比如：烧结 $SiO_2 \in [5.00, 5.02]$、烧结 $FeO \in [8.33, 9.80]$，烧结粒径 $\in [20.4, 23.1]$，焦炭 $M_{40} \in [90.7, 91.2]$，焦炭 $M_{10} \in [5.04, 5.29]$，焦炭硫含量 $\in [0.63, 0.66]$，风口面积 $\in [0.430, 0.462]$，炉渣碱度 $\in [1.16, 1.24]$，中块焦比 $\in [4.10, 4.60]$。这些参数的 Pareto 最优解集范围就是该参数的优化控制目标。

（4）结合表 9-16 中 2014~2019 年高炉控制参数的变化可以看出，近年来焦炭质量呈逐年降低的趋势，其中：焦炭 M_{40} 由 90.36%降低至 81.68%，焦炭 M_{10} 由 4.81%上升至 5.28%，焦炭灰分由 11.70%上升至 12.12%，焦炭硫含量由 0.64%上升至 0.71%。这些变化均与 Pareto 最优解集的优化控制目标呈相反方向发展，是限制高炉生产指标提升的重要因素，需引起重视。

高炉操作者可以根据多目标优化结果，结合高炉生产需求和自身冶炼条件从中选择相应的控制参数，实现高炉的优化控制。

综上所述，遗传算法具有计算方法简单、优化效果好、处理组合优化问题能力强等优点。本节采用非支配排序多目标遗传算法进行求解，最终得到了高炉生产多目标优化问题的 Pareto 最优解集。

参考文献

[1] 周传典．高炉炼铁生产技术手册［M］．北京：冶金工业出版社，2002：328-337.

[2] 张贺顺，刘利锋．首钢 2 号高炉装料制度调整实践［J］．炼铁，2005，24（3）：12-16.

[3] 李壮年，阮根基，李宝峰，等．大型高炉装料制度与炉况参数的数据挖掘［C］//第 11 届中国钢铁年会．北京：中国金属学会，2017：767-772.

[4] 李壮年，阮根基，李宝峰，等．一种量化调节高炉边缘气流的方法：中国，201711314220.1［P］．2018-05-18.

[5] 黄益辉．多目标优化设计在数据挖掘中的研究与应用［D］．长沙：湖南师范大学，2012.

[6] 华长春，王雅洁，李军朋，等．基于 NSGA-Ⅱ算法的高炉生产配料多目标优化模型建立［J］．化工学报，2016，67（3）：1040-1047.

[7] Deb K, Pratap A, Agarwal S, et al. A fast and elitist mltiobjective genetic algorithm: NSGA-Ⅱ［J］. Evolutionary Computation, IEEE Transactions on, 2002, 6（2）: 182-197.

[8] Srinivas N, Deb K. Multi-objective function optimization using nondominated sorting genetic algorithm［J］. Evolutionary Computation, 1995, 2（3）: 221-248.

[9] 邬文帅．基于多目标决策的数据挖掘方法评估与应用［D］．成都：电子科技大学，2015.

[10] 华长春，王雅洁，李军朋，等．基于 NSGA-Ⅱ算法的高炉生产配料多目标优化模型建立［J］．化工学报，2016，67（3）：1040-1047.

[11] Deb K, Pratap A, Agarwal S, et al. A fast and elitist multiobjective genetic algorithm: NSGA-Ⅱ [J]. IEEE Transactions on Evolutionary Computation, 2002, 6 (2): 182-197.

[12] 李元元, 周国华, 韩姣杰. 基于熵权法的改进 TOPSIS 法在多项目优先级评价中的应用 [J]. 统计与决策, 2008 (14): 159-160.

[13] 刘丹, 李战江, 郑喜喜. 基于 WOE-Probit 逐步回归的信用指标组合筛选模型及应用 [J]. 数学的实践与认识, 2018, 48 (2): 76-87.

索　引